役にたつ 有機微量元素分析

Practical Microorganic Analysis

(社)日本分析化学会 **有機微量分析研究懇談会** [編集]

内山一美
前橋良夫
[監修]

みみずく舎

序

　近年科学技術が急速に進展した．ナノテクノロジーや光通信，先端医療などの技術の基礎のほとんどは新規材料の創出，高性能化，高機能化など化学研究の成果に基づいている．化学研究の基礎中の基礎ともいわれる分析化学は，物質の構造や機能の定量的な測定や解析，存在量の把握などの手段を提供し，化学研究を進める上で必須の学問である．分析化学者以外の例えば，合成化学者・物理化学者・環境科学者の研究活動時間の多くは分析化学を利用した研究であることに異論を唱える人はいないであろう．

　世界のグローバル化により，人やものの国境がなくなりつつある．それに伴い人々の価値観が変化し，旧来の化学研究の体制も激変しつつある．効率化の名のもとに不要・不急と思われた部分が縮小・廃止され，化学研究を進める上で本来必要な最低限の人員の確保さえも困難となっている．化学研究を進めるための前提条件として必須な部分までも切り詰めてしまったようにも思われる．

　これまで多くの大学や研究所では，付属機関として機器センターを設置し，専門の従事者をおいていた．しかし，現在大学では学内の独立機関として半独立採算的に委託分析または受益者が機器操作を負担するケースがほとんどであり，しかも実施は，大学院生や非常勤職員などの非専門家により行われているケースが多い．特に有機微量分析は元素組成の推定のための補助的手段として利用されるばかりでなく，品質管理や構造決定のための重要な情報を与える手法として益々その必要性が高まっている．しかし，実際の分析現場では経験豊富で，高い技術を持った分析技術者が不足し，学生や非専門の化学者が測定をしていることもあり，十分な精確性をもって分析が実施されていない．また専門の技術者がいる場合でも元素分析以外の業務に忙殺されている．さらにこれまで分析業務に携わってきた専門家が次々にリタイヤし，これまで蓄積してきた多くの優れた技術・ノウハウの伝承が困難になりつつある．また，従前のような専門家によらない分析であることから，分析結果の前提である機器の保守・維持管理による最適化や試料形態に応じた機器や前処理の最適化・工夫などがなされていないことが多い．

　我が国で急速に進んでいる上記のような状況を鑑み，有機微量元素分析のノウハウやバックグラウンドとなる知識を，実施例やQ＆Aなどの身近な例を挙げて解説し，必ずしも元素分析を専門としない化学系の研究者・技術者，学生・大学院生，さらには元素分析の講習を受けたけれど実際の分析をして行き詰まった方々などの，現場にいて分析操作をする人にとって有用な本となるよう企画した．

序

　本書は日本分析化学会 有機微量分析研究懇談会が主体となって企画し，例年シンポジウムを共催している計測自動制御学会力学量計測部会，元素分析技術研究会，有機微量分析ミニサロンなどの研究会のメンバーを執筆者とした．

　本書は以下のような構成となっている．

・第1章は分析化学の基礎となるてんびん（天秤）の原理と質量測定の実際について記した．本章は有機微量分析ばかりでなく，広く一般の物質のひょう（秤）量にも役立つものである．

・第2章は有機微量元素分析のうち汎用の炭素，水素，窒素の分析に的を絞り，その原理，分析の準備，操作，保守及び実際の装置の特徴などについてわかりやすく示した．

　なお本章の一部は前有機微量分析研究懇談会顧問の本間春雄先生のご執筆によるものだが，本稿が遺稿となってしまったことは大変残念である．

・第3章は無機成分の分析で特に要求の多いハロゲンおよび硫黄分析について，加熱銀吸収法，酸素フラスコ燃焼法，イオンクロマトグラフ法による分析の原理，操作，前処理，実施例とそのコツについて示した．

　いずれの章にも実験者が実施する上でいだくであろう代表的な疑問をQ＆Aという形でまとめてある．これらは元素分析技術研究会，有機微量分析ミニサロンにおいて過去十数年にわたり蓄積されてきたものをまとめ直したものである．

　最後に本書の企画，編集から出版に至るまで多大なご尽力をいただいたみみずく舎／医学評論社編集部諸氏にお礼申し上げます．また，本書の企画段階から種々のご協力をいただいた日本分析化学会 有機微量分析研究懇談会前委員長栗木武男先生，現委員長関宏子先生はじめとする皆様に感謝いたします．

　　平成20年10月

監修者　内山　一美
前橋　良夫

監修者・執筆者一覧

監修者：
 内山　一美　　首都大学東京大学院都市環境科学研究科
 前橋　良夫　　田辺三菱製薬（株）創薬化学研究所

執筆者：
 石川　薫代　　東京工業大学技術部分析支援センター
 植木　正明　　独立行政法人 産業技術総合研究所
 奥宮　正和　　前・大阪大学理学部元素分析室
 窪山　和男　　前・三共（株）
 桑山　重光　　（株）計量技術コンサル事務所
 佐伯喜美代　　東京大学大学院理学系研究科化学教室 有機元素分析室
 長嶋　　潜　　（株）ナックテクノサービス
 中瀬伊津子　　（株）武田分析研究所
 成田九州男　　ミクロアナリティカ・成田
 林　かずよ　　前・大阪大学理学部分析機器測定室
 平野　敏子　　京都大学化学研究所元素分析室
 本間　春雄　　元・理化学研究所
 前橋　良夫　　田辺三菱製薬（株）創薬化学研究所
 百地　正憲　　（株）三菱化学科学技術研究センター

（2008年10月現在，五十音順）

目　　次

1. てんびん ……………………………………………………………………… 1

 はじめに…桑山重光…… 1
 1.1　原　理…桑山重光…… 1
  1.1.1　機械式てんびん　2
  1.1.2　電子てんびん　4
 1.2　質量測定…植木正明…… 7
  1.2.1　測定原理　8
  1.2.2　表示のばらつきの改善　9
  1.2.3　偏り誤差の解消　12
  1.2.4　てんびん室の環境　13
  1.2.5　てんびんの品質管理　15
  1.2.6　質量測定の不確かさ評価　17

 Q&A …植木正明…… 21
  1.1　てんびんの振動対策はありますか？　21
  1.2　てんびん室の環境を管理するときの注意点はありますか？　22
  1.3　てんびんに問題がないときでも定期的な点検が必要ですか？　22
  1.4　白金ボートの測定で表示がドリフトするときの対策はありますか？　23
  1.5　磁気を帯びた試料を正確に測定できますか？　24
  1.6　ミクロてんびんの校正方法を教えて下さい．　24
  1.7　てんびんのゼロトラッキング機能とは何ですか？　25
  1.8　協定質量について教えて下さい．　25
  1.9　不確かさやその評価法を学ぶためのテキストはありますか？　26
  1.10　最小ひょう量値とは，どのようなものでしょうか？　27

2. 炭素・水素・窒素・硫黄 ………………………………………………… 28

 はじめに…前橋良夫…… 28
 2.1　原　理…前橋良夫・本間春雄…… 28
  2.1.1　はかり取り操作　29
  2.1.2　分解・酸化　29
  2.1.3　燃焼分解ガスの分離方法　33
  2.1.4　試料ガスの検出方法　39
  2.1.5　定量計算　44

目　次

- 2.1.6　標準試料　*45*
- 2.2　準　備…中瀨伊津子・佐伯喜美代・前橋良夫……　*48*
  - 2.2.1　ガスボンベと装置の接続　*48*
  - 2.2.2　燃焼管　*49*
  - 2.2.3　還元管　*49*
  - 2.2.4　吸収管およびガス精製管　*53*
  - 2.2.5　試料容器　*55*
- 2.3　測定における注意事項…中瀨伊津子・佐伯喜美代・前橋良夫……　*59*
  - 2.3.1　はかり取り操作　*59*
  - 2.3.2　空試験値　*67*
  - 2.3.3　検量線および感度係数　*67*
  - 2.3.4　捨て焼き　*67*
  - 2.3.5　妨害元素　*68*
  - 2.3.6　安定同位体を含む試料　*69*
  - 2.3.7　測定結果の取扱い　*70*
- 2.4　装置保守…中瀨伊津子・佐伯喜美代・前橋良夫……　*70*
- 2.5　装置の特徴…前橋良夫……　*74*
  - 2.5.1　Elementar　*74*
  - 2.5.2　Thermo Finnigan　*76*
  - 2.5.3　ジェイ・サイエンス・ラボ　*77*
  - 2.5.4　住化分析センター　*78*
  - 2.5.5　PerkinElmer　*79*
  - 2.5.6　ヤナコ分析工業　*80*
  - 2.5.7　EuroVector　*80*
  - 2.5.8　LECO　*81*
  - 2.5.9　EXETER　*82*

Q & A …平野敏子・百地正憲……　*84*
- 2.1　試料はどのようにして保存すればよいでしょうか？　*84*
- 2.2　ひょう量時に注意する点は何ですか？　*84*
- 2.3　不安定試料のはかり取り容器は，どのようなものを使用すればよいでしょうか？　*86*
- 2.4　吸湿性が高い試料や空気雰囲気で不安定な嫌気性試料は，乾燥した不活性ガス雰囲気下で採取する方法があるようですが，どのような方法でしょうか？　*89*
- 2.5　感度係数を求めるための標準試料は，何を使用すればよいでしょうか？また，感度は何検体かごとに取り直す方がよいのでしょうか？　*90*
- 2.6　週に1回程度しかCHN分析を行いません．分析する日によって感度係数の変動があり，標準試料の値が安定しません．どうすればよいでしょうか？　*91*
- 2.7　窒素含有率1％以下のような窒素の有無確認の分析はどうすればよいでしょうか？　*92*

2.8 還元管に充填した還元銅の劣化が早い，あるいは遅すぎるのですが，どうすればよいでしょうか？　*93*

2.9 二酸化炭素吸収剤ソーダタルク，水吸収剤アンヒドロンの交換時期の目安はどれくらいでしょうか？　*94*

2.10 充填剤の銀，サルフィックスの効果はどのようなものでしょうか？その効果がなくなったときには，分析値にどのような現象が現れるのでしょうか？　*95*

2.11 配管が汚染されるとどのような現象が現れるのでしょうか？また，その際はどのように対処すればよいでしょうか？　*96*

2.12 検出器のシグナルのベース値や感度係数値が異常を示すことがありますが，どのような対策をすればよいでしょうか？　*97*

2.13 CHN 分析を妨害する元素を含む試料を分析するときは，どのようなことに注意すればよいでしょうか？　*98*

2.14 開放型の燃焼分解管の装置で爆発性のある試料の分析はどのようにすればよいでしょうか？　*100*

2.15 開放型の燃焼分解管の装置でケイ素含有化合物を測定した場合，炭素の測定値が安定しにくいのですが，どのようにすればよいでしょうか？　*100*

2.16 フッ素含有化合物の CHN 分析はどのようにすればよいでしょうか？　*101*

2.17 重水素化合物の CHN 分析は，どのようにすればよいでしょうか？　*102*

2.18 最新の原子量を知りたいのですが，参照先を教えて下さい．　*104*

2.19 分析結果を，小数点以下 2 桁表示にするのはなぜですか？　*105*

2.20 分析誤差±0.3％以内という判定基準の根拠は何でしょうか？　*105*

2.21 測定者の安全確保のための保護具着用について教えて下さい．　*106*

2.22 CHN 元素分析についてわからないことが出てきたとき，相談するところはありますか？　*107*

2.23 感度係数とは何ですか？　*108*

3. ハロゲン・硫黄 ……………………………………*109*

はじめに…長嶋　潜……*109*

3.1 原　理…長嶋　潜・林かずよ・窪山和男……*109*

　3.1.1 分　解　*110*

　3.1.2 溶解法　*114*

　3.1.3 分離／検出　*115*

3.2 前処理および操作…窪山和男・林かずよ……*122*

　3.2.1 はかり取り操作　*122*

　3.2.2 燃焼分解　*123*

　3.2.3 滴定法　*124*

　3.2.4 イオンクロマトグラフ法　*125*

　3.2.5 実験のコツ　*127*

3.3 装置の特徴…窪山和男……*131*

　3.3.1 滴定装置　*131*

　3.3.2 イオンクロマトグラフ　*132*

　3.3.3 自動燃焼型装置　*133*

| Q&A | …石川薫代・成田九州男…… 136

3.1 酸素フラスコ燃焼法とはどのような方法ですか？ 136
3.2 酸素フラスコ燃焼法で，効果的な試料の燃焼のコツを教えて下さい． 137
3.3 吸収液は何がよいでしょうか？ 138
3.4 燃焼ガスの吸収，フラスコの開栓・洗浄の具体的手順を教えて下さい． 139
3.5 沪紙を用いた試料の包み方には，どのような方法がありますか？ 140
3.6 沪紙のブランクとは何ですか？ 141
3.7 試料をパラフィルムに包んで燃焼させる方法とはどのようなものでしょうか？ 142
3.8 白金網とフラスコの手入れの方法について教えて下さい． 143
3.9 標準試料は何を使えばよいでしょうか？ 143
3.10 検量線の作成方法を教えて下さい． 144
3.11 重量希釈法とはどういう方法ですか？ 145
3.12 標準液の保存期間はどれくらいでしょうか？ 145
3.13 定量範囲はどこまでとすればよいでしょうか？ 146
3.14 燃焼後の試料の保存期間はどれくらいでしょうか？ 147
3.15 無機成分を含む試料を燃焼するときはどのようにすればよいでしょうか？ 147
3.16 イオンクロマトグラフ法の一般的な始業点検について教えて下さい． 148
3.17 ベースラインノイズでは，どのようなことに注意すればよいでしょうか？ 148
3.18 イオンクロマトグラフ法の分離が良好かどうかの判断はどのようにすればよいでしょうか？ 149
3.19 カラムの洗浄はどのように行えばよいでしょうか？ 150
3.20 保持時間の変動の原因は何でしょうか？ 151
3.21 ピークが出ないときの原因と対策は？ 151
3.22 イオンクロマトグラフ法の妨害イオンにはどのようなものがありますか？ 152
3.23 オートサンプラーは必要でしょうか？ 152
3.24 フッ素含有試料測定のコツを教えて下さい． 153
3.25 塩素含有試料測定のコツを教えて下さい． 154
3.26 臭素含有試料測定のコツを教えて下さい． 155
3.27 ヨウ素含有試料測定のコツを教えて下さい． 155
3.28 硫黄含有試料測定のコツを教えて下さい． 156
3.29 リン含有試料測定のコツを教えて下さい． 157
3.30 有機塩類試料測定のコツを教えて下さい． 158
3.31 どのような装置がありますか？ 158
3.32 試料量はどのくらい必要ですか？ 159
3.33 検量線の作成方法を教えて下さい． 159
3.34 分析精度はどのくらいでしょうか？ 160
3.35 測定時の注意点があれば教えて下さい． 160
3.36 電位差滴定法にはどのような特徴がありますか？ 162
3.37 CHNS分析法にはどのような装置がありますか？ 162
3.38 検量線の作成方法を教えて下さい． 163
3.39 CHNS測定時の注意点を教えて下さい． 164
3.40 CHNS測定値が理論値と合わないときはどうすればよいでしょうか？ 164
3.41 無機成分を含有する試料の測定はどのようにしたらよいでしょうか？ 165
3.42 CHNS分析における硫黄酸化反応を詳しく教えて下さい． 166
3.43 重量測定時のコツはありますか？ 167

付　録　妨害元素の化合物表…奥宮正和 …………… 169

索　引 …………… 189

1. てんびん

はじめに

　質量の計量の分野では，長い間「両皿てんびん」が使われてきた．その原型は，紀元前までさかのぼることができるほど長い歴史がある．今日でも，機械式の両皿てんびんが一部の分野では使用されている．1945 年に，置換ひょう量方式の実用化で"高精度"と"計量作業の簡便さ"を備えた「直示てんびん」が紹介され，急速にこの「両皿てんびん」に置き換わっていった．1971 年に「電子てんびん」が発表され，"さらに計量作業の簡便化"が進んだ．この時点ですでに分解能（最小表示）は，0.1μg を実現していた．この分解能 0.1μg は，他の要因を考慮すると実用上，十分な最小表示と思われる．性能面，操作面では短時間に正確な計量を実現する新機能が開発されている．この結果，現在は電子てんびんが主流となった．

　有機微量分析は試料量 0.5〜3mg と微少量で測定し，±0.3％の精度が要求される．微量試料での測定のため質量測定が定量結果に与える影響が大きい．そこでてんびんのはかりとりが重要である．

1.1　原　　理

　表 1.1 に代表的な機械式および電子式の，てんびんおよびはかりの分類を示す．機械式てんびんは，その検出方式により，てこ，弾性および圧力方式に区分される．機械式てんびんの中でも精密測定に用いられる手動てんびんは単一等比てこ式，直示てんびんは単一不等比てこ式に該当するてんびんである．一方，電子式てんびんは，荷重センサーの方式によって，電磁力，ロードセル，振動および静電容量に区分される．

　機械式てんびんは，温度や湿度の環境変化の影響は電子式てんびんに比べれば少ないが，振動対策は難しい．また，計量に要する時間も電子式に比べ長く，データ処理やシステム化はできない．このため，電子てんびんが機械式てんびんに置き換わり主流となった．しかし，現在も機械式てんびんは特殊な分野で使われている．

表 1.1　てんびんおよびはかりの分類

分類	方式	構造分類	はかりの種類（例）	つり合いの方法
機械式	てこ	単一等比てこ式 単一不等比てこ式 傾斜てこ式 組み合わせてこ式 振り子カム式	手動てんびん 直示てんびん，棒はかり レタースケール 台はかり 振り子はかり	分銅，ライダーを利用 内蔵分銅とてこの傾きを利用 送りおもり，増おもりを利用 てこの傾きによる復元モーメントを利用 送りおもり，増おもり，ばね，カムを利用 振り子カムの復元モーメントを利用
	弾性	ばね式	ばねばかり	ばねの復元力を利用
	圧力	圧力式	圧力はかり	流体の圧力を利用
電子式	電磁	電磁補償式 磁歪式	電子てんびん 磁歪式はかり	荷重と電磁力（電流）とをつり合わす 荷重により生じた起歪体のひずみを電気信号（電圧）に変換
	ロードセル	電気抵抗線式	電気抵抗線式はかり	荷重により生じた起歪体のひずみを電気信号（抵抗）に変換
	振動	音叉振動式	音叉式電子てんびん	荷重により生じた弾性体や弾性弦の固有振動数の変化を電気信号（振動周波数）に変換
	静電容量	静電容量式	静電容量式はかり	荷重により生じた静電容量変化を電気信号（周波数）に変換

1.1.1　機械式てんびん

（ⅰ）　手動てんびん

手動てんびんは図1.2に示すように，左右の皿に計量物がのっていない状態（以下，空がけという）のつり合いは式(1.1)となる．各記号の意味は図1.2に記した．

$$W_0 ga = P_0 ga' + Ggd \tag{1.1}$$

次に，左皿（重点側）に被計量物 W をのせ，右皿（力点側）に空がけにおけるつり合い位置と同じつり合い位置になるように分銅 P をのせてつり合わせる．

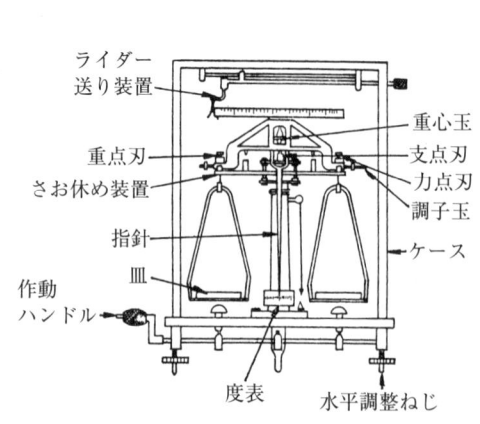

図 1.1　構造

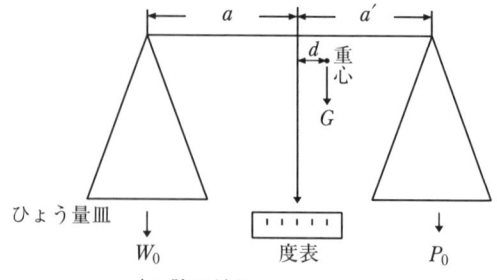

a, a'：腕の長さ
d：支点とさおの重心間の水平距離
G：さおの質量
W_0：重点に作用する空がけのときの質量
P_0：力点に作用する空がけのときの質量
g：重力の加速度

図 1.2　原理

このときのつり合いは式(1.2) となる．

$$(W_0+W)ga = (P_0+P)ga' + Ggd \tag{1.2}$$

重点側および力点側に被計量物をのせたときのつり合い位置は，空がけにおけるつり合い位置と同じつり合い位置にしているので，$Wga = Pga'$ となる．手動てんびんは，腕の長さが $a = a'$ につくられているので $W = P$ となり，右皿にのせた分銅の表記質量を読み取ることによって，容易に被計量物の質量を測定することができる．

ただ，手動てんびんの腕の長さ $a = a'$ を完全に等しくすることは非常に困難である．そこで，この左右の長さにごくわずかな差があれば，同一質量の分銅を左右の皿にのせて測定し，次に左右の分銅を入れ替えて測定し，これらの測定値を比較した場合，測定値に差が出てくる．この差を一般にてんびんの器差という．

(ii) 直示てんびん

直示てんびんは図1.4 に示すように，支点で支えられたてこの一端に力点があり，力点には皿とひょう量に見合う内蔵分銅が全部かけられている．力点と反対側にはこれらとつり合うバランスウェイトがあり，その他，さおの傾きを読み取るための目盛りと，さおの振れを静止させるダンパーが取り付けられている．内蔵分銅は外部からつまみを操作することによって，カムとレバー機構によって加除され，同時にこれと連動する表示部に除かれた分銅の合計値が表示される．一方，最小内蔵分銅以下の微少な質量を示すさおの傾きは，目盛りを光学拡大装置でスクリーンに拡大投影して表示される．ゼロ点調整は，さおに平行方向に取り付けられた調子玉であらかじめ粗調整し，微調整は光軸を移動することで，投影目盛り像の位置を変えることによって行う．また，感度調整は，さおに垂直に取り付けられた重心玉を上下して行うようになっている．この方式では，被計量物と内蔵分銅の質量の和は常にほとんど一定である．すなわち，さおにかかる荷重が一定である．

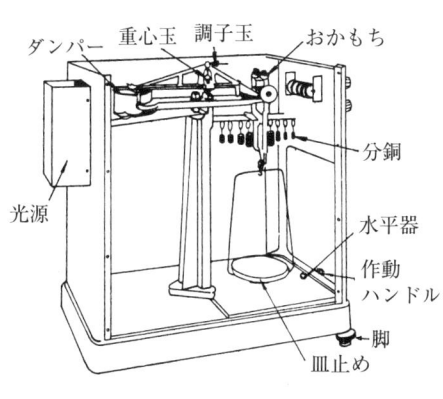

図 1.3 構造

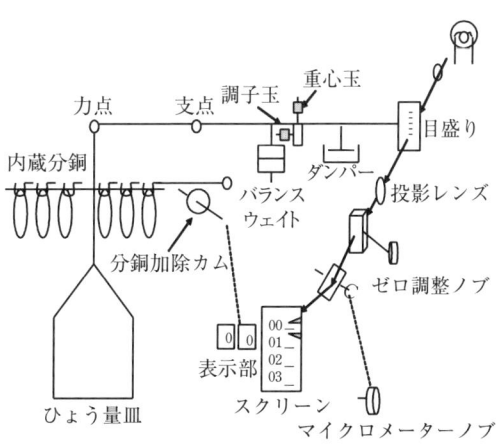

図 1.4 原理

1.1.2 電子てんびん

化学分析において利用される電子てんびんの主力は，電磁力補償式，電気抵抗線式（ロードセル），振動式（音叉振動式）に集約される．以下に，それぞれの電子てんびんの構造・原理および特徴を解説する．

a. 電磁力補償式

（i） 原理

電磁力補償式は，機械式的なバランス機構に，位置検出器と電磁石を用いて荷重をつり合わせる方式である．荷重をつり合わせるときに要するフォースコイルに流れた電流の大きさから，荷重の値（質量）を求める．電流のアナログ量は，A/D変換器によりデジタル量に変換される．図 1.5 に構造，図 1.6 に原理を示す．図 1.6 において，コイルに電流を流すとフレミングの左手の法則でわかるように，電磁力が発生する．すなわち，コイルに荷重 W が加わった状態で電流 I を徐々に増加していくと，ある電流値でコイルが持ち上がる．電流を微細に調整してちょうどつり合い状態になったとき，コイルに発生する力 F と荷重 W が合致する．荷重 W と電流 I の関係は，次式で表される．

$$W = F = 2\pi rnBI \tag{1.3}$$

ここで，r はコイルの半径，n はコイルの巻数，B は磁束密度である．

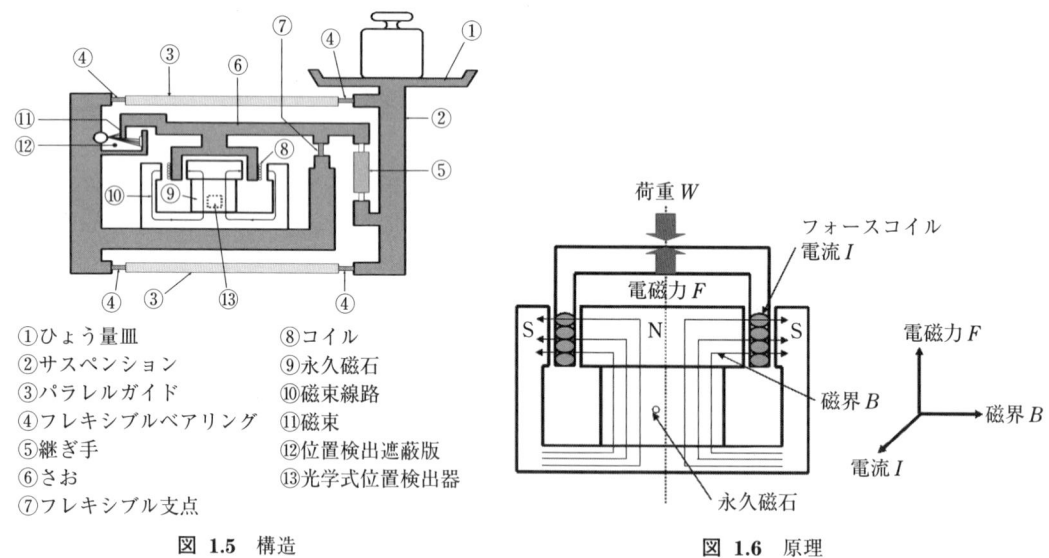

①ひょう量皿　⑧コイル
②サスペンション　⑨永久磁石
③パラレルガイド　⑩磁束線路
④フレキシブルベアリング　⑪磁束
⑤継ぎ手　⑫位置検出遮蔽版
⑥さお　⑬光学式位置検出器
⑦フレキシブル支点

図 1.5　構造　　　　　　　　　　　図 1.6　原理

（ii） 特　徴

電磁力補償式電子てんびんの特徴をまとめると次のとおりである．

① すべての電子てんびんのうち，最高の分解能（0.1μg）をもつ．
② 微量精密測定に適している．分析用電子てんびんは実質上，電磁力補償式が独占している．
③ 据付け場所を変えたときは，感度校正が必要である．
④ 磁石の温度変化や経年変化による感度変化は無視できず，室温の変化や長期

間の使用に対して分銅による感度校正が必要である．

⑤機構が複雑で部品点数が多く，やや高価である．

b. 電気抵抗線式

(ⅰ) 原 理

ロードセル（起歪体）に荷重を加えたときに生じるひずみを，電気抵抗の変化として検出し表示する方式である．一般的には，適正形状に加工された金属の起歪体にストレーンゲージ4枚を貼り付け，荷重変化に伴う抵抗変化のアナログ量は，A/D変換器によりデジタル量に変換される．図1.7にロードセル式電子てんびんの構造，図1.8に原理を示す．起歪体に貼り付けられた4枚のストレーンゲージの抵抗値（350Ωが一般的）はほぼ同一に調整され，ホイートストンブリッジ回路に組まれている．端子間に入力電圧を印加すると，起歪体に荷重 W がかかっていないときは，ストレーンゲージA，B，C，Dの抵抗値はすべて等しいため，端子間の電位差はゼロである．起歪体に荷重 W を加えるとストレーンゲージA，Dは伸び，逆にB，Cは縮む．このひずみに比例してストレーンゲージA，Dは抵抗値が増加し，ゲージB，Cは抵抗値が減少する．すると，端子間に電位差が発生し，ストレーンゲージのひずみを電圧信号として検出することができる．

ストレーンゲージの抵抗 R と長さ L および断面積 A の関係は次式で表される．

$$R = \rho \frac{L}{A} \tag{1.4}$$

ここで，ρ は比抵抗である．

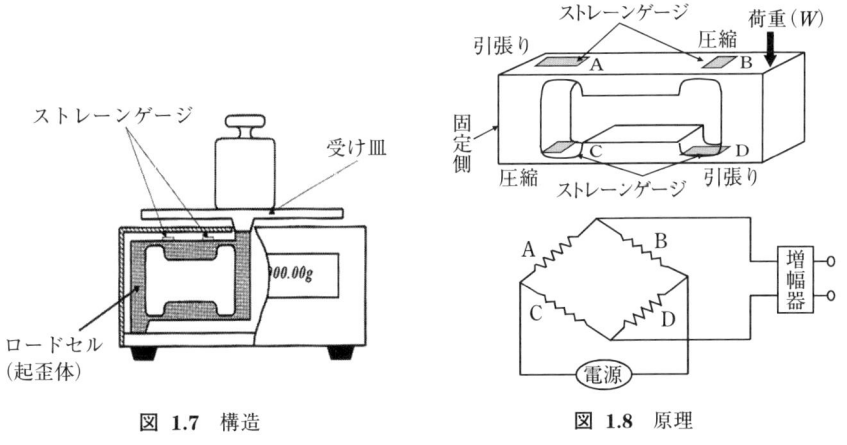

図 1.7 構造　　　　　図 1.8 原理

(ⅱ) 特 徴

ロードセル式てんびんの特徴をまとめると次のとおりである．

①数百 g からトン単位に及ぶきわめて広範囲に対応可能である．

②分解能は10万分の1くらい望めるが，精度的（目量対ひょう量の関係）には1万分の1程度である．

③据付け場所を変えたときは，感度校正が必要である．

④ロードセルの構造が簡単で堅牢，しかも測定回路と分離した独立性がある．
⑤複数のロードセルを用い，各出力の合算により，てこの機能なしで1台のはかりを構成できる（トラックスケール）．
⑥安価な電子てんびんは，ほとんどロードセル式である．

c. 音叉振動式

（i）原理

加わる荷重によって振動板の固有周波数を変化させ，これを電気的に検出する方式である．振動板の振動数は板の寸法（長さ，幅，厚み）素材のヤング率，密度および力の大きさのみで決定される．2枚の振動板を平行に組み合わせて対称に振動するようにしたものが，音叉振動子である．

図1.9に音叉振動式電子てんびんの構造，図1.10に原理を示す．図1.10において，金属製の音叉とこれに荷重を伝達するリンク機構だけで構成され，荷重は直接にデジタル量である振動数（固有周波数）として取り出されるため，A/D変換器がいらない．図1.10におけるフレクシャー（音叉振動子の上下にある薄い板）は，音叉の左右振動片のバランスの不完全さによる横揺れを吸収する機能をもっている．

振動板の固有周波数 f と力 F の関係は次式で表される．この振動板の振動数は板の寸法，材料のヤング率と密度および加えた力の大きさのみで決まる．

$$f = f_0 \sqrt{1 + KF} \tag{1.5}$$

ここで，

$$f_0 = \sqrt{C_0 \cdot t/L^2 \cdot (E/\rho)} \tag{1.6}$$

E は材料のヤング率，ρ は材料の密度，t は振動板の厚み，L は振動板の長さ，C_0, K は定数である．

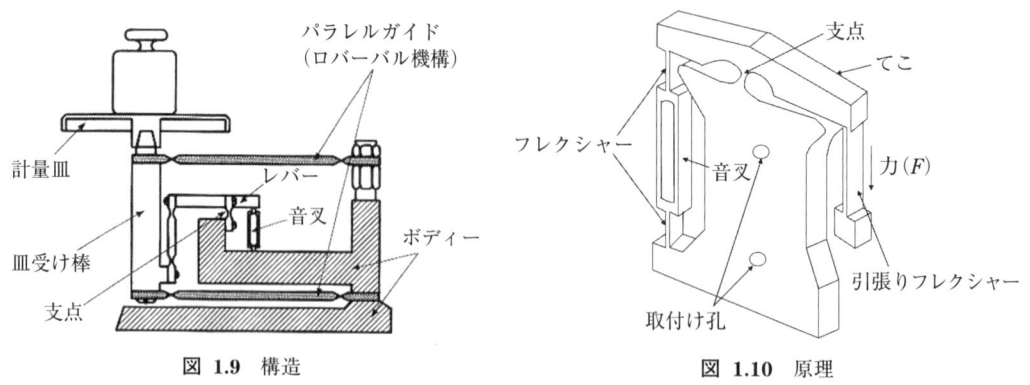

図 1.9 構造　　　　　　　　　図 1.10 原理

（ii）特徴

音叉式電子てんびんの特徴をまとめると次のとおりである．
①出力はデジタル量であり，A/D変換器を必要としない．
②誤差要因が少ないため，長期安定性に優れる．
③据付け場所を変えたときは，感度校正が必要である．
④金属のみを利用しない方式のため，再現性に優れる．

⑤得られる信号は非直線であるが，安定しているために直線化の計算をマイクロコンピュータで行うことができ，非直線性を極小化できる．
⑥メカニズムの大半が単一の恒温性材料の使用により構成されていて，温度特性に優れる．
⑦音叉振動子や回路の発熱が少なく，外部機構に与える影響が少ない．

1.2 質量測定

　質量を測定するために，測定試料を電子てんびんのひょう量皿に負荷し，表示値を読み取る．このとき，数値はドリフトなく安定した状態であり，また，負荷を繰り返しても有意な差のない数値を得て，これを測定結果としなければならない．まず，ばらつきの小さい安定した表示値を得ることが，正しい測定を実現するための第1のポイントである．さらに，仮に安定した表示値が得られたとしても，てんびんは感度が調整されていない，あるいは，表示値に必要な補正を行っていない，などの状況であると，偏りの誤差を含む結果となってしまう．てんびんの測定原理を理解し，適切な測定法により偏り誤差を解消することが，正しい測定実現の第2のポイントとなる．そして第3のポイントは，てんびん室の環境を管理することである．高性能電子てんびんの機能を最大限に活用するためには，てんびんを設置する実験室の環境への配慮が重要である．最後に第4のポイントは，質量の標準器である分銅によっててんびんの性能を確認し，この性能を維持・管理することである．分銅には，JIS B 7609「分銅」に規定された計量上必要な技術的要件を満たし，各種の用途に応じた信頼性を備える製品がある．さらに，後述（1.2.5 a.）するJCSS（Japan Calibration Service System）の校正事業を利用しててんびんを管理すると，このてんびんによる測定結果についての信頼性とトレーサビリティが確保できる．

　以上の，電子てんびんを用いて正しく質量測定するための概念を模式的にまとめて図1.11に示す．楕円は，てんびん室の環境として検討が必要な種々の環境条件である．図の下部には，質量測定における不確かさの要因を矢印で示した．左側の矢印が主に表示値のばらつきの原因となる要因で，右側は偏り誤差を生じる要因である．これらの要因は，環境条件やてんびん性能の優劣，誤った操作法や測定方法などに応じて測定結果に影響する．以上の不確かさ要因の影響を低減し目標の不確かさの測定を実現するために，推奨する対応の方法を図で四角内に示した．これらの方策を適切に実行することで，正しい質量測定が実現できる．

　最近は，測定結果の報告の際に，不確かさを併記することが求められている．てんびんを用いた質量測定については，図1.11の不確かさの各要因の影響を定量的に評価し，これらを自乗和して合成すると，いわゆる合成標準不確かさが推定できる．さらに，この合成標準不確かさに目標とする信頼率に応じた包含係数を乗じて，質量測定の拡張不確かさが評価できる．拡張不確かさの評価法につい

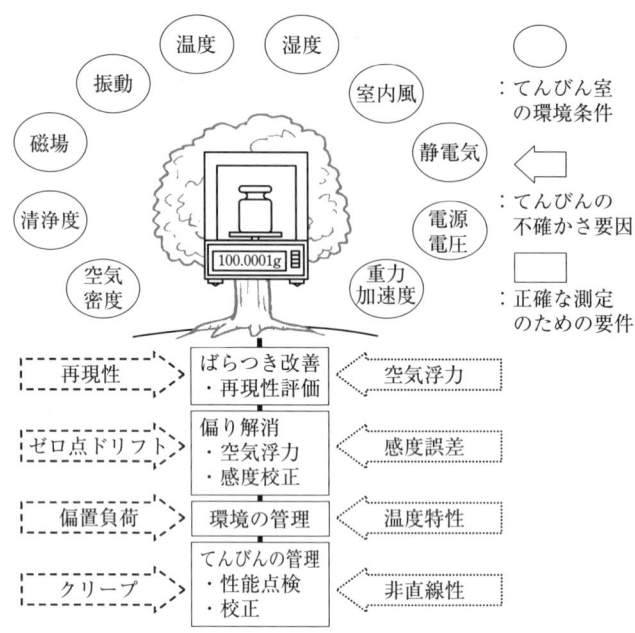

図 1.11 てんびんを用いて正しく質量を測定するための概念

ては，1.2.6 に具体例を示す．

なお，本節では解説の範囲を，電子てんびん側の話題に限定している．有機微量分析において，質量測定の対象となる試料が昇華などの現象に起因し，てんびんのひょう量皿上で自身の質量を変化させるなど，試料側の問題とその対処方法については，別途，第 2 章で解説する．また，解説に際し第 2 の前提として，相対的な拡張不確かさ 0.30% 以下を目指す，あるいは 1 mg 以下の微小質量測定など，高度な測定の実現を想定している．次項ではてんびんの測定原理を説明し，正しい質量測定を実現するための四つのポイントについて解説を進める．

1.2.1 測定原理

電子てんびんは，測定試料に働く重力を検出し，これを電気的に変換してデジタル表示する計測器である．重力は試料の質量と重力加速度の積として表され，空気中での測定では試料に働く浮力の影響を考慮する必要がある．電子てんびんに質量 m の試料を負荷すると，表示値 I，試料の体積 V，空気密度 ρ_a，てんびん設置場所の重力加速度 g から，ひょう量皿上のつり合いが式(1.7) で表される．また，このつり合いは，試料の密度 ρ（周知のとおり $V = m/\rho$）から同式の右辺のようにも示される．

$$I = (m - V \cdot \rho_a)g = m\left(1 - \frac{\rho_a}{\rho}\right)g \tag{1.7}$$

通常，電子てんびんの検出感度は分銅によって校正する．添え字 w で表す校正用の分銅を負荷して表示値を得ると，このときのつり合いは式(1.8) になる．この状態で，表示値 I_w を分銅の質量 m_w と等しくなる（$I_w = m_w$）ように調整・設

定し，表示値を質量へ換算する係数 f が得られる．

$$I_w \cdot f = m_w \left(1 - \frac{\rho_a}{\rho_w}\right) g \qquad (1.8)$$

$$f = \left(1 - \frac{\rho_a}{\rho_w}\right) g \quad (\because I_w = m_w)$$

このように，てんびんを用いて空気中で質量を測定する際，その表示値には重力と逆向きの空気浮力の影響を常に受けていることを認識する必要がある．

校正後，添え字 t で表す試料を負荷して表示値を得ると，このときのつり合いは式(1.9) になる．

$$I_t \cdot f = m_t \left(1 - \frac{\rho_a}{\rho_t}\right) g \qquad (1.9)$$

上式から試料の質量 m_t を計算する式(1.10) が得られるが，m_t を厳密に評価するには，C で示した空気浮力の補正項 C を表示値 I_t に乗じなければならない．

$$m_t = \frac{1}{(1 - \rho_a/\rho_t) g} f \cdot I_t = \frac{1 - \rho_a/\rho_w}{1 - \rho_a/\rho_t} I_t = C \cdot I_t \qquad (1.10)$$

$$\therefore C = \frac{1 - \rho_a/\rho_w}{1 - \rho_a/\rho_t}$$

1.2.2 表示のばらつきの改善

ここでは，表示のばらつきについて，「繰返し性」と「再現性」とに二分して解説する．繰返し性は短時間（例えば同一の日）に同一の条件で測定を繰り返した際のてんびん表示値の一致度である．再現性の意味は JIS Z 8103「計測用語」の定義に従うが，ここでは，測定対象，測定者，装置，測定場所は同一で，測定時期のみが異なる場合の表示値（あるいは空気の浮力など必要な補正を施した後の測定結果）の一致度と狭義に制限する．

測定結果の不確かさを評価しこの妥当性を証明するためには，繰返し性のみではなく再現性を検証することが必要である．この検証では，目的とする測定質量に近い公称値の分銅を用い，例えば6回程度の繰返し測定を行い，この表示値の標準偏差を計算し，その結果を繰返し性 R_i（$i = 1, 2, 3, \cdots$）として記録する．このとき，てんびんの表示が安定せず，時間とともに一方向にゆるやかに変化する場合がある．この現象が生じる原因の一つとして，てんびんのクリープ特性がある．これはてんびんの負荷機構の弾性特性に起因し，特に高分解能のてんびんで生じる現象である．この特性による誤差の軽減のために，分銅をのせた後，常に一定の時間待機（てんびんにより異なるが，例えば 20 秒）してから表示を読み取るなど，標準操作手順（Standard Operating Procedure：SOP）に規定した同一の方法・条件で測定を実施することが有効である．測定日を変えて蓄積した R_i の数が例えば 10 を超えたら，これらの平均値 A_R を計算する．この A_R は，質量の安定性が確保されている分銅の測定結果であり，測定場所とその環境などの条件も含む SOP に従えば，常時実現が期待できる再現性を示す．質量測定の再現

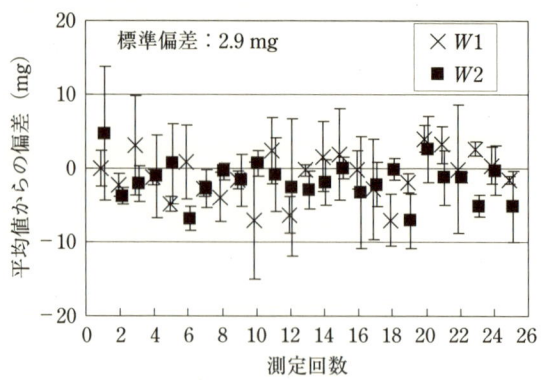

図 1.12 分銅の質量測定の繰返し性と再現性

性を評価した実験の一例を図 1.12 に示す．この例では，ひょう量 120 g，最小表示 1 mg の電子てんびんにより，公称質量が 100 g の二つの分銅 $W1$ および $W2$ について，各々 25 回の合計 50 回の反復測定を行い，各測定値について平均値からの偏差を示している．1 回の測定結果は，ゼロ点の確認後，6 回分銅の加除を繰り返して得た表示値の平均値である．エラーバーはこの 6 回の繰返し測定の標準偏差 R_i を示す．R_i は，50 回の反復測定で最小 0.6 mg，最大 9.3 mg，平均 3.1 mg であった．ここで，分銅 $W2$ の測定回数 6 の結果をみると，偏差は -6.8 mg であるが R_6 は 1.6 mg と小さい．図の合計 50 個の結果全体をみると R_i の大小の傾向に規則性はなく，R_6 は偶然に小さくなったと推定される．この傾向から，例えば，測定の反復を十分行わずに測定回数が 1 回の結果のみで結論としてしまうと，偏差が有意であるのにもかかわらず，繰返し性は良好と誤った評価となる可能性がある．図では，測定回数 6 のような繰返し性に比べ偏差が大きい傾向についても規則性なく出現しているので，例えば，測定を 3 反復以上実施しこれらの平均値を最終結果とすれば，誤った評価にはならない．測定全体合計 50 個の偏差の標準偏差の平均値 A_R は 2.9 mg であり，この数値が本測定の再現性を示す．

以上のとおり，正しく質量を測定し，その不確かさを評価するためには，再現性の検討が重要である．再現性は，母集団の標準偏差を推定できるように反復測定を行い，十分な数のデータから評価するべきである．この評価した再現性をもとに，以降実施する測定の反復回数を決定し，その複数の測定結果の平均値から最終的な結論を導くことが望ましい．また，評価した A_R 2.9 mg は，質量の安定性が確保された分銅の測定の再現性である．試料の測定の際は，分銅に比べ環境変化の感受性が異なることなどから質量の安定性が劣るので，同一の測定条件でも再現性は 2.9 mg より大きくなる可能性もある．

てんびんのカタログに示されている繰返し性がてんびん室で実現できない場合，前述した前提条件のとおり測定試料側の問題を除くと，①環境，②てんびん，③測定法，に分類される事項について何らかの問題が発生していると考えるべきである．図 1.13 は，表示のばらつきを改善するためのチェックシートである．

1.2 質量測定

日付：　　　　　点検者：　　　　　てんびん型番：
　　　　　　　　　　　　　　　　　シリアル番号：

分類	番号	項目	判定	備考
環境	1	室温は安定している （照明の点灯：測定の＊＊時間前） （日光は室内に直接さし込まない）	○　× ＊＊時間前 ○　×	
	2	室内の湿度は安定している	○　×	
	3	室内の床は振動していない	○　×	
	4	室内空気の流れは安定している	○　×	
	5	大気圧は安定している	○　×	
	6	異常な磁場は発生していない	○　×	
	7	電源電圧は安定している	○　×	
	8	てんびん台は安定している （天板の平面度は十分である） （天板の硬度は十分である）	○　× ○　× ○　×	
てんびん	1	てんびん本体は安定している （てんびんの脚は固定している） （てんびんの脚は異物をはさんでいない）	○　× ○　× ○　×	
	2	ひょう量皿の取付けは適切である	○　×	
	3	ひょう量皿は汚染していない	○　×	
	4	ひょう量室に異物はない	○　×	
	5	ウォーミングアップは十分 （電源ON：測定の＊＊時間前）	○　× ＊＊時間前	
	6	測定モードの設定は正しい （積分時間，自動ゼロ設定）	○　×	
	7	静電気は問題ない （てんびんのアース接続） （相対湿度：＊＊％）	○　× ○　× ＊＊％	
測定法	1	測定方法 　SOP　No.＊＊に従っている	○　× No.＊＊	
	2	分銅の衝撃的負荷をしていない	○　×	
	3	分銅の偏置荷重をしていない	○　×	
	4	測定者は手袋とマスクを着用している	○　×	
	5	分銅はピンセットで扱っている	○　×	
	6	負荷後一定時間で読み取っている （読取時間：＊＊秒）	○　× ＊＊秒	
	7	測定質量で事前負荷している （pre-weighting，予備測定）	○　×	
	8	ひょう量を超える過大負荷を与えていない	○　×	
測定対象	1	分銅の温度は室温に一致している	○　×	
	2	分銅は磁化していない	○　×	
	3	分銅は帯電していない	○　×	
	4	分銅表面は安定している （清浄，結露なし）	○　× ○　×	

図 1.13 表示のばらつきを改善するためのチェックシート

リストに示したばらつき発生の原因となる各事項を確認し，繰返し性の改善をはかる．改善作業の効果は，前述の分銅による繰返し測定の標準偏差 R_i の傾向から確認できる．②のてんびんに問題があると特定された場合，てんびんの調整・点検を製造者に求めることになるが，蓄積した R_i は製造者に提示する情報として有用である．なお，チェックリストの項目は，目標とする精度に応じて取捨選択し，低精度の測定ではすべての項目について確認する必要はない．また，リストには分銅を測定対象とした際の確認項目を示しているが，これらは一般の試料の測定でも参考にできる．

1.2.3　偏り誤差の解消

ここでは，本節の前提に従い，最終的に 0.3% 以下の相対拡張不確かさを実現するために，0.01% 程度以上の大きさで測定結果に影響を及ぼす可能性を有する要因について説明する．

a. 空気浮力の補正

1.2.1 に示した式(1.10) の空気浮力の補正について，「密度 ρ_t が約 1,000 kg/m³ の水溶液を測定試料として質量を測定する」を事例として説明する．校正用分銅の密度 ρ_w を 8,000 kg/m³，空気の密度 ρ_a を 1.2 kg/m³ （温度 20℃，大気圧 1,013 hPa，相対湿度 50%）とすると，空気浮力の補正項 C は式(1.10) より 1.00105 と計算できる．容器分を風袋引きした後の I_t が 100.000 g であるとき，正しい水溶液の質量 m_t は C を考慮し 100.105 g となる．このように密度が 1,000 kg/m³ の試料の測定では，約 0.1% の空気浮力の補正が必要で，実際の質量は表示値より重くなる．しかし，式(1.10) で明らかなように，例えば密度が 7,900 kg/m³ の鉄合金の測定など，校正用分銅の密度と試料密度の差が十分小さいときは C を 1 と近似し，I_t を直接質量 m_t として扱うことができる．また，水溶液の測定でも，目標の相対的合成標準不確かさが数% 以上であれば，0.1% の空気浮力の影響は無視できる．

てんびん室の空気密度は室内が恒温・恒湿であっても，内部の圧力が外部の大気圧に依存していれば，高気圧や低気圧の天候によって，空気密度に数% の変動が想定される．このため，密度が小さく体積が大きい試料や容器を用いた測定では，空気密度の変動に特に配慮が求められる．空気密度は，世界的に合意された国際度量衡委員会（Comité International des Poids et Mesures：CIPM）による国際式を簡略化した次の式から計算できる．

$$\rho_a = \frac{0.34848p - 0.009024h \times \exp(0.061t)}{273.16 + t} \quad (1.11)$$

ここで，ρ_a は空気密度（kg/m³），p は大気圧（hPa），h は相対湿度（%），t は温度（℃）である．

なお，最近製造された電子てんびんの内蔵分銅の密度は 8,000 kg/m³ であるが，古い機種の場合には密度が 8,400 kg/m³ となっている可能性があるので確認が必要である．

b. 感度の誤差

1.2.1の測定原理で説明したように,電子てんびんの検出感度は分銅によって正しく校正しなければならない.この感度校正は,てんびん自身に内臓分銅による自動校正機能を備えている機種については,スイッチ一つで容易に実施できる.一方,校正用の分銅を別途用意し測定者が自ら負荷して行う方法がある.この場合には,図1.13の確認事項を念頭に繰返し性のよい測定の実現に努めることが肝要である.分銅の質量値の入力など,各社のてんびんによって操作方法が異なるので,最初にてんびんの取扱説明書を読み,正しい手順で作業しなければならない.

次に,感度に影響を与える重力加速度の問題について解説する.1.2.1の式(1.8)から式(1.10)を導くまでの過程を見直すと,てんびんの校正時と試料の測定時の重力加速度が等しいと仮定していることがわかる.この前提が成り立たない場合は,式(1.10)で消去した重力加速度の項を復活させ2種類の g により,正しく質量を計算しなければならない.重力加速度は,周知のとおり緯度と海抜に依存している.日本国内では,緯度が約43°の札幌では9.8048 m/s^{2}であり,緯度が約26°の那覇では9.7910 m/s^{2}と相対的に0.14%程度の分布がある.また地表付近では,1 m海抜が上がるごとに相対的に約 -3×10^{-7} の変化を示す.このため,測定場所で校正用分銅を負荷してんびんの感度係数を校正することが重要で,「てんびんの校正時と試料の測定時の重力加速度が等しい」の前提が成り立てば重力加速度よる誤差を無視できる.

c. その他の誤差要因

電子てんびんとはいえ,機械的な荷重のつり合い機構を備えるので,前述のとおり,弾性体として固有のクリープ,ヒステリシス(負荷方向の違いによって生じる同一測定量に対する表示値の差),温度変化による特性の変化(例えば,感度係数や直線性の変化),などの問題が生じる.また,電子てんびんは測定試料に働く重力を検出し表示するので,空気浮力ばかりではなく,磁力あるいは静電気などより試料に働く力も測定結果に誤差として影響する.これらの問題については,測定法を標準化する(SOPを規定し,同一の方法・条件で測定を実施する),環境を管理する,などの方法で対応できる.例えば,測定の手順として①ゼロを読む,②試料を負荷して表示を読む,と一方向にてんびんに荷重をかけ,同様な手順で校正用分銅を負荷して感度校正を行っている場合,ヒステリシスは有意な誤差にならない.また,感度の非直線性と感度の温度係数の問題については,測定試料の質量になるべく等しい質量で感度校正を行って,てんびん室の温度をその後一定に保持することで対応できる.

1.2.4 てんびん室の環境

てんびん室の環境条件として,温度,湿度,振動,室内風,磁場,清浄度,などの項目について説明する.目標とする測定を実現するために,これらの環境条件について,各々所要の水準で要求を満たしていることを確認しなければならな

い．

a. 温度と湿度

てんびん室内温度が急激に変化すると，主要部品の熱膨張・収縮による寸法変化や電気回路素子の特性変化などにより，てんびんは正しい結果を安定して表示できなくなる．また，湿度の変化は負荷機構や試料表面の水分吸着量を変えて測定質量を不安定にするので，表面積の大きい容器を用いる測定では特に湿度の管理が重要になる．さらに，相対湿度が30%以下となる低湿度雰囲気では，静電気の問題が深刻になる．以上の理由から，温度と湿度の安定は，てんびん室における重要な環境条件となる．

一般的にてんびん室では，温度23℃付近，相対湿度50%付近で，長時間にわたり変化の少ない雰囲気の実現を要求する．電子てんびんの発熱量は基本的にわずかであるので，風防を用いててんびんを囲い，てんびんのひょう量室を2重に断熱することは，ひょう量室内の温度の安定性の向上はもちろん，後述する室内風の影響を解消するためにも有効である．てんびんのひょう量室内の空気と測定試料との間に有意な温度差があると，ひょう量室内に対流が発生し測定誤差を生じる．

空調機器により温度と湿度の安定をはかる際は，吹出しの温度や湿度が急激に変化することのないよう，制御用の検出計の配置位置や制御方法に留意する．空調機器には，部屋の容積や室内の発熱量に対し，余裕のある能力を備えた機種を設備することを推奨する．

b. 振　　動

常時発生する許容範囲を越えた振動はてんびん表示値を不安定にし，突発的な振動は表示値の飛びを誘発する．高感度の結果を求める微小質量測定においては，特に高度な対策が必要になる．従来からの，てんびんへの防振対策として，地下あるいは低層階の部屋の，十分な耐荷重強度を備えている床に，大質量で堅牢な台を置き，この上にてんびんを配置することで目的を果たしてきた．また，室内におけるてんびん台の設置位置に配慮することも防振対策として有効である．床の耐荷重強度が十分でないと，測定中に調整したてんびんの水準が狂って思わぬ誤差が生じる場合がある．近年は，空気ばね式や能動的制振方式など，防振台として高機能を誇る製品が各種市販されている．しかし，てんびんによる質量測定では試料をひょう量皿に加除する作業があるので，天板が固定されていない形式の防振台を用いる際は注意が必要である．

c. 室内風と磁場

空調機の運転時は，その風量と風向きに注意が必要である．てんびん周辺の例えば1m角程度の空間の温度を均一に維持することが重要である．空調機に過度の風量を設定し，部屋全体の温度分布を解消する必要はない．通常のクリーンルームでは，沪過した空気を数m/sの流速で吹出し室内の清浄化をはかり，また，室温の均一化を実現している．てんびん室については，てんびんへの影響の低減のため，床から高さ270 cmの天井にある吹出し口の直下の流速として60 cm/s

程度の設定で，目量数十億を誇る高性能てんびんによって数 μg の標準偏差で質量測定を実現した例がある．

実験室の磁場は，電磁力補償式の高性能電子てんびんを用いる際に特に注意が必要な環境条件である．磁場の影響の問題解決には，てんびんに磁性体を近づけないことが肝要である．なお，てんびん台の天板として用いられる石製の定盤には，磁化する材料が使用されている場合もあるので注意すること．また，隣室に設置された NMR（核磁気共鳴：nuclear magnetic resonance）など強磁場を発生する装置が，てんびんに悪影響を与えていた事例もある．

d. その他の環境条件

その他，交流電源設備については，てんびんをはじめ室内の関連機器を 24 時間連続で運転することを想定した容量を確保し，電圧の安定度にも配慮することが必要である．また，静電気対策のためにも，てんびんはアース接続することを推奨する．室内の照明機器には綿埃などを視認するための十分な照度が求められ，太陽光による自然採光は室内温度の安定に影響するので適切ではない．また，測定直前に室内照明のスイッチを ON にすることも，室温の安定を乱してんびんへ悪影響を及ぼす可能性がある．

1.2.5 てんびんの品質管理

電子てんびんは，高分解能化，測定時間短縮，デジタルデータの表示・記録・演算処理など数々の長所を備えているが，長期の安定性に劣ることが欠点である．質量の標準器である分銅は長期安定性に優れ，その汚れ，磨耗あるいは欠損による質量変化は外観検査によって比較的容易に発見できる．しかし，いわゆる電気的計測器に分類される電子てんびんは，突然性能が劣化しても外観からこれを見出すことが困難である．このために，電子てんびんは，日々の使用前点検や定期的な点検を行って，性能を確認・維持することが必要になる．また，これらの点検によるてんびんの品質管理は，ISO 9000 シリーズや ISO/IEC 17025（試験所及び校正機関の能力に関する一般要求事項）などのグローバルスタンダードの要求事項である説明責任（accountability）を果たすためにも有用である．

a. 使用前点検と定期点検

てんびんの使用前，1 日に 1 回の頻度で次に示す項目について点検し，点検の記録を保管することが望ましい．以下の点検内容について，一部は図 1.13 の項目と重複しているが，ここでも目標とする精度に応じて項目を取捨選択し点検すればよい．

1) てんびんは定期点検の有効期限内である ［○・×］
2) 測定者はてんびん使用の有資格者である ［○・×］
3) てんびんの外観チェック
   本体に異常はない ［○・×］，ひょう量室は清浄である ［○・×］
   ひょう量皿は清浄である ［○・×］，表示は正常である ［○・×］
4) てんびんの水準を調整した ［○・×］

5) ウォーミングアップは十分である［○・×］（電源 ON：測定の＊＊時間前）
6) 測定モードの設定は正しい［○・×］（積分時間，自動ゼロ設定）
7) ゼロ点は安定している［○・×］
8) 感度を校正した［○・×］
   （校正用分銅）内臓分銅：＊，または外部分銅：＊
   公称質量：＊＊ g，識別記号：＊＊，有効期限内：＊＊
9) 温度，大気圧，湿度は規定範囲内である［○・×］
   温度：＊＊℃，大気圧：＊＊ hPa，湿度：＊＊％
10) 空気浮力を補正［する・しない］
    試料の密度：＊＊ kg/m^3，校正用分銅の密度＊＊ kg/m^3

　てんびんの定期点検については，使用者自身あるいは製造者に依頼し実施することが一般的である．点検内容については，繰返し性，ゼロ点の安定性，偏置荷重誤差，非直線性などを対象に，カタログに示されている仕様を満足しているかどうかを確認する．点検周期については，使用頻度，保管方法，てんびんの性能レベルなどに依存し一定の周期を示すことは困難である．しかし，電気的計測器の代表格であるデジタルボルトメーターの校正周期が1年である状況から，電子てんびんについてもこの周期1年が目安になる．

　てんびんの信頼性の確認の手段として，計量法に基づく校正事業者登録制度（Japan Calibration Service System：JCSS）が利用できる．JCSSの事業者は，校正能力の適切な管理を行っており，発行される校正証明書には国家計量標準にトレーサブルな校正結果が不確かさとともに示される．独立行政法人製品評価技術基盤機構（National Institute of Technology and Evaluation：NITE）はJCSSへの登録を認定する組織であり，NITEのホームページには分銅と電子てんびんの校正事業者がその校正能力とともに公開されている．JCSS事業者によって校正された分銅を用いててんびんを管理，あるいは直接てんびんの校正を依頼すれば，このてんびんで測定した結果についての信頼性とトレーサビリティを確保できる．（NITEのホームページ：http://www.iajapan.nite.go.jp/jcss/index.html）

b. 分銅の扱い

　これまで説明した，再現性評価，感度校正など，分銅によるてんびんの性能評価では，用いた分銅の取扱方法が評価の成否を決める鍵となる．ここでは，分銅を素手ではなくピンセットなどの保持具を用いて扱い，これらの器具は質量測定専用として管理することが望ましい．例えば，分銅の表面が指紋などで汚染すると，湿度変化による水分の吸着率が変わる，汚染物質の付着速度が加速するなど，質量値のみではなく質量安定性にも影響を与える．分銅を器具で扱うと，室温になじんだ分銅温度を素手に比べより一定に保持し，ひょう量室の温度への影響も小さいことが利点である．以上の取扱方法は，容器を含む測定試料にも通じることで，試料を汚染や温度変化から守って，正しい測定の実現を目指すべきである．

1.2.6 質量測定の不確かさ評価

本節のまとめとして，質量測定の不確かさの評価法について解説する．一般的な不確かさ評価の手順は，1) 測定結果を得る過程を示してこれを数式化する，2) 数式の各成分の標準不確かさを推定する，3) 標準不確かさを合成し合成標準不確かさを計算する，4) 包含係数を決定し，これを合成標準不確かさに乗じて拡張不確かさを計算する，5) 測定結果を報告する，となる．これを電子てんびんによる質量測定について具体化するためには，①参照値（てんびんの表示値あるいは標準分銅の校正値）の根拠とその不確かさ，②測定過程における不確かさ，③てんびんの不確かさ，④空気浮力補正の不確かさ，の項目が標準不確かさとして検討対象になる．以下に，相対的な拡張不確かさ 0.2% 程度の実現を目標とする，蒸留水の質量測定の評価例を示す．なお，この説明では，理解を容易にするため，標準不確かさを測定質量 20 g に対する相対値として扱い，相対的な拡張不確かさを評価する．

［電子てんびんによる蒸留水の質量測定の不確かさ］

〈てんびんと被測定物〉

- 電子てんびん：ひょう量 160 g，最小読取り 0.01 g
- 被測定物：約 20 cm^3 の蒸留水
- 容器：ガラス製ビーカー

ここで，電子てんびんは管理規則に沿った使用前点検が行われ，てんびんの機能が正常であることを確認した．また，蒸留水を容器へ入れ替える際は細心の注意を払い短時間で作業したので，容器への残着量や測定中の蒸発量の誤差は無視する．

1) 測定結果を導く式

容器内の蒸留水の質量 m_t は，1.2.1 の説明のとおり次の式 (1.12) から計算する．

$$m_t = C(I_{t2} - I_{t1}) \qquad \left(\because C = \frac{1-\rho_a/\rho_w}{1-\rho_a/\rho_t}\right) \tag{1.12}$$

ここで，C は空気浮力の補正項，I_{t1} は空の容器の表示値，I_{t2} は〔容器＋蒸留水〕の表示値，ρ_t は蒸留水の密度，ρ_a は空気密度，ρ_w は校正用分銅の密度（8,000 kg/m^3）である．

なお，測定時には容器にも空気の浮力が作用しているが，測定の全過程が 1 時間以下の短時間で行われ，この間の空気浮力は一定と仮定できるので，風袋引きする I_{t1} については空気浮力の補正を省略する．

〈測定手順〉

a) てんびんの校正：測定の前に，容器分に相当する 50 g を風袋引きし，JCSS 事業者によって校正された JIS B 7609 の M$_2$ クラス相当の 20 g 分銅を用い，てんびんの感度を調整した．

b) 空の容器の測定 I_{t1}：測定ごとに表示のゼロを確認し，容器を皿の中央に置いて 3 回測定した．

測定番号	1	2	3	平均値
表示値	45.32 g	45.30 g	45.30 g	45.307 g

c）〔容器＋蒸留水〕の測定 I_{t2}：測定ごとに表示のゼロを確認し，容器を皿の中央に置いて3回測定した．

測定番号	1	2	3	平均値
表示値	65.59 g	65.61 g	65.62 g	65.607 g

以上の測定は，温度20.0℃，大気圧1,014 hPa，相対湿度51％の環境で行われ，測定中の空気密度を式(1.11)より計算した．

$$\rho_a = \frac{0.34848 \times 1{,}014 - 0.009024 \times 51 \times \exp(0.061 \times 20.0)}{273.16 + 20.0} \approx 1.20 \text{ kg/m}^3$$

理科年表による20.0℃の水の密度998.2 kg/m³を引用し，空気浮力の補正項 C を次のとおり求めた．

$$C = \frac{1 - 1.20/8{,}000}{1 - 1.20/998.2} \approx 1.00105$$

以上の数値から，蒸留水の質量 m_t を下記のとおり計算した．

2）標準不確かさの推定

$$m_t = C \cdot (I_{t2} - I_{t1}) = 1.00105(65.607 - 45.307) = 20.321 \text{ g}$$

本測定の不確かさ成分として，①てんびんの表示値の不確かさ，②測定過程における不確かさ，③てんびんの不確かさ，④空気浮力補正の不確かさ，の推定を行う．ここで，各々の標準不確かさを u_r，u_w，u_{ba} および u_b とする．

①てんびんの表示値の不確かさ u_r

てんびんを校正したM₂クラス相当の20 g分銅の校正値の拡張不確かさ〔包含係数 $k=2$〕U は，2.5 mgとJCSS校正証明書に示されている．これを引用し，標準不確かさ u_r を，$u_r = U/k = 2.5$ mg/2 = 1.25 mg ⇒ 0.00625％ と推定した．

②測定過程における不確かさ u_w

測定に使用したてんびんは，図1.12と同様の再現性評価を行って，標準偏差 $A_R = 0.022$ g を得ている．この評価結果を測定過程の標準偏差 S_w とし，$n=3$ 回の測定を行った本測定の標準不確かさ u_w を，次の計算式から $u_w = 0.090$％ と推定した．

$$u_w = \sqrt{2} \frac{S_w}{\sqrt{n}} = \sqrt{2} \frac{0.022}{\sqrt{3}} \approx 0.018 \text{ g} \Rightarrow 0.090\%$$

なお，測定結果が I_{t2} と I_{t1} の2種類の読み値から導かれているので，この寄与を考慮し $\sqrt{2}$ を乗じている．

③てんびんの不確かさ u_{ba}

標準不確かさ u_{ba} は，JIS B 7609の規定のとおり，イ）てんびんの感度，ロ）最小表示，ハ）偏置荷重，ニ）磁性，などの要因を検討し推定を行う．ガラス製容器内の約20 gの蒸留水を，0.01 gの最小読取りのてんびんを用いて拡張不確か

さ 0.2% を目指す本測定では，これらの影響は有意にならない．このため，u_{ba} は無視する．

④空気浮力補正の不確かさ u_b

蒸留水の測定の C は上記のとおり 1.00105 であり，補正量として 0.1% 程度になる．この標準不確かさ u_b の推定では，C の計算式から各密度の成分ごとに分割して厳密に計算する方法がある．しかし，後述するように合成標準不確かさの計算で複数の標準不確かさを合成することを考慮し，ここでは簡易的に u_b の推定を行った．すなわち，u_w が 0.090% であり，これが後述する合成標準不確かさの計算で支配的になる．このため，例えば u_b が 0.026% 以下（補正量 0.1% の 26%）であれば，最終的な推定結果の拡張不確かさ 0.19% が 0.20% とならず，この計算で有効桁 2 桁目に寄与しない．このため，u_b について厳密な推定は必要なく，簡易的で十分である．C の計算式に戻って，u_b を 0.026% 以下にするための各密度の不確かさを逆算した．この結果，例えば次式のとおり，支配的な蒸留水の密度について相対不確かさ 10% を実現すれば，u_b 0.026% 以下が達成できる．

$$C = \frac{(1-1.20/8{,}000)}{\{1-1.20/(998.2\times 0.9)\}} \approx 1.00119 \approx [1.00105 + 0.013\%]$$

蒸留水の密度は温度補正によって相対不確かさ 10% が十分に実現可能であるので，u_b 0.026% の妥当性が確認でき，安全側の推定としこれを u_b とした．

3) 合成標準不確かさの計算 u_c

合成標準不確かさ u_c を，上記の標準不確かさの推定結果から次のとおり計算した．

$$u_c = \sqrt{u_r^2 + u_w^2 + u_{ba}^2 + u_b^2} = \sqrt{0.00625^2 + 0.090^2 + 0.0^2 + 0.026^2} \approx 0.094\%$$

4) 拡張不確かさの計算 U

目標とする信頼水準を 95% とし，一般的に採用されている包含係数 $k=2$ を用いる．これを合成標準不確かさに乗じ，次のとおり拡張不確かさ U を計算した．

$$U = k \cdot u_c = 2 \times 0.094 = 0.188\% \Rightarrow 0.19\% \text{〔3桁目を切上げ〕} \Rightarrow 0.038\,\text{g}$$

5) 測定結果の報告

これまでの推定結果をまとめ，蒸留水の質量測定の結果を拡張不確かさとともに次のとおり報告する．

蒸留水の質量 $m_t = 20.321\,\text{g} \pm 0.19\%$　あるいは　$m_t = (20.321 \pm 0.038)\,\text{g}$

（ここで，記号 ± に続く数値は，包含係数 $k=2$ とした拡張不確かさである．）

以上，相対的な拡張不確かさ 0.2% 程度の実現を目標とする，蒸留水の質量測定の不確かさの評価法について解説した．ここでは，測定結果を含む不確かさの計算方法を示したが，不確かさの報告では単なる算術的な計算結果のみを求めているのではない．不確かさの報告が「測定の全過程を示す」の意味で，参照値，測定手順，測定器，測定環境など測定条件全般について，測定結果に影響する項目を整理し，その良否の程度を評価することが求められている．これら測定結果と不確かさの根拠は，求められれば第三者へ提示し，説明責任を果たす意味を含

んでいる．なお，本項では理解を容易にするため簡易的な方法を選んで説明した．これをより厳密に行うためには，入力量の相関関係，感度係数の計算，有効自由度の計算などが必要となるが，これらの推定法は Question 1.9 に示した資料に示されている．

Q & A

Question 1.1
てんびんの振動対策はありますか？

Answer 1.1

高性能てんびんの防振台への設置例として，図 1.14 に独立行政法人産業技術総合研究所計量標準センターの分銅校正室の写真を示します．ここでは，目量の数が 10 億を誇る電子てんびんを，花崗岩板とコンクリートブロックによるてんびん台上に設置し，防振対策を施しています．花崗岩板は幅 1 m，奥行き 1 m，厚さ 15 cm の大きさで，質量約 400 kg，てんびん設置面が JIS 1 級の平面度に研磨され，水準調整機構を介してコンクリートブロック上に固定されています．また，コンクリートブロックは積層防振ゴム製の脚を備え，ピット内に設置されています．この構造によって鉛直方向 20 Hz 以上，水平方向 7 Hz 以上の周波数の振動に防振効果が得られる設計となっています．これを参考に対策を立ててください．

図 1.14　分銅校正室のてんびん台

Question 1.2
てんびん室の環境を管理するときの注意点はありますか？

Answer 1.2
　てんびん室の環境条件については，個々のてんびんの特性と測定質量によって感受性が異なるので，管理のために要求する水準を定量的に定めることは困難な場合が多いのです．温度と湿度の安定度については，JIS B 7609「分銅」に規定された分銅校正室への要求事項が参考になります．このほか，てんびん室の環境条件全般が，目的とする質量測定を実現するために適切であるかどうかを，分銅を用いたてんびんの繰返し性評価の結果から判断する基準の一つとすることを推奨します．これは，環境条件の設定を変えたときの分銅の測定結果から環境条件の変更の効果を判定するものです．トラブルシューティングの常道として，検討対象を限定し段階的に改善を進めるので，労苦の伴う作業になります．

　なお，図 1.14 に示した産業技術総合研究所のてんびん室は，空調設備の通年 24 時間の連続運転により，温度は約 23℃で 1 日の変動が ±0.2℃以内，湿度が約 50％で変動が ±4％以内の環境を実現しています．これら環境条件の監視のため，温・湿度計と大気圧計から構成される環境監視装置をパーソナルコンピュータで自動制御し，測定結果を 10 分ごとに 24 時間連続で記録しています．さらに環境変化の影響を低減するため，てんびんは木製風防で二重に隔離し，熱源となるパーソナルコンピュータやてんびんの表示部は，てんびん台とは別の小テーブルの上に配置しています．

Question 1.3
てんびんに問題がないときでも**定期的な点検が必要ですか？**

Answer 1.3
　技術的に必要なことは，てんびんが正しく動作して測定結果に有意なばらつきや偏り誤差が生じていないか，これを定期的に確認することです．したがって定期点検は，製造者への依頼が唯一の手段ではなく，使用者が自ら実施する形態がありえます．ただしこの場合には，使用者が「問題がない」と判断した根拠を第三者に対し客観的に示すために，点検者の資格，点検項目，合否の判断基準など確認の手順を文書化し，点検実施の事実を記録することが望ましいです．なお，製造者に定期点検を依頼する際は，電子てんびんは精密機器で測定環境の変化の影響を受けることから，使用場所で点検を実施することが推奨されます．

Question 1.4

白金ボートの測定で**表示がドリフトするときの対策**はありますか？

Answer 1.4

対策法の一つとして，「テア（風袋引き）測定法」を紹介します．これは，①容器の質量が試料の質量に比べ大きい，②容器の体積や表面積が大きく環境変化（空気の浮力補正，水分の吸・脱着）の影響を大きく受ける，などの条件でてんびんの表示がドリフトする問題の解消に有効です．白金ボートを用いた試料の質量測定は①に該当し，最小表示 0.1 μg，ひょう量が 5.1 g の電子てんびんを用いた測定例を図 1.15 に示します．質量が約 2 g である同仕様の白金ボート A，B を用意し，約 75 秒の一定周期で交互に負荷して，てんびん表示値 a_i と b_i を得ます．最初に空のボート間の質量差を評価するために，ABA あるいは BAB を一連の手順としてこれを 3 回繰り返し，式(1.13) に示す質量差 D_1，D_2 および D_3 を得て平均値 D_{123} を計算します．

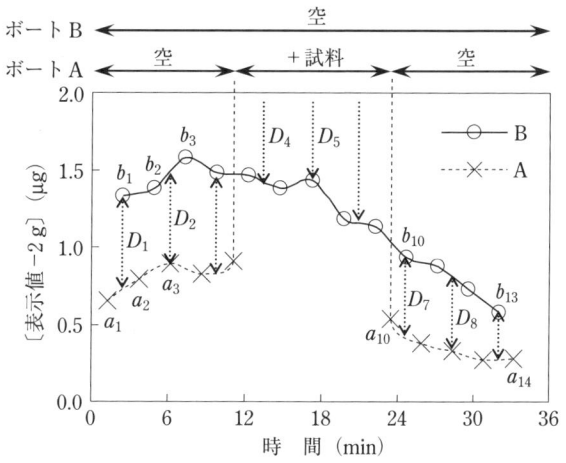

図 1.15 白金ボートの測定例

$$D_1 = \frac{(b_1-a_1)+(b_1-a_2)}{2}, \quad D_2 = \frac{(b_2-a_3)+(b_3-a_3)}{2}$$
$$D_3 = \frac{(b_4-a_4)+(b_4-a_5)}{2}, \quad D_{123} = \frac{D_1+D_2+D_3}{3} \tag{1.13}$$

次にボート A に試料を移し，同様に一定の周期で負荷して表示 b_5～b_9 と a_6～a_9 を読み取り D_4～D_6 を得て平均値 D_{456} を計算します．ボート A から試料を取り去り，表示 a_{10}～a_{14} と b_{10}～b_{13} を読み取り D_7～D_9 を得て平均値 D_{789} を計算します．これらの結果から，式(1.14) のとおり試料の質量 m_t が計算できます．

$$m_t = \frac{(D_{123}-D_{456})+(D_{789}-D_{456})}{2} \tag{1.14}$$

一般に，てんびん表示値の変化の傾向はゆるやかで線形性がみられます．この

特徴を利用し，同仕様のボートを一定の間隔で負荷すると，式(1.13)の計算により表示のドリフトが補償されて質量差が正しく得られます．図の測定例では，ボートBの表示の変化が示すとおり，約30分で最小表示の 0.1 μg の8倍に相当する約 0.8 μg のドリフトがありました．0.8 μg はゼロのドリフトも含んでいますが，質量差の平均値 D_{123} の標準偏差は最小表示以下の 0.05 μg でした．試料をボートAに移した際の D_{456} の標準偏差も 0.14 μg で，最小表示と同等の安定した結果が得られています．なお，今回の測定例では，試料をボートに移す前後の質量差 D_{123} と D_{789} に約 0.2 μg の有意な差がありました．これは，試料が一部ボートAに残留したことが原因と考えられます．

以上，テア測定法は同仕様（質量，体積，表面積など）の二つの容器を用い，これらの質量差の計算で容器の質量に加え，ドリフトや空気浮力の変動などによる表示の変化分も含めて風袋引きし，試料の質量を正しく測定できます．

Question 1.5
磁気を帯びた試料を正確に測定できますか？

Answer 1.5

磁気を帯びた試料を電子てんびんにより測定すると，従来の機械式の直示てんびんや等比てんびんに比べ，大きな誤差が生じてんびんに深刻な損傷を与える場合があります．このため，磁化した試料の測定では細心の注意を払う必要があります．例えば，分銅の技術的な要求事項を規定した JIS B 7609「分銅」には，磁化の限度に関する規定があります．ここでは，1 mg の分銅で 0.0006 mg の拡張不確かさ〔包含係数 $k=2$〕を実現する最上位の E_1 クラス分銅について，磁気分極（磁化の強さ）の上限が 2.5 μT 以下であることを求めていて，これは地磁気の数十分の1に相当する微小な磁化です．試料の磁化は，試料をてんびん本体あるいはひょう量皿に近づけたとき，てんびんの表示値がゼロから変化がないかどうかで，その影響の程度を簡易的に確認できます．問題があるときの対応としては，市販されているハンディータイプの消磁器などを利用して試料の消磁を試みることが第1の策となります．また，床下ひょう量，ひょう量皿上に非磁性体のスペーサーを置くなど，てんびんのひょう量機構と磁化した試料との距離を離す手法が有効です．

Question 1.6
ミクロてんびんの校正方法を教えて下さい．

Answer 1.6

ミクロてんびんとは，1 μg の最小読取りが可能なてんびんの俗称です．このよ

うな微小質量の検出が可能なてんびんを用い，例えば 100 mg 程度の質量の容器で試料を約 2 mg 分ひょう量する場合，容器をてんびんのひょう量皿に置き表示を読み取り，2 mg の校正用の分銅を付加し，表示値の変化量から試料の質量に相当する 2 mg の範囲のてんびん感度を校正します．ここでは，表示値のドリフトが有意でないかどうかを確認することが重要になります．必要であれば Question 1.4 で説明しました，一定の周期で二つの測定物を負荷し質量差を評価する ABA 法を適用し，表示のドリフトの影響を補償します．校正用の分銅は，目標の不確かさに応じ，JIS B 7609「分銅」を参照して要求を満たす精度等級の分銅を用意します．例えば，JIS B 7609 の最高位の E_1 クラスの 2 mg 分銅の拡張不確かさ〔包含係数 $k=2$〕は，Question 1.5 の 1 mg 分銅と同じ 0.0006 mg です．なお，てんびんの点検時には，てんびんのひょう量（最大測定点）あるいは常用する質量点（〔容器＋試料〕など）に近い値の公称質量の分銅を用い，感度を確認することが推奨されます．

Question 1.7

てんびんのゼロトラッキング機能とは何ですか？

Answer 1.7

相対的な分解能が高い（目量数が大きい）あるいは微小質量を測定するなど，高性能な電子てんびんのゼロの表示値は，空の状態にもかかわらずゆるやかではありますが継続的な変化を示す場合があります．測定中にゼロ表示の変化量が限界を越えると，これが誤差となります．このため，一部の電子てんびんは，ゼロトラッキング，自動ゼロ設定，オートゼロ機構など，てんびんメーカーによって呼称や機能内容に若干の違いがありますが，空の状態で変化した表示値を自動的にゼロに戻す機能を備えています．この機能は簡便で有用なものではありますが，補償動作のタイミング，補償できる変化量の範囲など，機能の内容を十分に理解して用いることが重要です．これを怠ると，連続した測定を行う場合に思わぬ測定結果の飛びが生じ，この変化の扱いに混乱することになります．一方，この機能を停止して Question 1.4 の ABA 法を用いると，労力は費やすことになりますが，ゼロ点変化とクリープなどの表示値変化の誤差が同時に補償できて，測定結果の連続性も保証されます．

Question 1.8

協定質量について教えて下さい．

Answer 1.8

協定質量は，空気中でてんびんを用いて行う分銅の質量比較測定において，空

気浮力の補正を省略し測定結果を容易に導き，これを便利に利用するための約束事です．これと類似の概念として，参照密度を 8,400 kg/m^3 とする「みなしの質量」などがありましたが，国際法定計量機関（OIML：International Organization of Legal Metrology）はこれら従来からの考え方を洗練した協定を勧告しました．協定質量の普及のために，詳細な説明を記した国際文書（OIML D 28 "Conventional value of the result of weighing in air"）および国際勧告（OIML R 111-1 "Weights of classes E_1, E_2, F_1, F_2, M_1, M_{1-2}, M_2, M_{2-3} and M_3"）が刊行されました．以上の OIML 文書では，参照密度を 8,000 kg/m^3 に，空気密度の範囲を 1.2 kg/m^3 ±10% と限定し，被測定物となる分銅について精度等級ごとにその密度の範囲を規定しています．例えば，0.016 mg の拡張不確かさ〔包含係数 $k=$ 2〕を実現する最高位 E_1 クラスの 100 g 分銅について，その密度範囲を 7,934～8,067 kg/m^3 と要求しています．これらの条件を満たせば空気浮力の補正を省略し，参照分銅の既知の協定質量とてんびんで評価した質量差のみから，被校正分銅の協定質量が計算できます．分銅以外の種々の物質が測定対象となる有機微量分析の分野でも，目標とする不確かさ，空気密度の範囲および測定試料の密度を確認していれば，協定質量を参照し空気浮力の補正を省いて容易に質量が評価できます．以上の有用な協定質量の概念は，JIS B 7609「分銅」にも適用しているので，日本語の文書として参考にできます．また，OIML の国際文書 D 28 および国際勧告 R 111-1 は，フランス語版および英語版が同機関のホームページ（http://www.oiml.org/publications/）に公開されています．

Question 1.9
不確かさやその評価法を学ぶためのテキストはありますか？

Answer 1.9

国際標準化機構（ISO：International Organization for Standardization）を中心にまとめられた国際文書 GUM（Guide to the expression of Uncertainty in Measurement）が，計量計測の分野で引用されています．GUM の翻訳書や入門用資料などを以下に示します．

1) ISO 国際文書「計測における不確かさの表現のガイド」：日本規格協会
2) NITE の公開資料「測定の不確かさに関する入門ガイド」など（http://www.iajapan.nite.go.jp/jcss/docs/index.html）
3) Eurachem の化学物質測定の不確かさに関する公開資料（http://www.eurachem.org）

Question 1.10

最小ひょう量値とは，どのようなものでしょうか？

Answer 1.10

米国薬局方（United States Pharmacopeia：USP）では，試験および分析における試料の計量の際には，測定の不確かさの許容範囲は，次式を満足しなければならないとしています（桑山重光：第74回有機微量分析研究懇談会要旨集，p.117（2007））．

$$\frac{s}{W} \times 3 \leq \frac{1}{1,000} \tag{Q1}$$

s：10回以上計測を繰り返したときの標準偏差（標準不確かさ）

W：計量された値（条件を満足すれば最小計量値となります）

式(Q1)をWについて整理すると，式(Q2)となります．

$$W \geq s \times 3,000 \tag{Q2}$$

式(Q2)を満足する最小の計量値W_{min}は式(Q3)で表されます．

$$W_{min} = s \times 3,000 \tag{Q3}$$

スズ箔にアセトアニリド約2 mgを包み，ミクロてんびんで10回測定した結果が表1.2の場合，得られた標準偏差から最小計量値を求めると1.341 mgとなります．

$$0.000447 \text{ mg} \times 3,000 = 1.341 \text{ mg} \tag{Q4}$$

表 1.2 ミクロてんびん質量測定結果

測　定	スズ箔＋アセトアニリド約2 mg (mg)
1	30.6037
2	30.6038
3	30.6032
4	30.6040
5	30.6046
6	30.6045
7	30.6042
8	30.6043
9	30.6037
10	30.6042
標準偏差	0.000447

このミクロてんびんを使用する場合は，1.341 mg以上の試料をひょう量する必要があります．

2. 炭素・水素・窒素・硫黄

はじめに

　炭素・水素・窒素のCHN元素分析法は，有機化合物の構造決定方法の一つである．わが国でのCHN元素分析は，1950年頃から広く行われるようになったが，当時はまだCHN同時測定ができず，ノーベル賞を受賞したプレーグル（Pregl）が考案した微量法（重量法）によるCH分析が主流であった．この方法は試料を燃焼分解し生成した二酸化炭素と水を吸収管で回収し，その吸収量（増加分）をてんびんではかり取る質量測定法であった．窒素の定量法はプレーグル/デューマ（Pregl-Dumas）法といい，CH測定方法と同様に試料を燃焼分解し，生成した窒素酸化物を窒素（N_2）に変換した後，アゾトメーターという定量容器に窒素を回収して体積をはかり取る容量法であった．これらの方法は問題が多く，種々改良が加えられたが限界があった．1960年頃から熱伝導度検出器を用いたガスクロマトグラフ法や，吸収除去カラムを用いる差動熱伝導度法によるCHN同時測定が急速に発達した．さらに，1980年代にはコンピュータ技術の導入による自動化を達成し，1990年には赤外分光分析器と熱伝導度検出器を組み合わせた選択的検出方式の自動分析計も開発された．最近では，CHNSの4成分同時分析も普及している．

　CHNおよびCHNS元素分析は試料の取扱い量によってミクロ法とマクロ法に分類されるが，本書では有機微量元素分析という書名に従い，ミクロ法について述べる．

2.1 原　　理

　本書で述べる有機微量元素分析は，主に有機化合物中の炭素，水素，窒素の各元素含有率を測定する方法である．CHN元素分析は推定理論値の±0.3〜0.4%の範囲内に収まる精度を要求されることが多く，精度管理が特に重要である．0.3%という精度の確保は現代でも難しいため，測定では分子構造に影響されないように試料を燃焼分解して二酸化炭素，水，窒素，（CHNS分析では二酸化硫黄）に単純化する．次に検出器の測定に妨害となるハロゲンや硫黄などのマトリ

表 2.1 CHN 分析および CHNS 分析の概略

はかり取り操作	燃焼分解・酸化	還 元	分 離	検 出
【試料の形状】 固体，液体，気体 【試料の性質】 吸湿，昇華，気化，空気不安定など 【妨害元素】 金属，非金属	熱分解 酸素との酸化反応 金属酸化物による酸化反応	窒素酸化物の還元 余剰酸素の除去 ※銅などの金属利用	分離カラム法 吸脱着カラム法 吸収管除去法	熱伝導度法 赤外分光法 質量分析法 重量法 容量法

クス成分（CHNS 分析ではハロゲンのみ）を除去する．測定成分は，分離法または吸着カラム法にて成分ごとに分けて検出器に導入する．成分濃度に対応した検出器の出力値から定量計算を行い，試料中の元素含有率（%）を求める．CHN および CHNS 分析法の概略を表 2.1 に示した．

　CHN および CHNS 分析法の測定方法は，はかり取り操作，燃焼分解・酸化・還元，分離・検出の三つに大別できる．CHN 分析の場合，試料を精密にはかり取る．はかり取った試料を，900℃以上の温度と酸素雰囲気の中で燃焼分解と酸化を行う．次に，還元銅を 600℃ 程度に加熱して燃焼分解物中の窒素酸化物を窒素に還元し，雰囲気中に残存している酸素を除去する．この結果，炭素は二酸化炭素，水素は水，窒素は窒素ガスになる．この三成分となった試料ガスを各成分ごとに分離・検出して，各成分の濃度を測定する．以下，はかり取り操作，分解・酸化，分離方法，検出方法，定量計算，標準試料について述べる．

2.1.1　はかり取り操作

　元素分析では ±0.3% という精度を要求されることが多いため，わずかな測定誤差要因も取り除く必要がある．特に，はかり取り操作は正確に行わねばならない．例えば，試料 1 mg の試料量で炭素含有率が 50% の場合，1 μg のひょう量誤差を生じると，0.1% の分析結果の差となって現れる．てんびんの精度管理にはトレースされた基準分銅を使用して，てんびんの校正を行う．さらに，はかり取り操作は，2.3 測定における注意事項を参考にして，正しい操作で行わねばならない．

2.1.2　分 解・酸 化

　元素分析は試料中の炭素，水素，窒素の含有率を求める方法なので，同じ元素組成で異なる物質の分析値は同一でなければならない．さらに，分子構造に影響されないように，試料を完全に燃焼分解して炭素を二酸化炭素に，水素を水に，窒素を窒素酸化物に変換する．本項では，試料を検出器に導入するまでの燃焼分解および酸化反応と検出時に妨害となる元素の除去方法について述べる．

[原理]
　（i）　燃焼分解
　試料を 900℃以上の酸素ガス雰囲気下に導入すると熱分解を起こし，分解物は

酸素ガスと反応して燃焼（酸化）する．この結果，炭素は一酸化炭素（CO），二酸化炭素（CO_2）などの炭素酸化物（CO_x）に，水素は水（H_2O）に，窒素は一酸化窒素（NO），二酸化窒素（NO_2）および亜酸化窒素（N_2O）などの窒素酸化物（NO_x）を生成する．燃焼分解の過程では，さらに過渡的なラジカル物質など多様な分解物が存在する．これらの分解物は，酸化触媒として充填された金属酸化物と接触し，金属酸化物から遊離した酸素と酸化反応し，分解生成物は CO_2，H_2O，NO_x となる．

測定試料は CHN のほかに様々な元素を含む場合がある．ハロゲン（F，Cl，Br，I など．総称 X）や硫黄を含む場合，ハロゲンはハロゲン分子やハロゲン化水素（HX），または酸化ハロゲン（XO_n）を形成する．硫黄（S）は硫黄酸化物（SO_x）を形成する．また，金属や非金属元素を含む場合は，金属酸化物や金属炭化物などを形成する．

〈試料中元素〉　　　　　　　熱分解，酸化反応　　　　　　〈分解生成物〉
C, H, N, O　――――――――――――――――→　CO, CO_2, H_2O, NO_x
　　　　　　　　　酸素（O_2），500℃以上の温度
X（F, Cl, Br, I）　　　　　　　　　　　　　　　　　　N_2O, NO, NO_2, HX, X_2
S　　　　　　　　　　　　　　　　　　　　　　　　SO_2, SO_3
P　　　　　　　　　　　　　　　　　　　　　　　　$(HPO_3)_n$
Na　　　　　　　　　　　　　　　　　　　　　　　Na_2O, Na_2CO_3
その他　　　　　　　　　　　　　　　　　　　　　　ラジカル物質など

(ii) 金属酸化物による酸化

上記の燃焼分解生成物を高温に加熱した金属酸化物と接触させると，金属酸化物（CuO，WO_3，Cr_2O_3，NiO_2 など）は酸素を放出し，燃焼分解物と酸化反応を起こす．この酸化反応によってラジカル物質は酸化分解し，一酸化炭素は二酸化炭素に，亜酸化窒素や一酸化窒素などの窒素酸化物は一酸化窒素を経て，二酸化窒素になる．

表 2.2 酸化触媒

酸化銅	（酸化触媒）CuO 酸化能力が大きい． 900℃以上になると溶融しやすく，石英燃焼管を劣化させる． 線状や粒状がある．
酸化ニッケル/酸化クロム	（酸化触媒）NiO/Cr_2O_3 高温での酸化反応に適している．
四酸化三コバルト	（酸化触媒）Co_3O_4 燃焼管に充填して 950℃で使用する． 熱分解によって酸素を放出して，酸化コバルトの組成に近づくが，融点が高く焼結しないので，石英管を傷め難い．
酸化セリウム	（酸化能力大．ハロゲンの一部も除去）CeO_2 高融点のため 1,000℃でも燃焼管を傷めない． フッ素除去作用がある．
タングステン酸	（酸化剤）WO_3 高温で酸素を遊離する． CHNS 分析で使用される例が多い．黄緑色の微粉末．

$$\text{CO, CO}_2\text{, NO}_x \xrightarrow[\substack{\text{金属酸化物, 500℃以上の高温}\\\text{酸化触媒：CuO, WO}_3\text{, Co}_3\text{O}_4\text{,}\\\text{CrO}_3\text{, NiO}_2\text{など}}]{\text{金属酸化物との反応}} \text{CO}_2\text{, NO}_2$$
$$\text{(NO, NO}_2\text{)}$$

(iii) CHNS 分析における硫黄の酸化

CHNS 分析では，硫黄酸化物（SO_x）は 850～900℃に加熱した銅（Cu）と反応させ二酸化硫黄（SO_2）とする．硫黄酸化物はまず硫酸銅（$CuSO_4$）となり，さらにこれが分解して二酸化硫黄（SO_2）に変換される．

$$SO_x \xrightarrow[\text{還元銅（Cu），850℃以上}]{} SO_2$$

以下に銅と硫黄酸化物の反応式を示す．

・ $O_2 + 3\,Cu \longrightarrow Cu_2O + CuO$
・ $SO_2 + 3\,CuO \longrightarrow Cu_2O + CuSO_4$
・ $SO_3 + 2\,CuO \longrightarrow 2\,CuSO_4$
・ $CuSO_4$ は 850℃以上で分解して SO_2 と Cu_2O になる
・ $CuSO_4 \longrightarrow Cu_2O + SO_2 + 1/2\,O_2$

上記五つの反応式が，サイクルとなって起こる．

・CHNS 分析では，還元銅を 850℃以上の高温にして三酸化硫黄（SO_3）を二酸化硫黄（SO_2）に還元する．上記の反応で銅の表面は半融解状態になり活性が低下する．そこで，正しい分析値を得るために，光沢のある金属表面をもつ線状の還元銅を用いる．

(iv) 妨害元素の除去

熱分解および酸化分解して得られた分解ガス中には，ハロゲンや硫黄，さらにリンやナトリウムなどの非金属や金属元素が含まれる場合がある．これら元素は検出時に異常ピーク出現や検出器を劣化させる原因となるため，検出器に到達する前に捕集して除去する．

1) 硫黄の除去（CHNS 分析は除く）

硫黄は三酸化硫黄と二酸化硫黄となって存在する．三酸化硫黄（SO_3）は酸素存在下で銀と反応させ，硫酸銀（Ag_2SO_4）として捕集することにより除去する．二酸化硫黄は銀と反応しにくいため，はじめに四酸化三コバルト（Co_3O_4）と反応させて三酸化硫黄にした後，銀と反応させて硫酸銀として捕集して除去する．本反応を用いた硫黄除去試薬に，四酸化三コバルトと酸化銀を 1：1 で混合したサルフィックス試薬（Co_3O_4/Ag_2O 元素分析用，キシダ化学）がある．

$$SO_3 + Ag + O_2 \xrightarrow{500\sim640℃} Ag_2SO_4$$
$$\uparrow$$
$$SO_2 + Co_3O_4 \longrightarrow SO_3$$

2) 塩素，臭素，ヨウ素の除去

フッ素を除く塩素，臭素，ヨウ素のハロゲン（X）は，500～640℃に加熱した銀と反応させ，ハロゲン化銀として捕集して除去する．銀以外にクロム酸鉛

（Pb_3CrO_4）や三酸化タングステン（WO_3）と反応させて除去する方法もある．

$$\langle \text{分解生成物}\rangle \quad HX \quad (X = Cl, Br, I) \xrightarrow[\text{銀，}Pb_3CrO_4]{500\sim640℃} \langle \text{結果}\rangle \quad AgX \text{として除去する}$$

・試料に含まれるハロゲンや硫黄を除去するために，燃焼管出口に銀を充塡する．ただし，充塡位置の温度が高い場合，銀が溶融して石英管に付着し劣化させる場合がある．

［注］ 市販の銀粒で窒素ブランクが出る場合がある．これは，製造過程の硝酸銀に由来する窒素の影響と推定される．

3） フッ素の除去

フッ素は，酸化マグネシウム（MgO）や酸化カルシウム（CaO）などのアルカリ土類金属酸化物と反応させ，CaF_2 や MgF_2 として捕集して除去する．除去能力がアルカリ土類金属酸化物より劣るが，三酸化タングステン（WO_3）や酸化セリウム（CeO_2）も捕集できる．しかし，条件によっては吸着したフッ素を脱離するとの報告があり，使用する際は補助的に用いた方がよい．

$$HF \xrightarrow[MgO, CaO, WO_3, CeO_2]{750℃} MgF_2 \text{や} CaF_2$$

［注］ MgO は使用温度に関係なくフッ素を MgF_2 として捕集して除去できるが，CaO は 650～750℃以上の温度で使用すると，CaF_2 として捕集したものが分解してフッ素を放出する場合がある．

表 2.3 硫黄およびハロゲンの除去試薬

タングステン酸銀／酸化マグネシウム	（フッ素吸収剤）$AgWO_3/MgO$ 酸化マグネシウムは高温でフッ素をフッ化マグネシウムとして捕捉する．粉末になりやすいため，タングステン酸銀と混合して赤熱して半融状態とした後，冷却して硬い粒子としたもの．
酸化銅／酸化マグネシウム（1:4）	（フッ素吸収剤．ハロゲン除去）CuO/MgO タングステン酸の代わりに酸化銅を混合して焼結して硬化させたもの．
酸化セリウム	（粒状，酸化能力大．ハロゲンの一部除去）CeO_2 高融点のため1,000℃でも燃焼管を傷めない．フッ素除去作用がある．
バナジン酸銀	（硫黄およびハロゲン除去）$AgVO_3$ 二酸化硫黄を酸化バナジウムの作用で三酸化硫黄に変換後，硫酸銀として吸収し，同時にハロゲンの吸収除去を行う． 高温では燃焼管を侵触しやすい．高価である．
サルフィックス	（硫黄およびハロゲン除去）Co_3O_4/Ag 酸化銀と四酸化三コバルト 1:1 の混合物を 600℃に加熱したもの． 酸化硫黄は銀粒では除去できないため，500℃付近で Co_3O_4 の触媒作用を利用して硫酸銀として吸収する．
銀網，銀粒	（塩素，臭素，ヨウ素および硫黄除去）Ag ハロゲン，ハロゲン酸化物，硫黄酸化物をハロゲン化銀，硫酸銀として捕捉する．450～550℃で使用，それ以上の高温では吸着した成分を脱離しやすい．
クロム酸鉛（Ⅱ）	（ハロゲンおよび硫黄除去）Cr_3O_4 日本では劇物であるが，Elementar のあるドイツでは劇物指定ではない．

4) その他の妨害元素除去

妨害を起こす元素は多く知られており，元素ごとの妨害症状や対策は，巻末の付録を参考にして対処するとよい．

(v) 窒素酸化物の還元および残存酸素の除去

窒素酸化物（NO_x）は，還元して窒素（N_2）に変換する．分解時に添加した酸素ガスが残存していると熱伝導度検出器を劣化させるため，残存酸素を除去する必要がある．以下に示す窒素酸化物の還元と酸素ガスの捕集除去を500℃以上に加熱した還元銅を用いれば，同時に行うことができる．

1) 窒素酸化物の還元

〈分解生成物〉　　　　　　550～640℃　　　　　〈結果〉
NO_x $\xrightarrow{\text{Cu（粒状または線状）}}$ N_2

2) 酸素ガスの捕集・除去

〈残存酸素〉　　　　　　550～640℃　　　　　〈結果〉
O_2 $\xrightarrow{\text{Cu（粒状または線状）}}$ CuO または Cu_2O

(vi) CO_2，H_2O，N_2，SO_2 の検出および定量計算

CHN分析で前記の処理を行うと，分解ガスは二酸化炭素，水，窒素とキャリヤーガスのヘリウムの4成分となる．CHNS分析では，二酸化硫黄（SO_2）を加えた5成分となる．

この分解ガスを，分離カラムや吸収剤を用いて分析成分を1成分ずつ分離検出し，出力を得る．実際の分析では，元素分析用標準試料を用いて検出器からの出力値と，目的元素の質量に対する感度係数（ファクター）をあらかじめ求めておく．未知試料を分析して得た二酸化炭素，水，窒素の出力値に検出感度を乗じ，目的元素の含有量を算出する．算出された含有量を試料量で割り，試料中の元素含有率（％）を求める．

2.1.3 燃焼分解ガスの分離方法

試料を燃焼分解して得られた燃焼分解ガスは，有機物を構成する炭素，水素，窒素および硫黄の各元素が二酸化炭素，水，窒素および二酸化硫黄に変換されて存在する．市販の元素分析装置は，これら3成分を同時に検出することができないため，一成分ごとに分離して検出する．分離方法として，ガスクロマトグラフ法，カラム吸着・脱離分離法，吸収管除去法が使用されている．

a. ガスクロマトグラフ方式

シリカゲルなどの微細な粒子，またはゲル状のシリカゲル樹脂などを細管に充填した分離カラムを50～100℃程度の一定温度に保ち，ヘリウムガスまたは水素ガスなどをキャリヤーガスとして流す．二酸化炭素，水，窒素および二酸化硫黄を含む試料ガスの一定量を分離カラムに導入すると，充填剤とキャリヤーガスの間で吸着平衡が成り立つ．成分によって吸着率の大きさが異なるため，吸着率

の小さな成分は早く，大きな成分は遅れてカラム出口に到達し，カラムから出るときには成分ごとに分離されたピークとなって検出される．窒素は分離カラムに吸着しないため，キャリヤーガスの流れと同じ時間でカラム出口から流出する．

元素分析で使用されている分離方法には，カラム内で3成分を完全に分離するピーク分離法と，燃焼分解ガスを定量容器に回収し混合ガスとした試料ガス全量をカラムに注入するフロンタルクロマトグラフ法がある．

（ⅰ）ピーク分離法

試料を燃焼分解して得た分解生成ガスを，分離カラムにてN_2，CO_2，H_2O，SO_2の順に完全にピーク分離する．燃焼分解ガス中の各成分は，カラム内で充塡剤との間で吸・脱着を繰り返す．吸着率は成分ごとに異なるため，出口に到達する時点では各成分ごとに分離される．分離された成分をカラムに接続した熱伝導度検出器に導入し，成分ごとに独立したピークのクロマトグラフを得る．成分ごとに得たピーク面積またはピーク高さを測定し，目的元素の含有量を求める．

カラム分離法は簡便でトラブルも少なく，安定した高感度分析（検出限界：CHNS各1μg）が可能である．

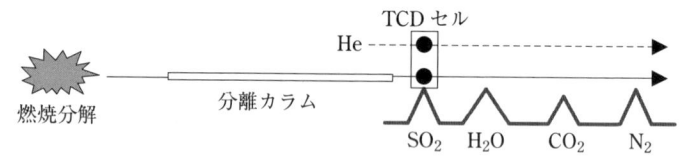

図 2.1 ピーク分離法

（ⅱ）フロンタルクロマトグラフ法

PerkinElmer 2400シリーズで使用されている方法で，燃焼分解ガスをステンレス製の定量容器に2気圧になるまで回収した後，定量容器内に取り付けたファンを回して回収した燃焼分解ガスを攪拌し，均一濃度の混合ガスを作製する．この混合ガスを分離カラムに導入すると，最初に窒素の分離を開始するが，試料成分が常に供給される状態が続くため，それ以上分離することができない状態が続く．

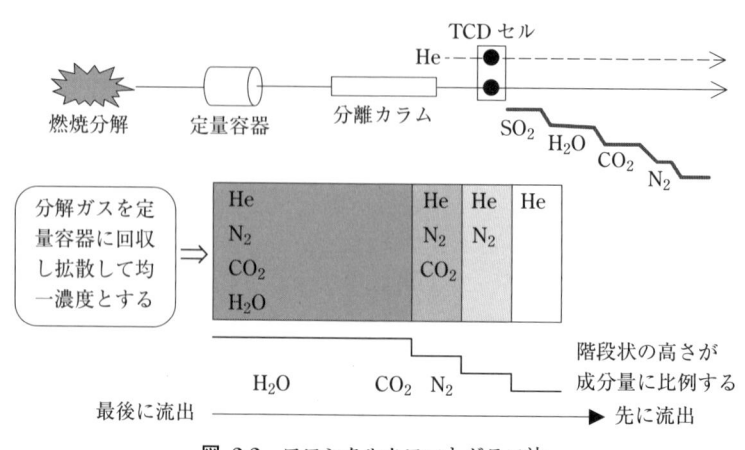

図 2.2 フロンタルクロマトグラフ法

これを検出器の出力値でモニターすると，分離を開始した部分が段差となったクロマトグラムが得られる．続いて二酸化炭素の分離を開始するが，窒素の分離と同様，分離開始後も試料成分供給が続くため，分離開始時の濃度変化に対比した出力値となる．分離成分すべてが同様の分離パターンを示すため，測定成分ごとに段差を生じた階段状のクロマトグラムが得られる．階段状の高さが成分濃度に比例するため，測定は段差の高さを検出する．検出ピークはキャリヤーガスのベースライン，窒素，二酸化炭素，水，二酸化硫黄の順に階段状になって検出される．

本法は完全分離を行わないため，ピーク分離法に比べ，分析時間が短縮できる長所がある．

b. 吸・脱着カラム分離方法

測定元素ごとにシリカゲルを充塡した吸・脱着カラムを備え，これに試料分解生成ガス中の二酸化炭素，水，二酸化硫黄をそれぞれ吸着させる．窒素はカラムで吸着できないため他成分が除去され，キャリヤーガスと窒素として検出する．吸着したカラムを加熱すると，吸着した二酸化炭素や水および二酸化硫黄を放出（脱離）する性質を利用して，二酸化炭素の分離検出を行う．

本法はシリカゲルの吸着特性を利用した分離機構によるもので，図2.3のように燃焼分解管に二酸化硫黄，水，二酸化炭素の順番に3種類の吸・脱着カラムを接続する．吸・脱着カラムには，測定元素ごとに孔径の異なるシリカゲルを充塡する．

孔径の詳細は不明であるが，燃焼分解ガス中の二酸化硫黄を140℃に保温したSO_2吸・脱着カラムで吸着捕集する．次に，水を室温に設定したH_2Oカラムで吸着捕集する．最後に，二酸化炭素を室温に設定したCO_2カラムで吸着捕集する．窒素はSO_2，H_2O，CO_2の吸・脱着カラムに吸着されず，素通りして熱伝導度検出器に到達する．このため，測定は最初に窒素の検出を行う．窒素の検出ピークの終端の出力値がゼロまたは規定値以下に達した時点で，窒素の測定を終了する．次にH_2O吸・脱着カラムを150℃に加熱すると，カラムに吸着していた水が脱離する．脱離した水は，CO_2吸・脱着カラムを通らない経路にて検出器に導入し測定される．水の測定が終了した後，CO_2吸・脱着カラムを100℃に加熱して二酸化炭素を脱離させ検出器に導入し，二酸化炭素の測定を行う．二酸化炭素の測定が終了した後，SO_2吸・脱着カラムを210℃に加熱し吸着していた二酸化硫黄を脱離させる．脱離した二酸化硫黄は，H_2OおよびCO_2吸・脱着カラムを

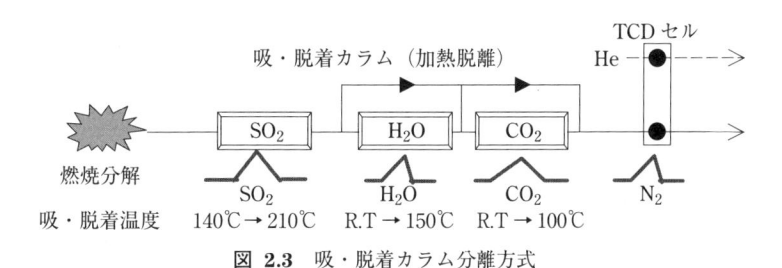

図 2.3 吸・脱着カラム分離方式

通らない配管経路に切り替えて検出器に導入し，測定を行う．各元素のピークがすべて得られた時点で，測定を終了する．以上からわかるように，本分析方法では各元素の検出終了後にカラムを切り替えて分析を行う方式のため，分析時間は試料により異なる．

c. 吸収管除去法

燃焼分解ガス中の成分を，1成分ずつ専用の吸収管に吸収捕集する．分解ガス中の二酸化炭素は水酸化ナトリウムで捕集し，水は過塩素酸マグネシウムで捕集する．

CHN元素分析において吸収管除去法を使用した検出方法は，吸収管重量法と差動熱伝導度法の2通りがある．前者は，分解生成した二酸化炭素と水を専用の吸収管で捕捉したときの増量（質量）をてんびんでひょう量する．捕捉増量分/測定試料量で成分含有率（％）が求められる．後者は，分解生成物が吸収管に入る前と測定成分が吸収管で吸着除去された後の熱伝導度を熱伝導度検出器を使用して測定し，その前後の熱伝導度の差を測定する（差動熱伝導度）ことにより，測定成分濃度を得る方法である．

（i）吸収管重量法

燃焼分解ガスを，最初に過塩素酸マグネシウムを充塡した水吸収管に通して水を吸着捕集し，次に水酸化ナトリウムと過塩素酸マグネシウムを充塡した二酸化炭素吸収管に通して，二酸化炭素を吸着捕集する．

前者の水吸収管には，過塩素酸マグネシウムを充塡する．この管に燃焼分解ガスを通すと，分解ガスに含まれる水を過塩素酸マグネシウムが吸着捕集する．

$$6H_2O + Mg(ClO_4)_2 \longrightarrow Mg(ClO_4) \cdot 6H_2O$$

測定前後の水吸収管の重量をてんびんでひょう量し，水の増量（g）を求める．

$$H(g) = H_2O(g) \times 2H(原子量)/H_2O(分子量) = H_2O(g) \times 2.01588/18.01528$$

この増量分から算出して，水素含有量（％）を求める．

$$H(\%) = H(g)/試料量(g) \times 100$$

後者の二酸化炭素吸収管では，分解ガスに含まれる二酸化炭素が水酸化ナトリウムと反応して，炭酸ナトリウムと二酸化炭素ができる．水は吸収管外に流れ出てしまうため，水酸化ナトリウムの後に充塡した過塩素酸マグネシウムで吸収して捕捉する．測定前後の水吸収管の重量をてんびんでひょう量して二酸化炭素の増量（g）を求め，この増量分から，炭素含有量（g）を求める．

$$CO_2 + 2NaOH \longrightarrow Na_2CO_3 + H_2O$$

$$6H_2O + Mg(ClO_4)_2 \longrightarrow Mg(ClO_4) \cdot 6H_2O$$

$$C(g) = CO_2(g) \times C(原子量)/CO_2(分子量) = CO_2(g) \times 12.011 \div 44.0098$$

炭素質量（g）を試料量で除算し，炭素含有率（％）を求める．

$$炭素(\%) = C(g) \div 試料量(g) \times 100$$

吸収管重量法は，てんびんで直接分解生成物の質量をひょう量するだけで完結する方法である．現在，CHN元素分析においては，標準試料を分析して濃度と検出器から得られる出力値との直線係数をもとに測定元素量を算出する相対法が

主流であるが，本法では，分銅によるトレーサビリティが直接確保されるため信頼性の高い分析方法である．

元素分析の基礎を築いた測定方法であるので，以下，簡単に測定方法を述べる．

測定装置は，図 2.4 に示すように左側からガス供給部，試料分解部（分解炉），固定炉，加熱炉，水吸収管，二酸化マンガン管，二酸化炭素吸収管で構成される．

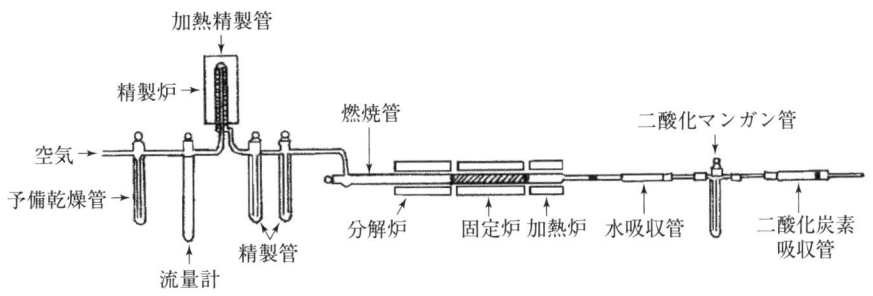

図 2.4 外吸収法による CH 分析法

キャリヤーガスとして酸素または空気を毎分 5 mL 流す．加熱炉の温度は 800℃以上とし，固定炉内には線状の酸化銅（0.3 mmϕ×2〜5 mm）を充塡する．水吸収管には，無水過塩素酸マグネシウムを充塡する．二酸化炭素吸収管には，ガスの出口側に無水過塩素酸マグネシウムを 2〜3 cm 充塡し，残りの部分に水酸化ナトリウムを充塡する．図に示すように燃焼管出口から水吸収管，二酸化炭素吸収管の順に取り付ける．

燃焼分解ガス中の窒素酸化物は吸収管に吸着して測定を妨害するため，除去する必要がある．除去方法には内吸収法，外吸収法および還元法がある．内吸収法は，燃焼管端に粒状の二酸化鉛（PbO_2）を充塡し，190℃に加熱して窒素酸化物を吸収除去する．外吸収法は，水吸収管と二酸化炭素吸収管との間に酸化マンガン（MnO_2）粒を充塡した吸収管を取り付け，窒素酸化物を除去する．還元法は，燃焼管端に還元銅を充塡し，窒素酸化物を吸収管充塡剤と反応しない窒素ガスに還元する．検出に妨害となるハロゲン（フッ素を除く）および硫黄酸化物は，銀と反応させて除去する．キャリヤーガスの流速はデータの再現性に影響するため，正確にコントロールする．試料 2〜5 mg を白金容器に精密にはかり取り，燃焼管の定位置に挿入する．加熱炉を 25〜30 分かけて室温から 800℃まで徐々に上げ，燃焼分解する．分解生成物中の二酸化炭素と水を，各吸収管で捕捉する．燃焼分解終了後に吸収管を燃焼管から取りはずし，吸収管外壁を拭いた後，微量てんびんの傍に静置して，吸収管を室温になじませる．10 分後に水吸収管，15 分後に二酸化炭素吸収管の質量をはかり，吸収管増量を求める．本測定法は測定時間が長く，てんびんのゼロ点変動が誤差要因となるため，ひょう量操作を行う際は必ずゼロ点補正を行う．定量計算は，（ⅰ）吸収管重量法で述べた方法に従う．

(ⅱ) 差動熱伝導度法

1960 年頃普及しはじめたガスクロマトグラフ法を CHN 元素分析へ応用しようとしたが，試料量を 1 mg 以下にしないと確実なピーク分離ができないなど技術的な難点があったため，ガスクロマトグラフに代わる分離検出方法として，差動熱伝導度法（別名：自己積分方法）が考案された．

本測定法は，燃焼分解ガスを一定容積の容器に回収し，均一濃度に薄めた混合ガスとする．混合ガス中の測定成分を吸収除去する際の，前後の熱伝導度差を持続的な信号として検出する方法で，1962 年にスイスの W. Simon らによって最初に提案された．自動化装置の登場は，1965 年の国際微量化学技術シンポジウムにおいて，ヤナコ分析工業と PerkinElmer から発表された．前者は一定容積の容器にステンレス製のポンプを使用し，後者はガラス球を使用した．正確な体積の再現性を確保するために，ポンプ法ではピストンのストローク距離をコントロールし，ガラス球法では内部圧力が 2 気圧を検知する精密な圧力スイッチを用いて実現した．

1) 定量ポンプ混合法

ヤナコ分析工業やジェイ・サイエンス・ラボの装置の場合，試料ボートを石英導入棒にのせて開放型の燃焼管内に導入し，試料を燃焼分解させる．分解ガスは酸化銅，サルフィックス，還元銅の充塡層を通り，水，二酸化炭素，窒素に変換され，キャリヤーガスのヘリウムとともに定量ポンプに吸引される．吸引されたガスはポンプ内で均一に混合された後，検出器に押し出される．検出器は直列につながる 3 対の差動熱伝導度計であり，以下に示した反応式のように第 1 対では，水を除去する過塩素酸マグネシウムを充塡した吸収管入口と出口における熱伝導度差を，第 2 対では，二酸化炭素を除去する水酸化ナトリウムと過塩素酸マグネシウムを充塡した吸収管入口と出口における熱伝導度差を検出する．第 3 対には遅延コイルがあり，この内部にはヘリウムガスが満たされていて，窒素を含むヘリウムと純ヘリウムの熱伝導度差を検出する．遅延コイルとは，検出器内の流速がレファレンス経路と同じになるように，コイル状に巻いた管の中に，パージに使用したきれいなヘリウムガスを溜めておき，レファレンスガスとして流すためのものであるが，最新の装置では使用されなくなった．検出におけるガス推移を以下に示す．

・第 1 対検出器　入口　$He + N_2 + CO_2 + H_2O$
　　　　　　　　出口　$He + N_2 + CO_2$　　　（H_2O 検出，図 2.5a）
・第 2 対検出器　入口　$He + N_2 + CO_2$
　　　　　　　　出口　$He + N_2$　　　　　　（CO_2 検出，図 2.5b）
・第 3 対検出器　入口　$He + N_2$
　　　　　　　　出口　He　　　　　　　　　（N_2 検出，図 2.5c）

開放型の燃焼管装置の場合，配管内圧は大気圧で測定しているため，水がなくなった分，他の成分の濃度がわずかに高くなる．差動熱伝導法は目的成分を除去しても，その他の成分に関しては試料側と参照側に変化はないという前提で測定

2.1 原 理

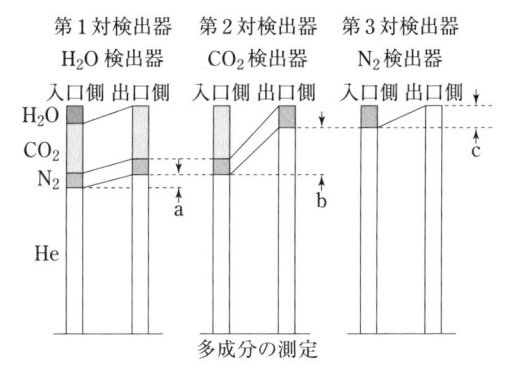

```
第1対検出器    第2対検出器    第3対検出器
H₂O 検出器     CO₂ 検出器    N₂ 検出器
入口側 出口側  入口側 出口側  入口側 出口側
```

図 2.5 差動熱伝導度法における成分検出

しているため，実際は除去されなかった成分の濃度が，参照側でごくわずかに高くなる現象がある（図2.5）．この問題は，二酸化炭素検出器や窒素の検出器でも同様のことが起きるため，データ処理のときに補正が行われている．

2) 定圧容器混合法

PerkinElmer 2400 シリーズおよび EXETER CE440 は，定圧容器に，燃焼分解ガスを2気圧の加圧状態になるまで回収する．回収したガスは拡散により混合され，均一な濃度の混合ガスとなる．混合ガス中の二酸化炭素，水，窒素の検出方法は1) の定量ポンプ混合法と同様に，二酸化炭素吸収管，水吸収管で測定成分を吸収除去する前後の熱伝導度の差を検出し，出力値から濃度を求める．

d. 窒素ガス容量法

吸収管重量法と同様に，特別な検出器を使用せず，試料の質量とその燃焼分解過程で生成される窒素ガスの体積を直接測定することで窒素含有率の定量が完結する．本測定法は現在ほとんど使用されていないが，元素分析の基礎を築いた測定方法なので，以下，簡単に測定方法を述べる．

ミクロ・デューマ法により，試料を燃焼分解して窒素酸化物を生成させる．生成した窒素酸化物を500〜550℃に加熱した還元銅層で還元し，窒素ガス（N_2）に変換する．窒素ガスを含んだ燃焼生成ガスを，アゾトメーターという体積計中の50％水酸化カリウム溶液中に導き，窒素ガス以外の燃焼生成物を除去して窒素ガスの体積（mL）をはかる．体積量を窒素ガスの質量に換算し，これを試料量で除算して窒素の含有率（％）を算出する．

$$N(\%) = 100 \times F \times V \div S \times 100$$

ここで，F は窒素ガス1 mLの質量（気圧，温度に対応した値），V は窒素ガス体積（mg/mL），S は試料量（mg）である．

2.1.4 試料ガスの検出方法

前項2.1.3で分離された二酸化炭素，水，窒素および二酸化硫黄の濃度を求めるため各種検出方法が利用されている．以下に検出方法について解説する．

a. 質量分析法

質量分析法（mass spectrometry）は，イオンをつくるイオン源，つくったイオンを分離分析する分析部，分離されたイオンを検出する検出部，検出されたデータを解析処理するデータ解析部から成り立つ．

イオン源に導入された試料は，イオン化された後，分析部に導入され，電場や磁場条件下でイオンを質量/電荷数（m/z）に応じて分離・検出する．検出されたデータは，横軸に m/z，縦軸にイオンの相対強度としたマススペクトル（mass spectrum）が得られる．ガスクロマトグラフや液体クロマトグラフに接続すると，混合物中の目的分子の質量数を高感度に測定できる．

【元素分析における利用法】

CHNS元素分析に質量分析計を利用する場合，測定成分は燃焼分解して生成した二酸化炭素，水，窒素および二酸化硫黄である．これら成分のイオン化法には，電気衝撃イオン化法（electron impact ionization：EI）が適している．EI法とは，高真空下において加熱気化した試料分子（M）に通常70 eV（1,600 kcal/mol）で加速した熱電子を衝突させると試料分子から電子をたたき出し分子イオン（molecular ion）を生成するイオン化法である．

燃焼分解して生成した二酸化炭素，窒素，二酸化硫黄をガスクロマトグラフ法を用いて各成分ごとに分離する．分離された成分を順次，質量分析装置に導入しイオン化した後，測定成分の質量数に対応する信号を検出する．検出法には，ある質量数範囲を測定する方式と，固定の質量数だけを測定する方式がある．前者は，目的成分以外の成分測定ができるなど定性分析に適しているが，一定の質量範囲を走査するため，元素分析で要求される定量への応用は難しい．後者は，質量数を固定した単元素の測定なのでデータの取りこぼしがなく，定量分析に適している．元素分析で要求される精度で複数の質量数を測定するには，測定質量数ごとに専用の質量検出器を取り付けることが望ましい．安定同位体比測定を行う元素分析では，元素分析装置に測定質量数ごとに検出器を取り付けた装置が市販されており，^{12}C と ^{13}C，^{1}H と ^{2}H，^{14}N と ^{15}N などの同位体の測定に利用されている．

b. 熱伝導度検出法

ガスの存在する空間において物体を加熱した場合，その物体からの熱放散には伝導，対流，輻射の三つの要素が考えられる．熱伝導度測定法（thermal conductivity method）は，この伝導現象に基づいた方法で，ガスの種類によって熱の伝えやすさが異なることを利用したものである．

熱伝導の難易を表すものに熱伝導度があり，熱の流れの方向に沿って一定の距離を隔たった一定の断面積を考え，これに一定の温度差を与えたときに流れる1秒当たりの熱量を伝導度と考えるとき，物質によって定まった値をもっている．すなわち，熱伝導度が大きいものほど，よく熱を伝えることになる．本法はキャリヤーガス中に混在する他のガス成分を検出することができるが，感度はあまり高くない．

2.1 原　　理

【元素分析における利用法】

　熱伝導検出法は1960年頃から，ガスクロマトグラフ法の普及に合わせて，元素分析の主成分である水，二酸化炭素，窒素および二酸化硫黄の検出に用いられている．感度はやや低いが直接性，再現性がよいため，有機微量元素分析で最もよく使用されている．

　CHN元素分析に熱伝導度検出器を用いる場合，燃焼分解・還元して得られた二酸化炭素，水，窒素，二酸化硫黄などの測定物質の熱伝導度と，これを運ぶキャリヤーガスの熱伝導度の差が大きい方が検出感度がよくなるため，キャリヤーガスにはなるべく熱伝導度の差の大きいものを選ぶ必要がる．図2.6のガスの熱伝導度から，測定物質の窒素（1.009），水（0.775），二酸化炭素（0.598）の値に対して熱伝導差が最も大きいものは，水素（7.010）であることがわかる．しかし，水素は試料中に含有されている場合が多く，試料の燃焼分解過程で爆発的燃焼を起こすことや，燃焼分解時に水を生成し水素測定に対して妨害となるため，使用することができない．そこで，水素の次に熱伝導度が大きいヘリウム（5.950）をキャリヤーガスとして使用する．ヘリウムは化学反応せず安定なため，高温で燃焼分解する際のキャリヤーガスとして最適である．

　熱伝導度検出器の基本的な構造は，図2.7のような断面をもったステンレス鋼製のブロックの中に，1対のフィラメントが収められている．センサーのフィラ

図 2.6 ガスの熱伝導度

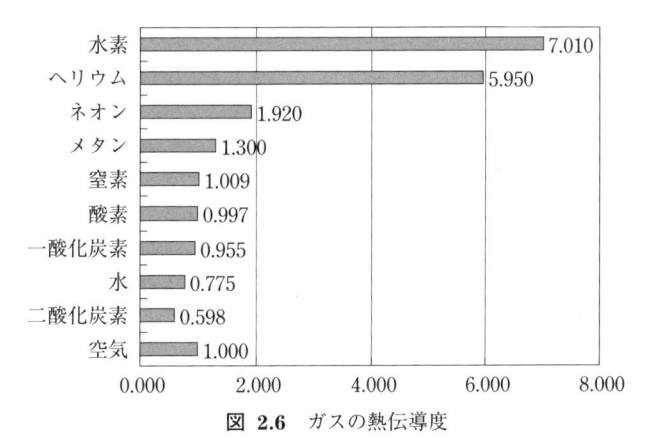

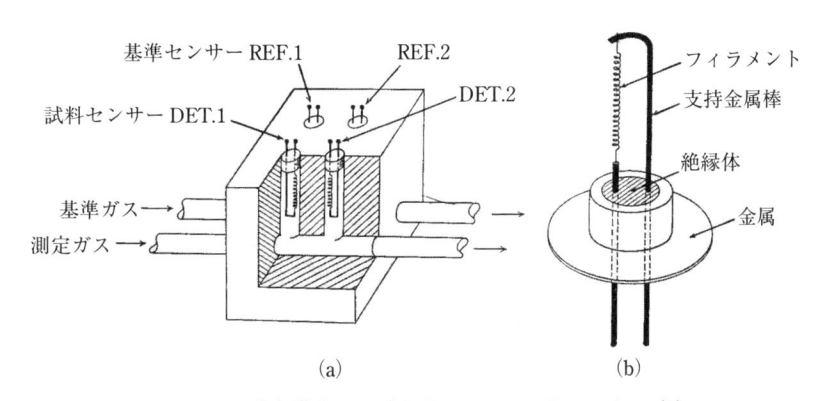

図 2.7 熱伝導度セル (a) とフィラメントセンサー (b)

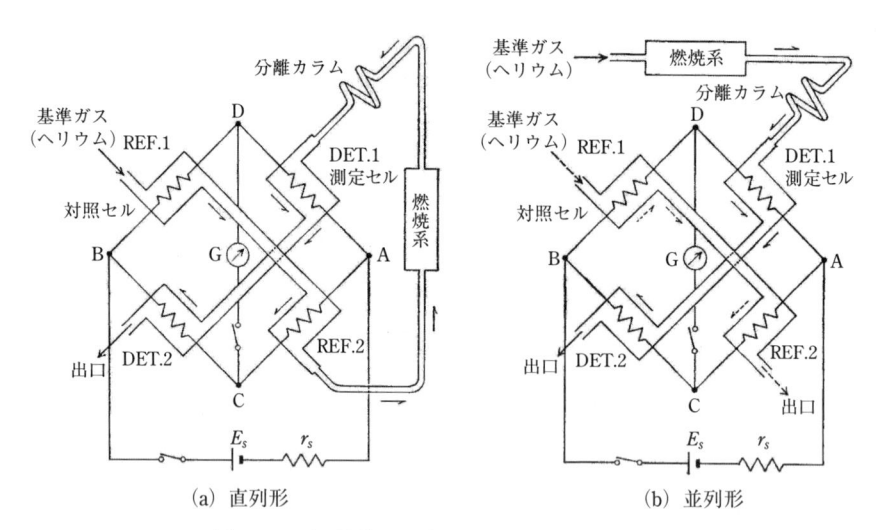

図 2.8 ガス流路におけるホイートストンブリッジ

メント部分にはタングステンフィラメントや白金線，サーミスター，金属合金線などを用いて並列に配置し，適当な電流を流して加熱する（電流は大きいほど検出の感度が高い）．

ホイートストンブリッジを用いた測定回路は図 2.8 で示す直列形と並列形がある．二つある流路の片側を基準として純粋なキャリヤーガスを流し，もう片側は試料ガス測定用としてカラムなどで分離された試料ガスを流す．ガス流路内の加熱したフィラメントに各種成分を含んだ試料ガスが触れると，熱伝導により試料ガスの組成および濃度に関連して，熱が奪われ温度が下がる．基準側は常に一定温度が保たれており，試料ガス側のフィラメント温度が変化するため抵抗値が変化する．この抵抗値の変化をホイートストンブリッジ（電気抵抗測定器，Wheatstone bridge）で測定し，不均衡な状態をつり合わせるために必要な電流を測定する．

元素分析装置では，熱伝導度検出器のセル内部が汚染しないよう，燃焼に用いた余分な酸素は還元管の還元銅に酸化銅として除去し，ハロゲンや硫黄は銀を用いてハロゲン化銀，硫化銀として除去する．

c. 赤外分光法

赤外分光法は，物質に赤外光を照射するとき，原子間の振動を励起しそれに等しいエネルギーをもつある波長の光が選択的に吸収される性質を利用する．赤外線分光光度計は，物質を透過した赤外線の強さを縦軸に，波数（波長を cm 単位で表したときの逆数，cm^{-1} カイザーで表す）を横軸として記録し，赤外吸収スペクトルを測定している．

赤外線分光光度計には，以下の 3 種類の検出法がある．①光源からの光をグレーティング（回折格子）を使って，各波長の光を空間的に分散させ分光する分散型赤外分光法，②赤外光を干渉計を用いて干渉光とし，それをコンピュータでフーリエ変換することにより分光する FT-IR 法（フーリエ変換赤外分光法），③試

料セルと目的成分を詰めた対照セルに,フィルターを通過させた特定波長を透過させたときの吸収を測定する非分散型赤外分光法である.最近では分散型赤外分光法は利用されず,FT-IR 法が主流となっている.以下では CHN 元素分析に利用される検出法として,FT-IR 法と非分散型赤外分光法について述べる.

（ⅰ） FT-IR 法

CHN 元素分析装置に FT-IR 分光計を接続して CHN を測定した場合の例として,PerkinElmer 2400 CHN 元素分析装置でアセトアニリドを燃焼して生成した分解ガスを定圧容器に回収し,均一濃度となった混合ガスを FT-IR 赤外分光計のガスセルに導入し測定した赤外吸収スペクトル（図 2.9）では,2,360 cm^{-1} 付近に二酸化炭素,3,700 cm^{-1} 付近に水の吸収がみられる.二酸化炭素は室温で気体として存在するが,水は加温しないと配管内壁や温度が低い部分に吸着するため,測定する場合には配管やガスセルの加温が必要である.

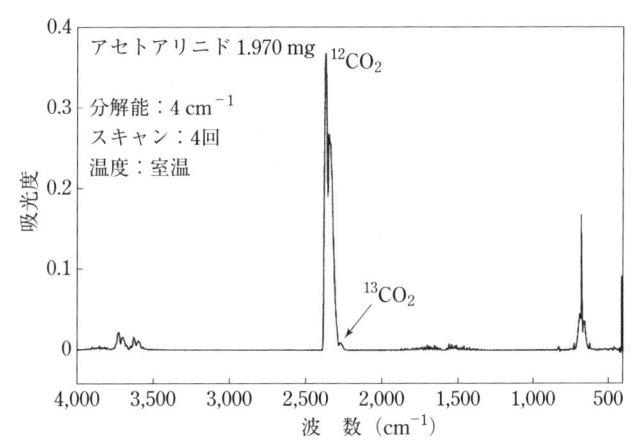

図 2.9 CHN 燃焼分解ガスの赤外吸収スペクトル
PerkinElmer 2400 CHN 元素分析装置に FT-IR（ガスセル）を接続して測定した.

（ⅱ） 非分散型赤外分光法

LECO の CHNS 元素分析装置は,非分散型赤外分光法を用いて,窒素以外の炭素,水素,硫黄を測定している.検出にあたり,炭素は二酸化炭素,水素は水,硫黄は二酸化硫黄に変換しておく必要がある.一般的な非分散型赤外分光検出器は,図 2.10 のようにメジャーチャンバー,IR 光源,チョッパーブレード,波長フィルター,検出部で構成されている.メジャーチャンバーの入口側にある IR 光源は,赤外線とともに可視光も放射し,これらはメジャーチャンバーの光路を通り,出口側まで送られる.チョッパーモーターが光路中で回転し,赤外線を矩形状として検出器に送られる.二酸化炭素は 2,360 cm^{-1} の波数の赤外光を,水は 3,100 cm^{-1},二酸化硫黄は 1,360 cm^{-1} の波数の赤外光を吸収する.矩形化された赤外線は,二酸化炭素または水や二酸化硫黄用の波長フィルターを通り,目的の波数の赤外光のみが集光部に到達する.検出器は通常,熱電デバイスであり,プリアンプに連結している.

検出器内の流路を,赤外光を吸収しないキャリヤーガス（ヘリウムなど）のみ

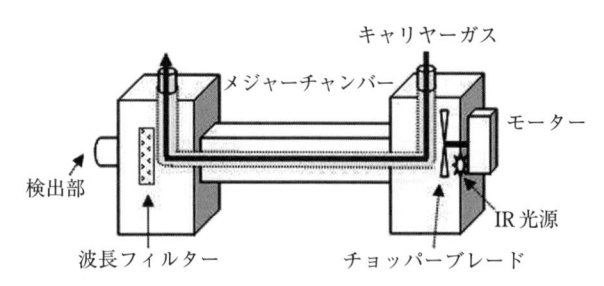

図 2.10 非分散型赤外分光検出器

が流れている状態をベースラインとし，検出器内に二酸化炭素または水や二酸化硫黄が流れると，特定波数の赤外線が吸収され，検出器に到達する赤外光量が減少する．これにより，プリアンプへ送られる電圧（信号）が減少する．ベースラインからの電圧の減少分は，二酸化炭素または水や二酸化硫黄の濃度に比例する．このプロセスは，ランベルト-ベール（Lambert-Beer）の法則で説明される．二酸化炭素または水や二酸化硫黄が検出器を通過してしまうと，電圧はベースラインに戻る．得られたクロマトグラムの面積から炭素，水素および硫黄の濃度を求める．

赤外分光法の場合，窒素は赤外吸収がないため検出できず，赤外分光検出器を通過した試料ガスを二酸化炭素と水の吸収管を通して吸収除去した後，残った窒素を熱伝導度セルに導いて，ヘリウムを基準ガスとして測定する．

2.1.5 定量計算

二酸化炭素，水，窒素の成分ごとの出力値を得た後，各成分の含有率を求めるためには，あらかじめ検量線や感度係数を求めてから，成分量を計算する必要がある．元素分析装置によっては，あらかじめ作成した検量線と分析当日の標準試料の分析値を比較して補正値を得る，デイリーファクター法がある．

ここでは，炭素についての計算方法を例示する．

（i） 検量線または感度係数の作成

① 標準試料を必要数はかり取り，精密にひょう量する．
② 標準試料の炭素含有率（C(%)）に試料重量（g）をかけて炭素量（g）を求める．
③ 標準試料を燃焼分解して生成された二酸化炭素について，検出器から出力された値を A とする．
④ 標準試料のはかり取り量を変えて3回測定し，そのときの出力値（シグナルまたはカウント値）を B, C とする．
⑤ 測定して得た出力値を横軸に，炭素量（mg）を縦軸とし，最小二乗法などを用いて換算係数 $aX+b$ または aX^2+bX+c を求める．

標準1：C(%)×試料量1(g)＝C(g)　測定して得た出力値：A（カウント）
標準2：C(%)×試料量2(g)＝C(g)　　　　　　　　　　　：B
標準3：C(%)×試料量3(g)＝C(g)　　　　　　　　　　　：C

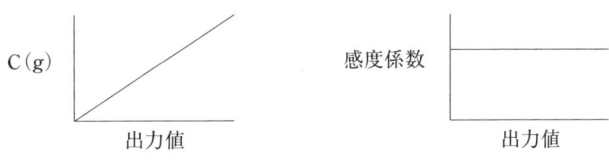

図 2.11 検量線（左）と感度係数（右）

⑥検量線は標準 1～3 の炭素量と出力値の関係を求める．
⑦感度係数は，標準 1 の炭素量を出力値で割り，1 カウント当たりの炭素量を求める．
⑧同様に標準 2，3 の検出感度を求め，平均した値を定量計算に使用する．
（ⅱ）分析値の計算
測定試料の出力値を S（カウント）とする．
1）検量線法による含有率（％）の求め方
・試料中の測定成分（mg）＝ $aX+b$　（X に出力値 S を代入する）
・試料中の測定成分含有率（％）＝ $(a×S+b)$(mg)÷試料量(mg)×100
2）感度係数での求め方
・試料中の測定成分（mg）＝出力値 S ×ファクター　（感度係数＝C(mg)/カウント）
・試料中の測定成分含有率（％）＝出力値 S ×感度係数÷試料量(mg)×100
・水素（％）および窒素（％）も炭素と同様の計算を行って求める．

2.1.6 標準試料

（ⅰ）有機微量分析用標準試料

各種検出器を用いる CHN 元素分析装置は，標準試料を燃焼分解したときに検出器から出力された値と元素量との関係式（検量線や感度係数）を用いて定量計算するため，正確な分析値を得るには，検量線作成に用いる標準試料の取扱いが重要である．

日本分析化学会 有機微量分析研究懇談会では，様々な試料における分析精度の管理を行うために検定委員会を設置し，2007 年時点で約 50 種類の検定済標準試料がキシダ化学から委託販売している．

検定は 1963 年，8 種類の標準試料頒布からはじまった．現在は，標準試料検定小委員会として最初に予備検定を行い，基準範囲内に収まった試料を全国 10 カ所の分析室にて元素分析し，この結果をもとに規格判定を行っている．判定基準や測定法について，有機微量分析研究懇談会シンポジウムの 1967 年「分析値のバラツキとカタヨリ」，1982 年「標準試料検定小委員会報告」を経て 1992 年の「標準試料の検定法変更について」の内容が現在の検定の基本となっている．方法は，1992 年の安藤，成田により第 59 回有機微量分析研究懇談会で報告された内容のものとなっている．標準試料検定小委員会では統計処理方法に問題がないかどうかについて，2006 年に標準試料検定方法を精査した結果，大きな修正

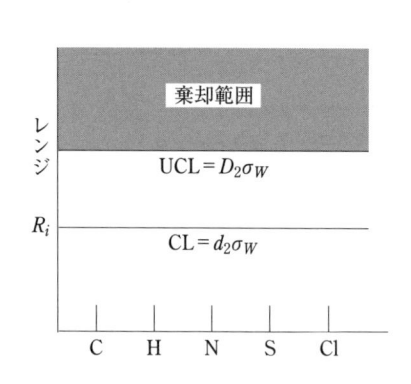

図 2.12 R 管理図によるデータ棄却

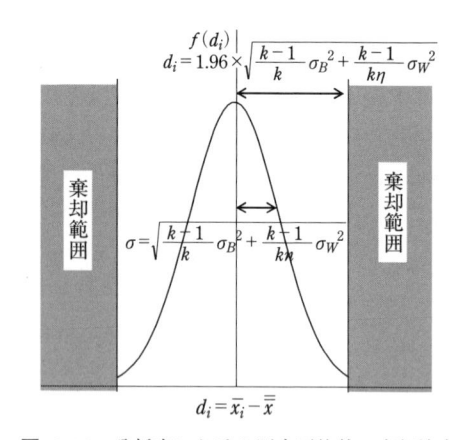

図 2.13 分析室における測定平均値の棄却検定

の必要がないことが確認されている.

検定方法の詳細は,有機微量分析研究懇談会シンポジウム要旨集を参考にしていただきたい.

標準試料の検定実施に先立って,分析室の異常値を除外するために,均一性および信頼性を検討し,適合したデータについて,計算値からの偏りの検定を行う.

検定方法は以下の手順となっている.

1) 測定値

10 カ所の分析室にて,検定試料を測定日を変えて 2 回測定する.得られた値の平均値 $\bar{x}_i$ と範囲 R_i および $10 \times 2 = 20$ 個のデータの平均値 $\bar{\bar{x}}$ を求める.

2) 分析室間のデータのばらつきの管理

2 回の測定値の範囲 R_i の値を図 2.12 R 管理図の手法により,元素ごとに管理限界線を越えるデータを棄却する(データのばらつきの管理).

3) 分析室間のデータの偏りの管理

2)で棄却されたデータを除外し,$d_i = \bar{x}_i - \bar{\bar{x}}$ の絶対値を用いて,分析室,元素ごとに平均値の棄却検定を行う.図 2.13 で示すように棄却限界値を越えるデータは棄却する.

4) 分析値の計算力の偏りの管理

測定値の計算値からの偏りの検定 2) および 3) で棄却された分析室のデータを異常値として除外し,残りのデータについての平均値の検定を行う(図 2.14).$\bar{d} = \bar{\bar{x}} - \mu_s$($\bar{d}$ は偏りの平均値,$\bar{\bar{x}}$ は各分析室の測定値の平均値,μ_s は元素含有量の計算値)の絶対値について,元素ごとに平均値の偏りに関する検定を行う.検定における有意水準は 5% である.

5) 各平均値の偏りの管理

測定した元素ごとの偏りの値を全般に評価し,標準試料として認められるかどうかを検定する.元素ごとに,$u_0 = \sqrt{\bar{d}^2/(\sigma_B^2/k + \sigma_W^2/kn)}$ (k は分析室数,n は各分析室での繰返し数)を計算し,$\chi_0^2 = \sum u_0^2$ を求めてカイ二乗検定による分散の検定を行い,各元素を通して偏りの分散を検定する(図 2.15).検定における

2.1 原　　理

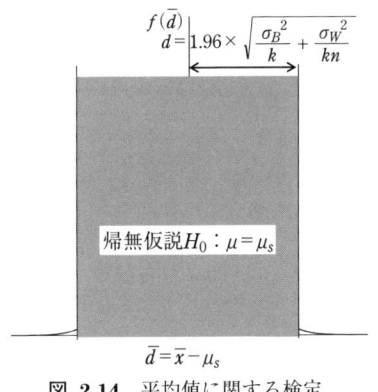

図 2.14　平均値に関する検定　　　図 2.15　分散に関する検定

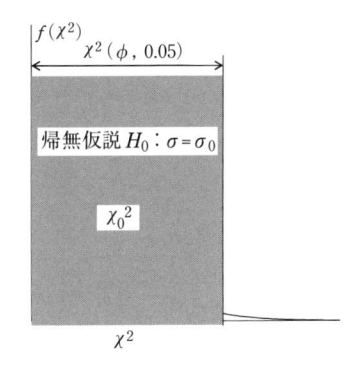

有意水準は 5% である．

6) 判　定

前記 4) および 5) の検定のいずれにおいても帰無仮説 H_0 が棄却されなければ，当該ロットを不合格とすべき統計的根拠はないと判断する．つまり，当該ロットに含まれる CHN, 硫黄, ハロゲンの元素含有率は, 計算値と有意水準 5% で一致すると結論する．

(ii) 品質保証書

GLP（Good Laboratory Practice）や GMP（Good Manufacturing Practice）は

発行日/Date:　November 9, 2004

有機元素分析用標準試料検定分析結果
Analytical Results on Reference Sample for Organic Micro-analysis

製造/Manufacturer:　　　　キシダ化学株式会社 / Kishida Chemical Co. Ltd.
コード番号/Code No.:　　　　SP-1
品名/Product name:　　　　アセトアニリド / Acetanilide
ロット番号/Lot No.:　　　　E88449S
評価年月日/Date of evaluation:　October 8, 2004

	測定値/Found		計算値/Calcd.	検定結果 Analytical results	判定/Judgment
	平均値/Mean	範囲/R (Mean)			
C	71.076	0.049	71.089	$\chi^2(3, 0.05)=7.81$ $\chi_0^2=1.10$	適/Complied to the requirements
H	6.735	0.021	6.712		
N	10.359	0.032	10.363		

検定法：　安藤貞一、成田九州男、第 59 回有機微量分析シンポジウム講演要旨集, pp.56-60, (1992)
Analytical method:　S. Ando & K. Narita, Abstracts of the 59th Organic Micro-analysis Symposium, pp. 56-60, (1992)

日本分析化学会有機微量分析研究懇談会
標準試料検定小委員会
委員長　酒井　達子

T. Sakai, Chairman
The Subcommittee of Reference Sample Analysis
The Association of Organic Micro-analysts
The Japan Society for Analytical Chemistry

図 2.16　有機元素分析用標準試料検定分析結果

もとより，非 GLP の測定においても，近年は標準操作手順書にて分析試料の受渡し，保管，測定，結果返却などきめ細かな手順および管理を決めて運営している分析室が増えてきた．例えば，滴定やイオンクロマトグラフに用いる市販の標準溶液などには JCSS の保証書が添付されており，有機元素分析用標準試料についても保証書の発行が要望されている．有機微量分析研究懇談会が標準物質生産者の認定を取得することはきわめて困難と考えられるため，標準物質生産者による認証書に代わるものとして，標準物質生産者が行うものと同等の方法で，標準試料検定小委員会の測定値により「有機元素分析用標準試料検定分析結果」を発行している．これは標準試料検定小委員会が行った検定に，当該ロットは合格している，という証明書である．

2.2 準　　備

有機微量元素分析では，推定理論値 ±0.3% の精度が要求される場合が多く，この精度を確保するためには，小さな誤差要因でも完全に取り除かねばならない．本節では，測定を開始するまでの準備における注意事項を主体に説明する．

2.2.1　ガスボンベと装置の接続

CHN および CHNS 元素分析装置では，ヘリウムをキャリヤーガスとして，酸素を助燃ガスとして使用する．このガス以外に，オートサンプラーを駆動させるための窒素またはエアーガスを使用する装置もあり，これらのガスは高圧ボンベを使用する．

これらのガスボンベは高圧のため，交換作業を行う際には取扱いに十分注意する．取扱いを誤るとデータに影響を与えるだけでなく，大変危険である．

［ガスボンベ交換操作手順］
①使用済みのガスボンベの元栓を締める．
②圧力調整器（図 2.17 の左側部品）の二次圧バルブをゆるめて圧力を下げる．
③圧力調整器をレンチやスパナを用いて取りはずす．
④圧力調整器に取り付けられているパッキンを確認し，劣化や汚れがひどい場合は交換する．

［注］　圧力調整器の接続口内部にパッキンがある形式の場合，ボンベのねじ口にシールテープを巻くとガス漏れを起こす場合があるので，シールテープは巻い

図 2.17　ボンベ接続

⑤充塡済みガスボンベに圧力調整器を取り付け,レンチを用いてしっかり締める.
⑥ガスボンベの元栓をゆっくり開ける.
⑦圧力調整器の一次圧表示を確認する(ボンベの充塡圧力).
⑧圧力調整器の二次圧バルブを回して,規定された圧力に設定する.
⑨ガス漏れがないかどうかを,ガス漏れ検知剤またはせっけん液を用いて確認する.せっけん液を用いた場合,泡が発生した場所が漏れている場所である.

［注］

・圧力調整器に接続された配管が銅管の場合,接続部分(フェラル)でガス漏れを起こす場合があるので,取扱いに気を付ける.普段からガスの減り具合も確認し,通常に比べてガスの減りが早い場合はガス漏れを確認する.

・ボンベ中のガス残量が少なくなると,データがばらつきやすくなる傾向があるので,最後まで使い切らないようにする.

・使用開始に際してボンベの元栓を全開にすると,ガスがなくなったときにバルブの開閉の判断がしにくいため,全開にした後,1回転ほど戻しておく.

・ボンベの元栓を開ける際は,圧力調整器の不具合のために高圧ガスが勢いよく漏れても安全なように,圧力調整器とは逆方向から操作する.

2.2.2 燃焼管(分解管,酸化管を含む)

燃焼管(機器メーカーにより,分解管や酸化管と呼ばれる)は,試料を酸素とともに加熱して燃焼および酸化分解を行う.さらに,検出器を損傷させたり,検出の妨害となる元素を除去する重要な部分である.

難燃性や金属を含む試料の測定では,充塡試薬の検討が必要になる場合もあり,充塡試薬を組み合わせることでよい結果が得られる場合もある.

2.2.3 還元管

還元管には還元銅を充塡し,試料を燃焼分解して生成した窒素酸化物の還元と,燃焼分解で使用されなかった酸素ガスを還元銅と反応させ,酸化銅として取り除く.燃焼分解に使用されなかった残余の酸素は熱電導度検出器の応答を妨害し,劣化の原因となる.

CHNS元素分析の場合は,専用の還元管を使用せず燃焼管の出口側の部分に還元銅を詰めて還元を行うものもある.

還元管内では以下の反応が進行する.

①窒素酸化物(NO_x)を還元銅と反応させて,窒素(N_2)に還元する.NO_xは500℃以上の還元銅によって,以下のように還元される.

$$NO_x \xrightarrow{Cu} CuO + N_2 \quad (500℃ \leq)$$

②熱伝導度検出器を保護するため,余剰酸素を還元銅で除去する.

2. 炭素・水素・窒素・硫黄

$$O_2 + Cu \longrightarrow Cu_2O$$

還元銅の温度が 600℃ 以上になると，二酸化炭素が還元され一酸化炭素と亜酸化銅（Cu_2O）を生じる場合がある．

$$CO_2 + 2Cu \longrightarrow CO + Cu_2O$$

③上記反応で生成した一酸化炭素を二酸化炭素に戻す．還元管出口に酸化銅を充塡し，②で生成した CO を CO_2 に酸化する．

$$CO + CuO \longrightarrow CO_2 + Cu$$

還元銅の最適使用温度は 550〜600℃である[1]．

④ CHNS 分析では，硫黄を全て SO_2 にする．硫黄酸化物は，燃焼により SO_3 まで酸化するので，この SO_3 を，850℃以上の還元銅により SO_2 に還元する．

〈還元銅についての参考知識〉

・銅はその酸化状態により，次のようなものがある．還元銅（Cu：銅色），亜酸化銅（Cu_2O：赤褐色），酸化銅（CuO：黒色）．

・縦型の CHN 分析計の場合は，還元管の温度設定を 640℃としているメーカーが多く，使用する銅の形状などが重要である．

・線状還元銅は，線状の酸化銅をそのまま，または粉砕してメッシュをそろえた後，水素で徐々に還元して作製する．

・還元銅は酸素を吸収しやすいので，保管に注意する．

・粒状還元銅は，メーカーによって形状と熱的性質（酸化開始温度，発熱量，熱収縮率）が大きく異なる．

a. 燃焼管および還元管への充塡試薬の詰め方

最近ではあらかじめ充塡された燃焼管も市販されているが，通常は測定者が充塡する．充塡時は，以下の事項に気を付ける．

燃焼管および還元管に充塡する試薬とその充塡方法は，元素分析装置により異なる．試薬は使用温度によって活性が変わるため，試薬を充塡する場所の温度（炉の温度）をあらかじめ確認し，装置の取扱説明書に記載された充塡場所に正確に，隙間ができないよう均一に充塡する．

・充塡試薬は，ふるいを用いて微粉末を取り除き，一定の大きさのものを使用する（ふるいは，100 円ショップなどで入手できる茶漉しでも代用できる）．

・酸化銅や四酸化三コバルト，酸化セリウムなど加熱処理してもよい試薬は，ルツボに入れて電気炉やガスバーナーで加熱し，不純物をあらかじめ除去して炭素や水分のブランクが出ないようにする．

・充塡する試薬と試薬の境目に石英ウールを詰める場合が多いが，海外メーカー装置に付属される石英ウールは硬めで手に刺さりやすいものが多いので，作業はゴーグル，マスク，手袋を使用し，ドラフト内で行う．手袋は細かな石英ウール繊維が皮膚に刺さらないように，厚めのゴム製のものがよい（石英ウールは軟らかいものに変更すると，扱いやすくなる．マスクはひだの付いた使い捨てのものが便利である）．

（ⅰ） 横型の炉をもつ装置での充填試薬の詰め方

燃焼管および還元管を水平に装着するため充填試薬が隙間なく均一に充填されていないと，燃焼生成ガスが充填試薬の中心を通過せず，ガラス内壁と充填試薬との隙間や特定流路などを通るチャネリングを起こしやすい（図2.18）．この結果，吸着や反応効率が落ちてしまうことがあるので，装着したときに上部に隙間ができないように充填する．

ヤナコ分析工業，ジェイ・サイエンス・ラボの装置では，燃焼生成ガスがほぼ1気圧で流れるようにする必要があるため，充填試薬や石英ウールの詰めすぎに気を付ける．

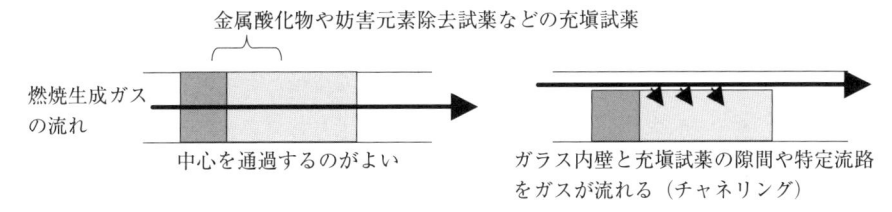

図 2.18 チャネリング

（ⅱ） 縦型の炉をもつ装置での充填試薬の詰め方

横型炉形式に比べ縦型炉形式の装置は，図2.19のようにチャネリングが起こりにくいといわれているが，充填試薬の熱収縮には気を付けること．

1） Elementar，EuroVector，Thermo など

管内に充填試薬を少しずつ入れ，石英管のつなぎ目などが折れないよう実験台の上に柔らかい敷物を置き，その上で真空ポンプの肉厚ゴムのようなもので慎重にトントンとたたくようにして詰める．

2） Fisons，Thermo など

燃焼管および還元管の材質に，半透明石英やステンレスおよびニッケルなどがある．

装置の流路は大気圧であるため，充填試薬は詰めすぎないように注意する．取扱説明書に記載された燃焼管および還元管の充填位置に，マジックなどで印を付ける．ステンレス管のように不透明なものは，ステンレス鋼棒（装置の付属品など）に充填位置の印を付けて，充填試薬の充填位置を確認しながら詰める．詰め方は，手で燃焼管および還元管の側面を軽くたたきながら，均一に空間ができないように詰める．燃焼管および還元管の最下部に詰める石英ウールは，充填試薬が落下しないように硬く詰める．

3） PerkinElmer，LECO など

密閉型の燃焼管，還元管で配管内圧が 2～4 MPa と高いため，試薬の充填にはバイブレーターなどを用いて密に充填した方がよい．

還元銅は少しずつ入れて，隙間がなくなるように詰めるとよい．

図2.20のように，還元管とバイブレーターをポールに固定し，振動を与えながら充填する方法もある（PerkinElmer 2400 取扱説明書より）．

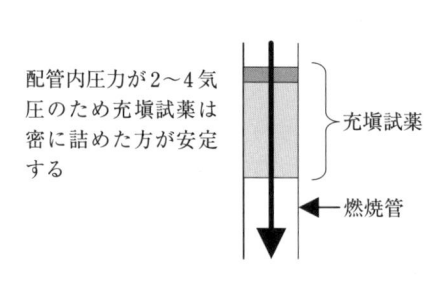

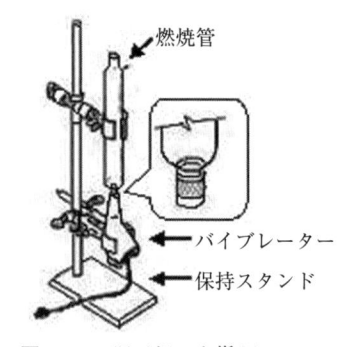

図 2.19 縦型燃焼管内のガスの流れ

図 2.20 還元銅の充填例

b. 燃焼管および還元管の取付け

燃焼管および還元管の取付けが確実に行われていないと，燃焼生成ガスの漏れが発生し，データのばらつきを生じる可能性が高くなる．以下，各社の装置の接続方法と注意点を述べる．

1) ヤナコ分析工業，ジェイ・サイエンス・ラボ

ジョイントのねじのゆるみがないかどうかを確認する．図 2.21 で示すすべてのシリコンゴム管は使い捨てにする．

図 2.21 ヤナコ分析工業，ジェイ・サイエンス・ラボの燃焼管

2) Thremo, Fisons, CalroErva

取付けは，工具を使わず，グリースも塗布せずに，ねじとOリングを正確に合わせた後，手で締め付けて取り付ける．取り付ける際は，ねじやOリングに石英ウールを挟み込まないように注意する．取り付けた後，燃焼管および還元管下部へは専用の固定台を設置する．燃焼管および還元管を取り付けた後，リークテストを行う．EA 1110 のリークテスト方法は，キャリヤーガス（ヘリウムガス）を使用時の流量で流した後，排気口を閉じ流量が0になることにより確認する．

3) PerkinElmer

他の装置と異なり，図 2.22 で示すように燃焼管や還元管の両端から少し離れた部分をOリングで気密保持するため，管の外径とOリングの大きさが合っていることが重要である．取付け作業前に，Oリングと接触する管表面をアルコール綿などでふき取る．

図 2.22 PerkinElmer 2400 の例

4) LECO

Oリングをはめ込んだ接続部品に，燃焼管や還元管を差し込むようにしてとめるため，Oリング部分に石英ウールや試薬が付着しないよう，Oリング部分と接続部の管内壁を清掃してから取り付ける．Oリングは軽くグリースを塗った後，ふき取るようにする．

5) EuroVector

配管を図 2.24 のような接続部品の穴に仕込む．接続部品は，内部にOリングが備わり気密を保持するようになっている．

図 2.23 LECO の接続部品　　**図 2.24** EuroVector の配管接続部品

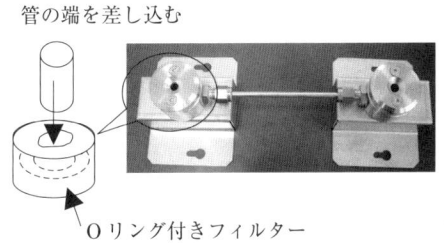

2.2.4　吸収管およびガス精製管

吸収管やガス精製管は 2.1 原理に記載したように，二酸化炭素（CO_2）を水酸化ナトリウム（NaOH）で吸収し，水（H_2O）を過塩素酸マグネシウム（$Mg(ClO_4)_2$）で吸収する．これらの吸収管やガス精製管は，定期的に充塡試薬の交換が必要である．

充塡試薬はメーカーにより色，形状および名称が異なるため，取扱説明書をよく確認して試薬の種類，充塡方法，交換時期に気を付ける．

a. 吸収管の特徴

1) ヤナコ分析工業，ジェイ・サイエンス・ラボ：吸収管

（H_2O 除去＝過塩素酸マグネシウム（アンヒドロン），CO_2 除去＝ソーダタルク＋過塩素酸マグネシウム）

・ソーダタルクは，二酸化炭素を吸収すると黒色が白色に変わる．

・過塩素酸マグネシウムは無色と青色に着色したものがあり，青色のものは水を吸収するとピンク色になる．無色のものは水を吸収しても色の変化がないため，ソーダタルクの交換と合わせて交換するとよい．両試薬とも二酸化炭素や水を吸収すると固化して流路が詰まり，流速が低下して窒素のベース値に変動が現れる．

・試薬を詰めすぎない．そのためには，試薬の充塡量（重量）を決めておいて，その量をてんびんではかり取り，一定の長さに均一に充塡する．

・両端の脱脂綿を詰めすぎない．

2) EXETER CE440：吸収管

（H_2O 除去＝アンヒドロン，CO_2 除去＝カラーカーブ＋アンヒドロン）

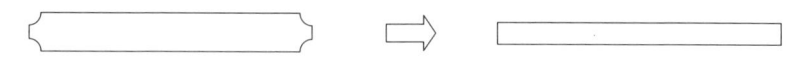

図 2.25 吸収管の形状

・カラーカーブは白色が青色変化するので，充塡試薬が半分程度青色になったら，H_2O 吸収管と合わせて交換する．

・アンヒドロンは無色のため，CO_2 吸収管と同時に交換する．

3) LECO：ガス精製管と CO_2 および H_2O トラップ管
　　（H_2O と CO_2 同時除去＝アンヒドロン，レコソルブ）

・レコソルブは，二酸化炭素を吸収すると灰色が白色に変わる．

・アンヒドロンは無色で変化しないため，レコソルブが2分の1程度変色したら同時に交換する．

4) Elementar：ガス精製管，吸収管とU字管（シカペント：五酸化リン）

充塡試薬は，水を吸着すると白色から青色に変わるため，充塡試薬の3分の2が変色したら新品に交換する．

［注］ 吸収管に詰める石英ウールが多すぎたり少なすぎたりした場合，石英ウールやシカペントが，その先の銅配管に流れ込んでしまうケースがある．最悪の場合，シカペントが銅配管内部で固まって詰まってしまう場合があるので，充塡時や日常点検で気を付ける．

5) Fisons, CalroErba, PerkinElmer2400, EuroVector は，カラム分離方式のため CHN および CHNS 分析とも吸収管はない．

b. 吸収管の交換

吸収管を交換した際に取付け方が悪いとガス漏れが発生し，データのばらつきが起こることがある．

1) ヤナコ分析工業，ジェイ・サイエンス・ラボ：CO_2 および H_2O 吸収管

吸収管の両端はなめらかで真っすぐのものがよい．吸収管の端がぎざぎざになっていたりまたは欠けていたりすると，パッキンとの隙間ができる．図 2.26 で示す吸収管とパッキンの間に石英ウールが入ると，ガス漏れの原因となる．

左側から石英ウール・過塩素酸マグネシウム・石英ウール・ソーダタルク・石英ウールを充塡する

図 2.26 ヤナコ分析工業，ジェイ・サイエンス・ラボの吸収管取付け時の注意

2) EXETER CE440：CO_2 および H_2O 吸収管

吸収管外径とOリングの内径が合っていることが重要である．これは管の両端から少し内側部分をOリングで保持するため，管の表面の汚れを取り除いておく．

3) LECO：ガス精製管と CO_2 および H_2O トラップ管

吸収管内壁の汚れを取り除く．パッキンを傷つけないように，吸収管端面はなめらかになっていること．

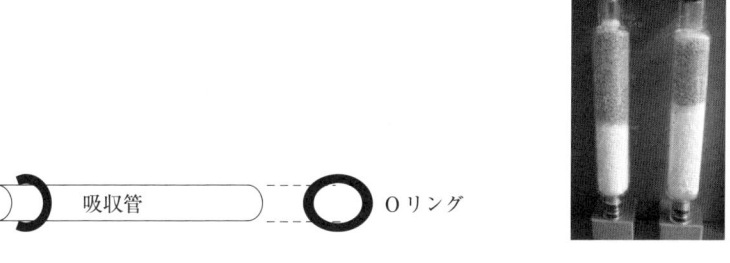

図 2.27 PerkinElmer 吸収管の接続　　図 2.28 LECO の吸収管接続

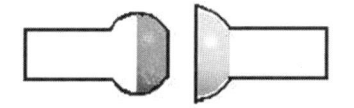

図 2.29 ボールジョイント接続

4) Elementar：CO_2 および H_2O 吸収管，ヘリウムガスおよび酸素ガス精製管 ボールジョイントの接触面（図 2.29）やガス精製管のスクリュー部分を清掃する．

2.2.5 試料容器

元素分析に使用される試料容器には，白金などの再利用可能なものとスズ製などの使い捨てタイプがある．

試料容器はメーカー指定品を用いるのが原則であるが，試料特性に合わせ市販の専用容器や自作容器などを用いて精度確保を行っている分析室もある．

a. 試料容器の種類

水平型の分解炉をもつ横型装置では，試料挿入器具の出し入れが容易なため，ボート型の試料容器が使用される．一方，垂直の分解炉をもつ縦型装置では，試料容器を燃焼管内に落下させるため，スズなどの使い捨て試料容器が使用される．

特殊な例として，吸湿性・揮発性・分解しやすいなどの性質をもった試料を測定する場合，はかり取り操作後の試料変化を防ぐために，試料容器を密閉しなければ正確な値を得ることができない．この対策方法は，スズやアルミニウムなどの軟らかい金属でできたカプセル型の密閉容器に試料をはかり取った後，専用のシール器具を用いて密閉する．

以下，試料容器について材質別に特徴を記述する．

〈白金性試料容器〉

カプセル型　　カップ型　　ボート型　　キャピラリー型

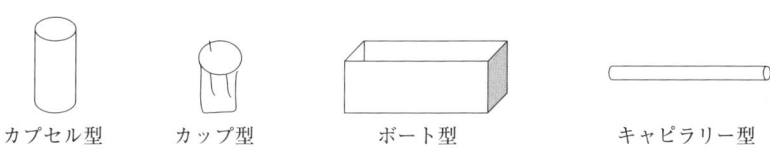

図 2.30 試料容器の形状

・ボート型，カップ型：開放型容器として使用する．再利用も可能である（再利用時はc.白金試料容器の洗浄方法および活性化を参照）．

〈ニッケル製試料容器〉

・ボート型：材質が硬く肉厚タイプで折り曲げるのが難しいため，開放型容器として使用する．使用後は酸化ニッケルとなって表面が劣化しやすくなる．磁石に反応するため，非磁性のピンセットやスパーテルを使用する．

・カップ型：ボート型に比べ薄い材質であるが硬いため，簡単に折り曲げて試料がこぼれないようにして使用する．

〈アルミニウム製試料容器〉

・ボート型：はかり取り操作後に試料がこぼれないように，容器を折りたたんで使用する．アルミホイルで容器自作も可能である（作製方法はb.試料容器の作製を参照）．

・カプセル型：専用器具を用いて試料容器上部を圧着し，密閉容器として使用する．

・キャピラリー型：直径1 mm，長さ20 mm程度のアルミ管．液体を吸い上げた後，両端をペンチなどで圧着し，密閉容器として使用する．

［注］ アルミニウムを用いる場合の注意点

・燃焼管内部でアルミニウムの一部がガス化し，配管内壁に錯体として付着し，水素測定値に影響を与える場合がある．

・試料を燃焼管内に挿入するための石英ラドルや白金ボートとアルミニウムが反応して溶融するため，ニッケル，またはセラミックスボートに乗せて使うとよい．

・測定試料が塩酸塩の場合，塩酸とアルミニウムが反応し容器が腐食する危険性がある．塩酸塩以外でも塩の種類が強酸などの場合，注意しなければならない．

〈セラミック製試料容器〉

・ボート型：容器は肉厚で重いため，開放型として使用する．バーナーで赤熱すれば再利用が可能である．

［注］ 細かな傷が入ると割れやすくなるため，取扱いに注意する．

〈石英製試料容器〉

・ボート型，カップ型：両タイプとも開放型容器として使用する．バーナーで赤熱すれば再利用が可能である．カップ型では，インジウム箔で口をふさいで密閉容器として試料がこぼれないようにする方法もある[2]．

〈ガラス製試料容器〉

・キャピラリー型：内径1 mm程度のガラスキャピラリーに液体試料を吸い取り，両端をガスバーナーで閉じて密閉容器として使用する．長さ5 mm程度の長さのキャピラリーに液体試料を吸い取り，これを密閉容器に入れて測定する方法もある（2.3.1 b.参照）

図2.31のDrummondのMICROCAPS 25マイクロキャピラリーは，吐出用の

2.2 準　　備

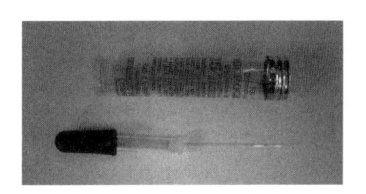

上：キャピラリー収納容器
下：ゴムキャップ装着時

図 2.31　MICROCAPS 25 マイクロキャピラリー

ゴムキャップが付属しており便利である．
〈スズ製試料容器〉
　・ボート型，カップ型：はかり取り操作後に，ピンセットで小さく折りたたんで使用する．
　・カプセル型：専用器具にて密閉する．液体，吸湿性，空気に不安定な試料などの測定に使用する．

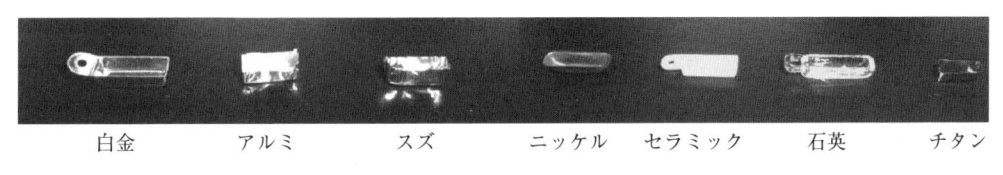

白金　　アルミ　　スズ　　ニッケル　セラミック　石英　　チタン

図 2.32　試料容器例

b. 試料容器の作製

　ボート型試料容器はアルミニウムホイルや白金箔と，図 2.33 のようなボート作製用成型金具とピンセットを準備し，図 2.34 のボート型容器の作製方法を参考に作製すれば比較的簡単に，市販品を購入するのと同等の価格で，多くのボートを確保することができる．また，カップ型試料容器の作製方法を図 2.35 に示した．自作して多数の容器があれば，ボートの汚れが目立ったときこまめに新品に交換することができ，測定データの安定化につながる．

図 2.33　ボート作製用成型金具（図はガラス製）

（ⅰ）ボート型試料容器の作製手順
①金属箔を一定の大きさに切る（折り曲げるための線を入れるとよい）．
②切り取った金属箔の線に合わせて成型金具を置く．
③ピンセットを用いて成型金具に沿って折り曲げる．
④両端を真ん中から押し込み，船形になるように折り曲げる．
⑤両端の部分を折り重なるように曲げる（取手付きの場合は，取手部分を外側に折り曲げる）．
⑥成型金具から試料容器を取りはずす．

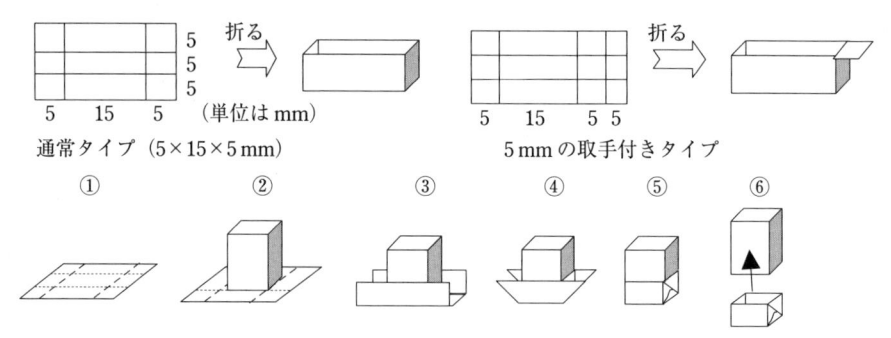

通常タイプ（5×15×5 mm）　　　　　　　5 mm の取手付きタイプ

図 2.34 ボート型試料容器（上）と作製手順（下）
図は簡便のためボートを正方形の容器で示している．

⑦試料容器をアセトンまたはアルコールで洗浄した後，乾燥させる（白金はバーナーで赤熱してもよい）．

参考：白金容器を作製する場合，折り曲げる前に白金箔をバーナーで赤熱させ，その後ゆっくり冷ます（焼きなまし）と，箔が軟らかくなり折り曲げ作業が容易になる．

（ii）カップ型試料容器の作製

①スズなどの金属箔を，作製する容器の底面直径の円形に切り取る．
②金属箔の中心に直径が容器の大きさのガラス棒を置き，ピンセットまたは手袋をした指でガラス棒に沿って折り曲げる．
③折り曲げた容器をガラス棒から取りはずす．
④試料容器をアセトンまたはエタノールで洗浄した後，乾燥させる．

①金属箔を切る　　②棒に沿って折り曲げる　　③容器を棒から取りはず

図 2.35 カップ型試料容器の作製手順

c. 白金試料容器の洗浄方法および活性化

（i）通常の洗浄方法

①希硝酸（1+3）または希塩酸（1+4）溶液の入った試験管やビーカーに白金試料容器を入れ，軽く煮沸する．
②ガラス棒の先端に白金線を取り付けた器具を用いて白金試料容器を取り出し水洗する．
③白金線付きガラス棒で試料容器をもち，ガスバーナーで赤熱して洗浄と活性化を行う．

［注］白金容器は，ガスバーナーの還元炎中に入れると白金炭素を形成する場合があるため，還元炎中に白金を入れないこと．

（ii）容器の汚れがひどい場合の洗浄方法

汚れの原因がケイ素化合物の場合は，5％フッ化水素酸をテフロン容器に入れ，

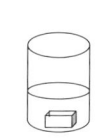

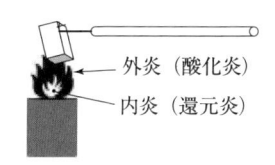

①希薄な酸で煮沸　②白金線付き棒で取り出す　③水洗後ガスバーナーで赤熱する

図 2.36　白金試料容器の洗浄方法および活性化

これに容器を一晩浸けた後，取り出して水洗いし，ガスバーナーで赤熱させる．ほかに炭酸ナトリウムによる溶融法にてケイ素を溶かし出す洗浄方法もある．

［注］　フッ化水素酸は毒物であり，必ずドラフト内で作業し取扱いに注意する．

(iii)　容器に無機物が付着している場合の洗浄方法

この場合は，スパーテルなどで無機物をかき取った後，(ⅰ)の希硝酸による洗浄を行う．

セラミックボートも，白金と同様に希硝酸を用いた洗浄操作を行う．セラミックボートやニッケルボートは，ガスバーナーで赤熱するだけでもよい．

2.3　測定における注意事項

　元素分析は取り扱う試料量が少ない上に要求される精度が高いため，測定操作は細心の注意を払わねばならない．取り扱う試料は様々なものがあり，形態や特性によって測定条件の変更が必要となる場合もある．本節では，測定結果に影響を及ぼす可能性が高い，はかり取り操作，空試験値（ブランク），検量線や検出感度，捨て焼き，妨害元素，安定同位体を含む試料について，誤差要因の削減方法を説明する．

2.3.1　はかり取り操作

　元素分析を行うためには，必ず標準試料と測定試料のはかり取り操作が必要である．試料容器に試料を入れ，これをてんびんにのせて表示された値を読み取る単純な操作であるが，元素分析をはじめたばかりの人は測定結果にばらつきを生じさせることが多い．その原因は，はかり取り操作に起因していることが多いので，以下のことに気を付けて操作する．

［はかり取り操作の注意点］

①はかり取り操作を行う前は，必ず手をきれいに洗う．

②てんびんの水平基準器の確認，ひょう量および試料容器置き場皿の清掃を行う．

③てんびんの前に座って2～3分待ってから，はかり取り操作を開始する．これははかり取り操作をする人の体温（輻射熱）で，てんびん内部の温度が上

昇し感度変動が起きやすいためである．したがって，温度が安定するまで2〜3分間待つ．また汗をかいた場合は，汗が引いて体温が下がってからてんびんの前に座るようにする．

④試料汚染防止および測定者の安全確保のため，マスクの着用を心がける．

⑤標準分銅を内蔵したてんびんの場合，キャリブレーション（校正）操作を実行する．試料ごとに実施する必要はないが，前回のはかり取り操作から時間が空いた場合は実施した方がよい．

⑥あらかじめ準備した標準分銅をひょう量し，てんびんが正常に作動していることを確認する（てんびん使用日は最低1回は確認する）．標準分銅はE1クラスなどの分銅を使用し，保管に気を付ける．

⑦はかり取り操作は，落ち着いて一定のスピードで行う．測定に慣れていない人は，はかり取り操作の時間が試料によって異なり，時間差が大きい．操作に慣れて一定時間ではかり取り操作ができるようになると，データが安定することが多い．

⑧吸湿性試料など表示値が変動する場合は，表示値を読み取る時間を決めてはかり取ると，データが安定する．

⑨吸湿や昇華性，溶媒付着がある試料の場合，てんびんの表示値が変動するので，この場合は特記事項として記録しておくこと．

⑩てんびんを清掃するための刷毛に水彩画用の絵筆を利用すると，柄が長いためてんびん室に手が入ることがなく，安価で使いやすく便利である．

⑪試料容器をてんびんのひょう量皿にのせるときは，顔をてんびんに近づけない．顔はなるべく同じ位置にしてはかり取り操作を行うと，輻射熱による温度変化が起きにくい．

a. 固体と粉末試料のはかり取り操作方法

試料容器および試料の取扱いには，ピンセットとスパーテルを使用する．

①ピンセットとスパーテルをキムワイプや清浄綿できれいにする．

②冷却台（2.3.1 i.参照）の表面を刷毛で清掃する．

③測定に使用する試料容器をピンセットでつかみ，容器の底面を蛍光灯などの照明に向け，穴が開いていないことを確認する．穴が開いている場合，光が漏れてピンホールとなって確認できる．

④てんびんの扉を開け，試料容器をはかりにのせる．

⑤てんびんの扉を閉める．

⑥表示値が安定したら，Tare（ゼロ設定）キーを押し表示をゼロにする．

⑦てんびんの扉を開け，試料容器をてんびんから取り出し冷却台にのせる．

⑧スパーテルを用いてサンプル容器から試料を適量とり，試料容器に移し入れる．

⑨試料容器をてんびんにのせる．

⑩試料量が予想した重さの範囲内に入っているかどうかを確認する．試料量はあらかじめ計算し求めておく．試料量が多い場合は，試料容器をてんびんか

ら取り出し，試料量を減らした後，再度てんびんにのせる．筆者の経験では，試料を減らす場合は，スパーテルを使用せず容器を傾けて減らす方が誤差を生じにくい．

⑪表示値が安定していることを確認し，表示を読み取る．

⑫試料容器をてんびんから取り出し，指定された場所に置いて保管する．

b. 液体試料のはかり取り操作方法

液体試料には，粘性がなく揮発性が高い試料，アメ状で揮発性はないが粘性が高い試料，空気中の水分を吸着する試料など，性質が異なる試料がある．

はかり取り操作時に揮発性による減量が認められない試料でも，オートサンプラーを使用して測定までに時間がかかる場合や，分析開始時のパージにおいて試料の減量が起こる場合があるので，液体試料をはかり取る場合は，ガラスキャピラリーまたはスズやアルミニウム製の密閉試料容器を使用することが望ましい．

（ⅰ）揮発性のない液体またはアメ状の試料のはかり取り操作

1）ボート型試料容器を用いる場合

アメ状試料はスパーテルの先に試料をとり，ボート内に延ばすように入れ，延びた試料がボートの縁につかないように気を付ける．液体の場合はガラスキャピラリーに液体試料を吸い上げ，これを試料容器に移し入れる．

キャピラリーは市販の 20 μL 容量が使いやすく，5 mm 程度吸い上げると約 2 mg の採取量となる．

2）カップ型試料容器を用いる場合

・アメのような試料のはかり方（図 2.37）

①カップ型試料容器をピンセットで広げる．

②広げた容器の中心部に，試料をなすりつけるように置く．

③ピンセットを用いて試料がはみ出ないよう，試料容器を包み込む．

①カップ容器をピンセットなどで広げる　②試料を中心部におく　③ピンセットで試料がはみ出ないよう包む

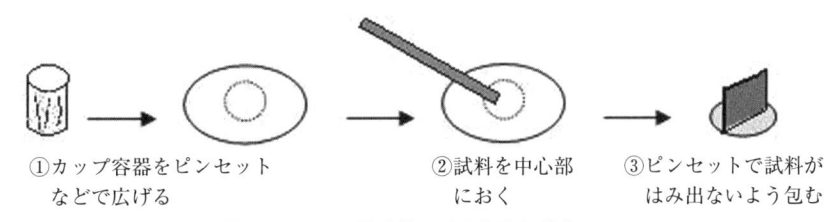

図 2.37 アメ状試料のはかり取り操作

3）石英沪紙を用いる場合

液体試料の場合は，表面張力により液体試料が内壁を上がってくる場合がある．この対策として，小さな石英沪紙をカップまたはカプセル型の試料容器内に入れ，ガラスキャピラリーで吸い上げた液体試料を，容器内の石英沪紙に吸い込ませて保持させる方法がある．

カップ型容器の場合は，ピンセットで押しつぶさないように折りたたむ．LECO社の装置ではソルビット（SORBIT）という石英沪紙を使用する．

［注］ガラスキャピラリーの先端が石英沪紙に触れると，石英沪紙がキャピ

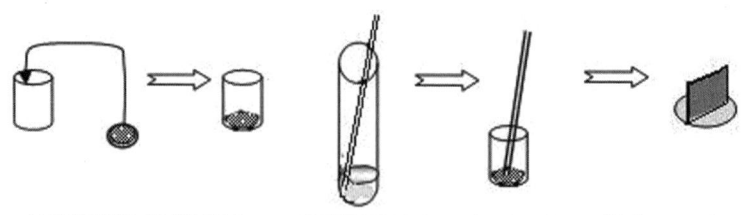

① 試料容器に石英沪紙を入れる　　② 石英沪紙にキャピラリーを用いて試料をしみ込ませる　　③ ピンセットで試料がはみ出ないよう包む

図 2.38 石英沪紙を用いた液体試料測定方法

ラリーに付着し重量が変わってしまうので，触れないように注意する．

(ⅱ) 揮発性のある液体試料のはかり取り操作

はかり取り操作時に，揮発による減量が起きない密閉試料容器に試料を閉じ込め，試料の揮発を防ぐ必要がある．密閉試料容器にはスズ製カプセルやアルミニウム製容器があり，密閉するためのサンプルシーラーと組み合わせて使用する．試料容器を密閉する際に試料容器内に空気が入り込むと，空気の構成成分の窒素分が検出されるため，窒素測定値（％）を正確に得ることができない．この対策には，酸素やヘリウムガスで密閉試料容器内部をパージし，密閉操作を行って空気の混入を防ぐ．

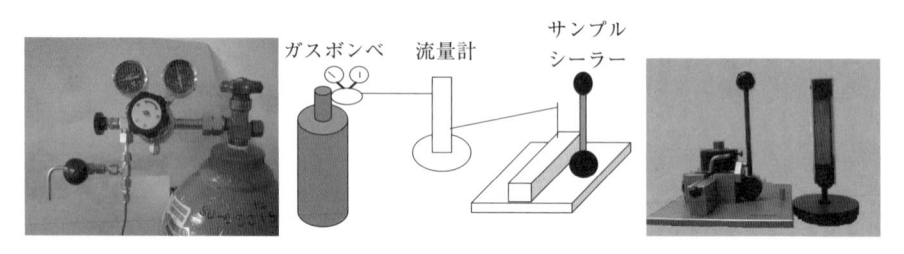

図 2.39 サンプルシーラー使用例

1) 密閉試料容器を用いる場合

CHN 分析の場合，密閉試料容器の中に空気が混入すると，空気中の窒素分が検出され窒素の定量結果に影響が出る．そのため，密閉を行う際に酸素ガスで容器周辺を置換しながら密閉を行うと，空気混入による窒素の影響を防ぐことができる．表 2.4 は，スズカプセル（Φ3×6 mm）を用い，試料容器中の空気を酸素ガスでパージして PerkinElmer 2400 で測定した窒素ブランク値である．表 2.4 と図 2.40 から，酸素ガス 200 mL/min で 10 秒以上パージした後，シールすればよいことがわかる．

パージ操作を行わずに空容器のブランク値を測定し，このブランク値を測定値から差し引く方法は誤差を生じやすいので，密閉試料容器を使用する場合は，必ずパージ操作を行い空気の混入を防ぐことが必要である．

パージガスは酸素の場合，空気の平均分子量 29 に比べ 32 と質量数が大きくなるため，ヘリウムガスに酸素ガスを混ぜて空気の質量数に合わせる方法もあり，精密な測定を行う場合は検討されたい．

表 2.4 パージ時間と窒素ブランク値

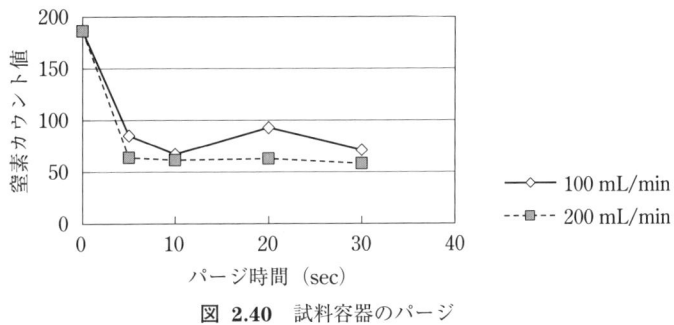

流速 (mL/min)	パージ 時間 (sec)	窒素ブランク値		
		1回目	2回目	平均
100	0	189	184	186.5
	5	79	92	85.5
	10	83	52	67.5
	20	99	87	93.0
	30	82	61	71.5
200	0	189	184	186.5
	5	67	61	64.0
	10	61	62	61.5
	20	57	69	63.0
	30	57	59	58.0

図 2.40 試料容器のパージ
サンプルシーラー使用時の窒素ブランク．

①ガラスキャピラリー
を5 mmの長さに切る　②ガラスキャピラリーに液体試料を吸い込む　③試料容器にガラスキャピラリーを入れ密閉する

図 2.41 短いガラスキャピラリーを用いた液体試料測定方法

2）短いガラスキャピラリーを用いる場合

あらかじめガラスキャピラリーを5 mm程度にカットする．カットしたキャピラリーを密閉できる試料容器に入れた後，てんびんにのせてひょう量する．てんびんから試料容器を取り出し，容器中のガラスキャピラリーをピンセットでつかむ．サンプルチューブ内の液体試料を，カットしたガラスキャピラリー内に吸い取り，これをカップ型試料容器に入れる．サンプルシーラーに試料容器をセットし，ヘリウムまたは酸素ガスで試料容器内の空気を追い出した後，サンプルシーラーのレバーを操作し試料容器を密閉する．密閉した試料容器をてんびんにのせ，ひょう量する．

3）熱分析用試料容器を用いる場合

熱分析装置に使用されるアルミニウム製試料容器と，専用の密閉器具を使用す

れば元素分析用の密閉試料容器として用いることができる．アルミニウム製の密閉試料容器はスズ製容器に比べ硬くて肉厚の容器となるため，密閉度が若干悪い場合がある．密閉操作時には，空気の混入を防ぐためのパージ操作が必要である．また，密閉器具により，アルミニウムが削れて 3 µg ほど少なくなる傾向があるので，ひょう量に気を付ける必要がある．

c. 吸湿性試料のはかり取り操作方法

吸湿性が強い試料の測定の場合，はかり取り操作を行うまでの間に試料が吸湿しないようにする．例えばサンプルチューブの代わりに，定温真空検体乾燥器（別名：アブデル）のガラス製容器にサンプルを入れて提出させれば，はかり取り前の吸湿を防止することができる．

図 2.42 低温真空検体乾燥機
（石井商店のカタログより）

はかり取り操作は空気中の水分による吸湿を防ぐため，グローブボックスやポリエチレン製気密袋の中をヘリウムや酸素ガスで充満させ，その中でスズやアルミニウムなどの密閉容器に試料をはかり取ることが望ましい[3]．吸湿性試料のはかり取りについては，Q＆Aの項にも解説があるので参照されたい．

上記設備がない場合は，熱分析用のアルミパンを使用し，専用のサンプルシール機を改良して試料容器の周囲をヘリウムや酸素ガスで置換して，容器を密閉する方法がある．また，セイコー(株)の熱分析用アルミニウムパンとカバーを使用する方法は，密閉した際に空気を取り込む空間がないため，簡易密閉法として利用されている．本操作もQ＆Aの項に説明があるので参照されたい．

d. 帯電性（静電気）のある試料のはかり取り操作方法

測定試料に帯電性がある場合，サンプルチューブから試料を取り出すのが難しい場合がある．このような場合は，何らかの方法で帯電（静電気）を除去する必要がある．分析室の湿度を 60% 前後にすると帯電しにくくなるが，静電気除去器具を使用すればより確実に除電することができる．

[静電気除去器具の使用]

① リストストラップや帯電除去シートなどのアース器具は，人体に帯電した静電気を逃がす除電方法である．

② マスコット除電器（ハンディータイプ）は，コロナ放電によりイオンを発生させて物質帯電を中和する．これは，圧電素子の静電気発電器の出力側に高抵抗器（内部抵抗値を含む 1,000 MΩ 以上）を接続し，この先にイオン生成

図 2.43 静電気除去器具

電極を取り付け合成樹脂ケースに入れたものである．中央部に手動加圧用レバーがついており，これを押して放電させる．

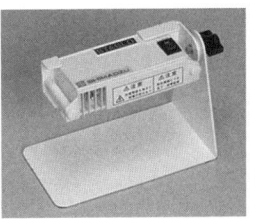

③静電気除去装置（電気式タイプ）は，コロナ放電を用いてプラスとマイナスの両イオンを連続的に放出する．イオンバランスが悪いと逆帯電を起こす可能性がある．

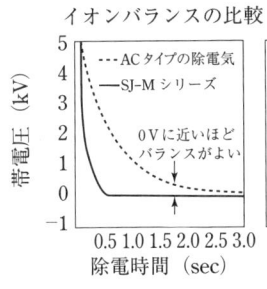

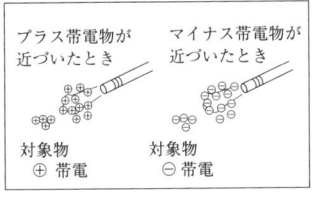

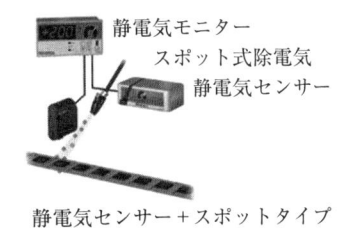

④センサー感知式除電器は，帯電状態を測定し，それと反対のイオンを発生し中和させる．

［注］②〜④の除電器は，コロナ放電を用いている．イオンを発生させる針部分がさびてくるとイオン発生量が低下するため，定期的に針の状態を確認し，可能であれば，さびを取り除くようにする．

e. 空気に不安定な試料のはかり取り操作方法

空気に触れると分解する試料をはかり取る場合は，試料を空気に接触させないように，シュレンク管（SchlenkFlusk：試料が空気に触れないよう保管するガラス製フラスコ）やグローブボックスを使用する．

グローブボックスまたはグローブバッグは，吸湿性試料の取扱い方法と同様に，ヘリウムガスなどCHN測定に影響のないガスを充満させて空気を遮断し，はかり取り操作を行う．

例として，グローブボックス内にてんびんを設置して不安定試料のはかり取りを行った報告がある[4]．

f. 磁性のある試料のはかり取り操作方法

磁性をもつ試料をはかり取る場合は，スパーテルやピンセットは非磁性のものを使用する．てんびんのひょう量皿に非磁性の台をのせ，その上に試料容器を置いてひょう量を行うなど，てんびんの検出部分からなるべく試料位置を離すとよい．

g. 試料容器スタンドを用いたはかり取り操作方法

微量タイプの試料容器を用いてはかり取り操作を行う際，試料容器が倒れないよう，てんびん皿にのせて試料容器を保持する専用スタンドがある．この専用スタンドの内壁に試料が付着すると誤差の原因となるので，スタンドは毎回刷毛で掃除し，汚れた場合はアセトンやエタノールなどをしみ込ませた綿棒などで内壁をふき取る．さらに，スタンドは帯電防止として除電を行うとよい．

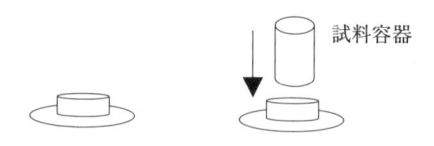

図 2.44 試料容器スタンド

h. 試料容器の搬送

てんびんと CHN 分析装置が離れている場合など，はかり取った試料容器を持ち運ぶ際に下記のような搬送容器を用いるとよい．

持ち運ぶ際の落下防止や試料順が狂わないように，試料が入る大きさの穴を開けたふた付き試料容器（横 10 個×縦 n 列番号を刻んだものなど）を作製し，移動中の汚染防止や落下防止を行う．

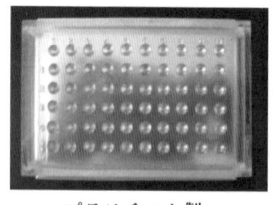

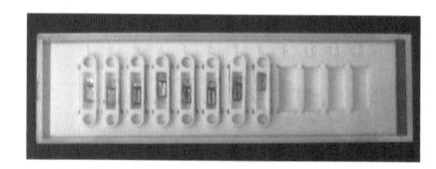

プラスチック製　　　　　　セラミック製

図 2.45 試料容器を搬送するためのケース

i. ひょう量用試料台（冷却台）を用いたはかり取り操作方法

はかり取り操作を行う際に，アルミニウムまたはステンレス製の台とガラスキャップがセットになったひょう量用試料台（別名：冷却台）を用いると，はかり取り操作時の汚染防止に有効である．ひょう量用試料台は測定時に毎回刷毛で清掃し，付着した汚れは脱脂綿またはキムワイプなどでふき取る．汚れがひどい場合は，エタノールを脱脂綿などにしみ込ませてふき取る．または，洗浄し乾燥器で乾かし，冷ましてから使用する．

図 2.46 ひょう量用試料台 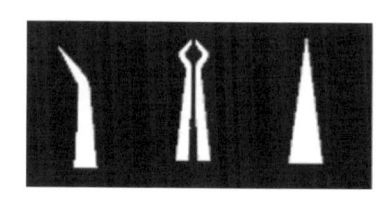　　　図 2.47 ピンセットの先端形状

j. はかり取り操作に使用する器具（スパーテルおよびピンセットなど）

　はかり取り操作にはピンセットやスパーテルの使用が必須であるが，メーカー付属品以外に多様な品物が市販されており，理化学機器カタログなどを参考にして，使いやすいものを探してみることを勧める．

　カプセル型試料容器を扱う場合，図2.47のようにピンセットの先端が真っすぐなものより湾曲またはL字形に尖ったものなどが使いやすい．ピンセットで試料容器をつかむ際に，はかり取った試料にピンセットが触れないよう気を付ける．

　スパーテルも，先端形状がさじ形，直線形，L字形など多様な形がある．

2.3.2　空 試 験 値

　元素分析装置によっては，試料測定前に空試験値を求める必要がある．空試験値（ブランク値）とは，試料容器に含まれる目的成分量と，オートサンプラー稼働時の際，測定経路内に空気を取り込んでしまったために生じる目的成分量の合算値である．空試験値の数値は，元素分析装置により異なる．

　試料測定開始前に，空試験値が規格範囲内および繰返し変動範囲内に収まっていることを確認する．

　ブランク値の測定方法は装置により異なるが，例としてPerkinElmer 2400の場合は，アセトアニリド，空容器，アセトアニリド，空容器の順に測定し最後の容器の測定値をブランク値とする．得られたブランク値が規格範囲外の場合，ベースラインのドリフトや分離カラムの異常ピーク，検出時間のずれ，ガス漏れ，レファレンスガスの流量変動などを確認して，正常範囲に収まるよう対策を行う．

2.3.3　検量線および感度係数

　重量法による元素分析の場合は，元素質量を直接測定することにより目的元素質量（重量）÷試料量×100＝含有率（％）を得ることができた．しかし，現在の元素分析装置は，装置に備わっている検出器の標準試料に対する機器感度を求める相対検出方法によって含有率（％）を求めている．このため，試料測定を行う前に検量線や感度係数（ファクター）を求める必要がある．そしてその検量線や感度係数が大きく変動していないかを確認する必要がある．

　検量線作成方法も装置により異なるが，例として，Fisonsの元素分析装置では，組成の異なる3種類以上の標準試料を同じくらいの試料量で測定し，6点以上で1次近似の検量線を作成する．相関係数は0.999以上であることを確認する．さらに，試料測定の合間にQC試料（感度変化がないことを確認するための標準試料）を測定するとよい．

2.3.4　捨 て 焼 き

　前記の空試験値，検量線や感度係数を求める前に，あらかじめ適当量の標準試

料を試料容器に入れ，数回測定を行う（捨て焼き）．測定を開始する前の燃焼管内の充填剤表面には，測定成分の二酸化炭素，水分および窒素が全くない状態である．この状態から測定を開始するとデータ変動が起きやすいため，測定開始前に試料を燃焼分解して二酸化炭素，水および窒素酸化物を充填剤に通過させ，充填剤と測定成分の吸着平衡状態（測定成分の吸着分配が起こりやすい環境）にしておくと，測定データが安定化する．

2.3.5 妨害元素
a. 妨害元素とは

試料中に含まれる金属，非金属元素などは燃焼分解した後，酸化剤を被毒したり炭素と結合したりして，測定値に影響を与えることが多い．この対策としては，分解温度を高くする方法や，金属錯体を形成させないように添加剤を加える方法がある．

[**妨害元素の例**]

① ケイ素は，燃焼により炭素を捕捉し炭酸塩を生成し炭素値を小さくするので，燃焼炉温度に気を付ける．
② リンは，燃焼によって五酸化リンを生成し，充填剤を被毒する．
③ ホウ素は，燃焼により生成した酸化物が燃焼管を損傷し，充填剤を被毒する．
④ 水銀は，生成した酸化物が不安定で燃焼管中を移動し，充填剤を被毒する．
⑤ フッ素は，試料中の水素と反応してフッ化水素酸を生成し，次に石英管と反応して四フッ化ケイ素を生成する．四フッ化ケイ素は分解されずに検出器まで到達し，窒素と間違えて検出されてしまう場合がある．

以下，妨害元素に効果のある添加剤について記述する（PerkinElmer の元素分析資料および巻末付録の妨害元素の化合物表から抜粋）．

表 2.5 妨害元素の対応

Na, K	WO_3, V_2O, V_2O+WO_3, $Ag \cdot Cr_2O_3 \cdot Co_3O_4$, $Co_2O_3+WO_3$, $K_2Cr_2O_7$
Si	V_2O_5, WO_3, V_2O+WO_3, Pt 網, MgO
P	WO_3, $Ag \cdot Cr_2O_3 \cdot Co_3O_4$, $Ag_2WO_4 \cdot MgO$, $Ag_2WO_4 \cdot Ag_2O$, $WO_3+V_2O_5$, $Co_2O_3+WO_3$, Al_2SiO_5, WO_3+MgO 充填
B	WO_3, $WO_3 \cdot MgO$ 充填
F	$MgO \cdot Ag_2WO_4$, MgO, NaF, $Ag \cdot Co_3O_4$, MgO 充填
Hg	Au, $Au \cdot Ag$, PbO_2 充填
As	WO_3, $WO_3 \cdot MgO$, Pb_3O_4

b. 添加剤使用方法

1) ボート型容器を用いる場合

① 空容器の重さをはかる．
② 試料を入れたときの容器の重さをはかる．

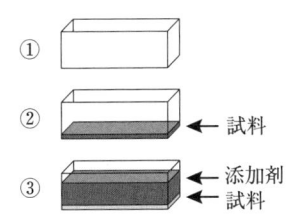

図 2.48 添加剤の添加方法

　③試料を完全に覆い隠すように添加剤を加える．添加する試薬によるが，添加量は 100 mg 以上となる場合が多い．

2) カップ型容器を用いる場合
①空容器の重さをはかる．
②試料を入れたときの重さをはかる．
③試料を覆い隠すように添加剤を入れる．
④容器の上部をピンセットで圧着して，封をする．
⑤圧着した部分をピンセットで持ち，上下に振って試料と添加剤を混ぜる．
⑥試料容器を通常の測定と同じようにピンセットで成型する．

　添加剤の効果を高めるために，試料容器にあらかじめ添加剤を入れておき，これに試料をはかり取り，その後，試料に完全にかぶさるように添加剤を加える方法もあるが，本方法は試料量が多すぎた場合，試料のみ減らすことができないため，試料のはかり取りは少なめに行うとよい．

2.3.6 安定同位体を含む試料

　熱伝導度検出法では，重水素 ^{2}H(D) や ^{13}C などの安定同位体を含む試料を測定した場合，通常これら安定同位体はクロマトグラフ法で分離することができず，選択的に検出することができない．^{2}H は ^{1}H と重複して検出され，^{13}C も通常の炭素（^{12}C と ^{13}C の天然存在比）として検出されるため，測定結果は何らかの補正が必要である．

　補正法として金沢大学薬学部の板谷氏が作成した計算式があり，通常測定を行った後，水素の測定結果を代入して計算し，補正結果を求める（p.102 の Q2.17 を参照）[5]．

$$H : H + O_2 \longrightarrow H_2O \qquad D : D + O_2 \longrightarrow D_2O$$

　CHN 分析に用いられるガスクロマトグラフ法の分離カラムでは H_2O と D_2O を分離することができないため H_2O と D_2O が一つのピークとなって検出されてしまう．さらに熱伝導度法の場合，H_2O と D_2O の熱伝導度がほとんど同じなので，補正が必要となる．

　^{13}C も重水素と同様の問題がある．これに関しての明確な補正方法の記述は見当たらないが，熱伝導度は $^{12}CO_2$ も $^{13}CO_2$ は同程度と推定されるので，重水の補正を参考にするとよい．補正を行う場合は，質量分析を行い ^{13}C の存在比を求めておく必要がある．

$$^{12}C : ^{12}C + O_2 \longrightarrow {}^{12}CO_2 \quad {}^{13}C : ^{13}C + O_2 \longrightarrow {}^{13}CO_2$$

重水素のときと同様に CHN 分析に用いる分離カラムでは，$^{12}CO_2$ と $^{13}CO_2$ の分離ができないため，一つのピークとなって検出される．$^{12}CO_2$ と $^{13}CO_2$ の熱伝導度がほぼ同じなので，そのまま定量計算すると，^{13}C の分が低い値となった炭素測定値（％）となるので補正が必要となる．

2.3.7 測定結果の取扱い

測定結果（分析値）が，推定理論値 ± 0.3 ％ に収まらない場合，その誤差原因を水分の付着によると仮定して，補正計算を行うことがある．

しかし，分析値と補正計算値との比較のみで誤差原因を決定することはできない．

例えば，アミド基を有する化合物などにおいて，塩酸 0.5 mol が付着して塩酸塩を形成していると仮定した計算値と，水 1 mol が付着していると仮定した計算値とは，ほとんど差のない値となり，どちらの仮定が正しいかわからない状況が起こる．したがって安易に誤差原因を付着水（結晶水）によるものと判断すべきでない．

2.4 装置保守

元素分析精度を確保するためには，こまめな保守点検が重要である．燃焼管の充填剤の劣化および還元管に充填する還元銅の消耗により定期的に交換作業を行う際に合わせて，配管等に付着した試料に含まれる金属・非金属元素や不純物の洗浄を行い，除去することが必要である．これらの汚れを放置すると，測定データへの影響や故障の原因になる．

a. ガ ス

ガスボンベの交換法は 2.2.1 に詳しく解説しているのでそれを参照して，ガス漏れが起こらないように適切に行う．

b. ガス流量計

保守点検時にガス流量計の目盛りが正確かどうかを，せっけん膜流量計や市販のガス流量計で確認する．ガス流量計には，指定以外のガスを接続しない．指定以外のガスを接続すると，流速が正確に得られないので注意する．

c. 燃 焼 管

使用回数の確認をする．交換方法については 2.2 を参照する．

d. 還 元 管

使用回数および窒素ブランク値の変動がないかどうかを確認する．交換方法については 2.2 を参照のこと．Elmentar Vario の場合，フィルターチューブ（ハロゲン除去管）も使用回数で確認する．

e. 配管類

　CHNおよびCHNS元素分析装置の配管には，ステンレスまたはテフロン系の材質のものが使用されている．配管内部に試料や充填剤に起因した汚れが付着すると，測定データに異常値が現れる．例えば，水素や炭素値のばらつき，またブランク値が高くなった場合，燃焼管と還元管を接続する配管や還元管出口からの配管内に，アルカリなどの金属が付着し汚れている可能性があるので，ステンレス製配管の場合は酸を用いた洗浄を行い，テフロンやPEEKなどの樹脂製配管は新品に交換する．

[ステンレス配管の洗浄方法]

1) ヤナコ分析工業，ジェイ・サイエンス・ラボ製装置の場合

①アスピレーターを準備する．ステンレス配管に取り付けたシリコンゴム管を取りはずし，代わりに長さ4～5 cmのシリコンゴム管を取り付ける．

②アスピレーターのゴム管に合う太さのガラス管の一方を，シリコンゴム管の穴に合うよう細くする．

③100 mLほどの純水に，20～30粒程度の水酸化ナトリウムを入れて沸騰する直前まで加熱し，洗浄用アルカリ溶液を作製する．

④洗浄液に，アスピレーターに接続したステンレス配管の一方を入れ洗浄する．

⑤ステンレス配管を純水の入った容器に入れ，アスピレーターで吸引し洗浄する．

⑥純水100 mLに2～3滴の塩酸を入れた酸性の洗浄用液を作製し，この溶液をアスピレーターで吸引し洗浄する．

⑦もう一度，純水で洗浄する．

⑧最後にアセトンで洗浄し，配管内を乾燥する．

2) PerkinElmer 2400 IIの場合

①配管部品を取りはずし，付属品と配管を温水に浸して洗浄する．

②付属品と配管を，熱湯または温水で希釈した1%以下の硝酸に30分浸す（超音波洗浄機を使用すると早くきれいになる）．

③純水ですすぎ，100℃で20分間乾燥する．

f. ガス捕集部分（ポンプ関係，撹拌など）

　ヤナコ分析工業，ジェイ・サイエンス・ラボの装置は，1～2年に一度メーカーに依頼して，ポンプユニットの分解・清掃およびパッキン類の交換などの点検整備を行う．

　ParkinElmer 2400 IIの定圧容器は1～1.5年の定期点検で内部を清掃し，内部に設置された回転子がよく回ることを確認する．

g. 分離カラム

　クロマトグラムピーク形状に異常がないか，余分なピークがないか，ドリフトはないか，検出時間は一定か，などを確認する．

1) フロンタルクロマトグラフ法（ParkinElmer 2400 II）

図2.49で示す窒素ブランク値のばらつき,異常ピーク出現,検出位置(読取り時間)がずれるなどの問題症状が発生する.問題があった場合の対策としては,カラム交換,配管洗浄,カラムを加熱して清掃するエージングを実施する.

 2) ピーク分離法(Fisons, EuroVector など)

図2.50で示すH_2Oピークのテーリングやショルダーピークが出現する.また,ハロゲンなどの影響による異常ピークの出現や検出位置(読取り時間)のずれ(ドリフト)が生じる.対策方法として,燃焼・還元部分で妨害物を除去することが必要となる.カラム交換や配管洗浄,また必要があればカラムのエージングを行う.

h. CO_2, H_2O 除去カラムおよびガス精製管

充填剤の色を確認し,取扱説明書に記載された交換時期になっていないかどうかを確認する.また,充填剤が詰まりすぎていないかどうかも確認する.交換方法については2.2.4を参照する.

i. 電磁弁,バルブなど

電磁弁やバルブ部品の汚れや劣化は,ガス漏れやガスの流れが不安定になる状況を引き起こし分析値ばらつきの原因となるため,電磁弁の清掃や部品交換を行う.

j. オートサンプラー

横型,縦型のいずれの装置においても,試料容器が接触する部分(オートサンプラーの内壁や底面)の汚れは,誤差要因となるので定期的に清掃する.

 1) 横型装置の場合

試料容器を燃焼管内に導入する石英ラドルが汚れた場合,希硝酸溶液に浸した後,水洗しバーナーで赤熱する.汚れがひどい場合は,新品に交換する.

 2) 縦型装置の場合

試料容器を落下させる部分や試料容器と接触するターンテーブルの内壁や底面が汚れやすく誤差要因となる.汚れた場合は,綿棒やキムワイプにアセトンやエ

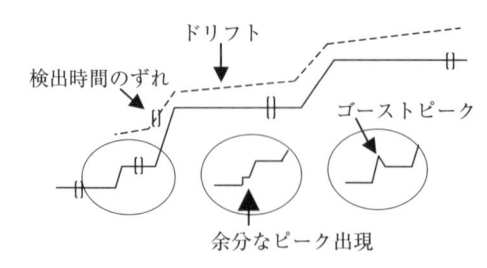

図 2.49 PerkinElmer のフロンタルクロマトグラム例

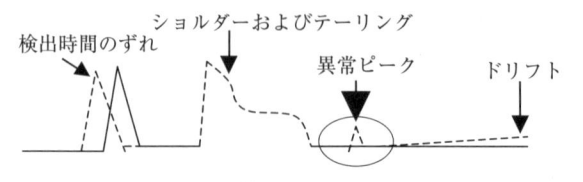

図 2.50 カラム分離タイプのクロマトグラム例

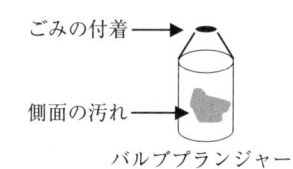

図 2.51 電磁弁の汚れ

電磁弁（バルブプランジャー）：電磁弁内部のバルブプランジャーの先端部にごみが付着すると，ガス漏れを起こす．側面が汚れると動作が不安定になる．

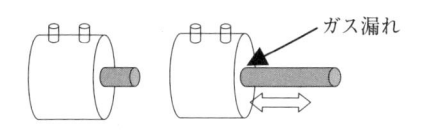

図 2.52 ピストンバルブのガス漏れ

PerkinElmer 2400 のサンプルドロップ用：バルブのピストン部分から駆動に用いる窒素ガスが漏れて燃焼管に入り込み，窒素値に影響が出る．

機器使用・点検評価記録表

No.

(1) 一般事項

機種名：PE2400 II	機体番号：	設置場所：	管理部門：
製造所：PerkinElmer	設置年月：		機器管理者：

(2) 点検内容（2007 年）

月/日	温度			ガス（圧）		試薬の交換		ガス交換		測定数	備考	実施担当者
	Com	Red	Oven	He	O_2	Com	Red	He	O_2			
1/1(月)												
1/2(火)												
1/3(水)												
1/4(木)												
1/5(金)												
1/6(土)												
1/7(日)												
1/8(月)												
1/9(火)												
1/10(水)												
1/11(木)												
1/12(金)												
1/13(土)												
1/14(日)												
1/15(月)												
1/16(火)												
1/17(水)												
1/18(木)												
1/19(金)												
1/20(土)												
1/21(日)												
1/22(月)												
1/23(火)												
1/24(水)												
1/25(木)												
1/26(金)												
1/27(土)												
1/28(日)												
1/29(月)												
1/30(火)												
1/31(水)												

備考　○：異常なし　×：不良　A：調製等実施
炉温度およびガス圧お記入する（設定：Com：980℃　Red：570℃　Oven：83℃　He：1.5 kg/cm³　O_2：1.1 kg/cm³)
試薬の交換およびガス交換を実施した場合に○を記入する　測定数：全測定数
〈参考〉ブランク値（目安）：C20　H350　N100 未満

確認者＆日付：

図 2.53 日常点検表の例

タノールをしみ込ませて清掃する．清掃後にターンテーブルの回転がスムーズに作動することを確認する．

Elementar vario の場合，ターンテーブルが磁石になっており，はかり取った試料容器を並べる場合，ピンセットが磁化する可能性がある．操作には非磁性のピンセットを使用し，てんびん用と別のピンセットを使用する．ターンテーブルがわずかにずれて試料が落ちなくなった場合，ボールバルブの清掃が必要となる．ボールバルブによりターンテーブルを起動するため，ボールバルブ内が汚れていたり，ボールバルブの調整が固いと，ターンテーブルの動きが悪くなる．

k． データ処理

自動診断機能に異常がないかどうかを確認する．データのバックアップは忘れやすいので，定期的に実施するとよい．

l． 使用記録表による確認

日常点検表や修理履歴，試薬管理表などの記録を残すと，装置の状態が把握でき，正常に稼動しているかどうかの確認や，修理時に迅速に対応することができる．PerkinElmer 2400 II の日常点検表の例を図 2.53 に示した．

【2.2～2.4 参考文献】
1) ヤナコ分析工業技術グループ編，"CHN コーダーの素顔"（1993）．
2) 本間春雄ら，「インジウムはく密閉法による昇華性又は揮発性試料の炭素，水素及び窒素の定量」，分析化学，Vol. 33, No. 11 (1984)．
3) 石川啓子ら，「不安定試料のはかりとり（2），大型グローブボックスを使って」，第 70 回有機微量分析研究懇談会シンポジウム（2003）．
4) 合田純一，「アルミ管カプセルによる不安定試料の CHN 分析」，第 55 回有機微量分析研究懇談会，計測自動制御学会質量・力計測部会合同シンポジウム（1988）．
5) 板谷芳京，原　良恵，「重水素化合物の元素分析値の研究（II）」，第 51 回有機微量分析研究懇談会・質量測定研究会合同シンポジウム（1984）．

2.5 装置の特徴

市販の元素分析装置には CHNS，CHN，CNS，O などの測定元素の組合わせ以外に，試料量の違いとしてミクロ分析装置やマクロ分析装置などがあるが，本節ではミクロ分析に限定して各社装置の特徴を記述する．

2.5.1 Elementar（vario EL III，MICRO Cube など）

a． CHNS モード

縦型の分解管内に三酸化タングステンと還元銅を充填し，ヘリウムをキャリヤーガスとして助燃ガスに酸素を添加する．酸素ガスは添加時間の調整ができ，分解炉の中心部にノズルを用いて吹き付ける．燃焼分解ガスを SO_2，H_2O，CO_2 の吸脱着カラムに通して目的成分を吸着させる．吸着されずに残った窒素は，ヘリウムを対照にして熱伝導度を測定する．窒素の検出ピークがベースラインまで下がったら，SO_2 カラムを加熱する．カラムに吸着された SO_2 をカラムから脱離さ

2.5 装置の特徴

表 2.6 各社の元素分析装置

装置名	vario EL Ⅲ, vario MICRO Cube	EA1100, EA1112	JM10
メーカー	Elementar co.	Thermo Finnigan co.	(株)ジェイ・サイエンス・ラボ
測定元素	C, H, N, S, O	C, H, N, S, O	C, H, N, O
主な分析モード	CHNS, CHN, CNS, CN, O	CHNS, CHN, O	CHN, O
基本的な原理	CHNS, CHN: 縦型燃焼管によるダイナミックレンジ燃焼法	CHNS, CHN: 縦型燃焼管によるダイナミックス閃光燃焼法	CHN: 水平型燃焼管による燃焼法
成分分離	吸脱着カラム+による分離	ガスクロマトグラフ法による分離	分解ガスを回収し混合ガスとした後，吸収管による除去分離
検出法	熱伝導度検出	熱伝導度検出	熱伝導度検出 自己積分方式

装置名	NCH 22	2400 Ⅱ	MT-6, MT-5
メーカー	(株)住化分析センター	PerkinElmer co.	ヤナコ分析工業(株)
測定元素	C, H, N	C, H, N, S, O	C, H, N, O
主な分析モード	CHN	CHNS, CHN, O	CHN, O
基本的な原理	CHN: 水平型燃焼管による循環燃焼法	CHNS, CHN: 縦型燃焼管による瞬間燃焼法	CHN: 水平型燃焼管による燃焼法
成分分離	ガスクロマトグラフ法による分離	分解ガスを全量定量容器に回収後フロンタルクロマトグラフ法による分離	分解ガスを回収し混合ガスとした後，吸収管による除去分離
検出法	熱伝導度検出	熱伝導度検出	熱伝導度検出 自己積分方式

装置名	EA 3000	CHNS 932, CHNS 900, TruSpec	CE 440
メーカー	Euro Vector co.	LECO co.	EXETER Analysys co.
測定元素	C, H, N, S, O	C, H, N, S, O	C, H, N, S, O
主な分析モード	CHNS, CHN, CNS, CN, O	CHNS, CHN, CNS, O	CHN, S, O
基本的な原理	CHNS: 縦型燃焼管によるフラッシュ瞬間燃焼法	CHN, CHNS: 縦型燃焼管による迅速燃焼法	CHN: 水平型燃焼管による迅速燃焼
成分分離	ガスクロマトグラフ法による分離	H_2O, CO_2, SO_2 は成分ごとに赤外線検出器を備える	分解ガスを回収し混合ガスとした後，吸収管による除去分離
検出法	熱伝導度検出	N_2 のみ熱伝導度検出	熱伝導度検出 自己積分方式

せ，熱伝導度を検出する．検出ピークがベースラインまで下がったら，同様に H_2O カラム，CO_2 カラムの順に加熱して目的成分を脱離させ，熱伝導度を検出する．あらかじめ標準試料を用いて元素量と熱伝導度の出力値の関係について作成した検量線，または検出感度を用いて炭素，水素，窒素，硫黄の含有率（％）を求める．

b. CHN モード

CHNS モードの二酸化硫黄の吸・脱着カラムがない方式である．

c. MICRO

この装置は，従来 3 本あった吸脱着カラムを 1 本で行うように改善された．二酸化炭素，水，二酸化硫黄の 3 成分を 1 本のカラムに吸着させた後，各成分ごとに脱離温度を変えて分離検出する方式になった．窒素の検出方法は vario EL と同じである．

vario EL Ⅲ はオプションで炉を 1 つ追加することができる．例えば，追加した炉にフッ素などの妨害元素を除去する充填剤を詰めた管を取り付けて，妨害対策を行う方法がある．

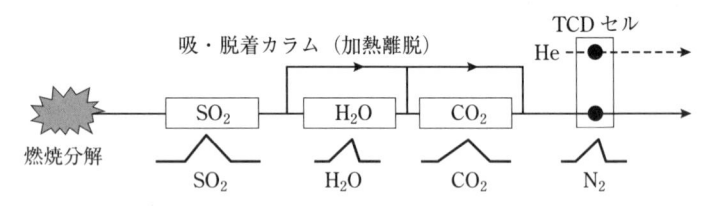

図 2.54　CHN 検出ピークの概略

図 2.55　システム概略

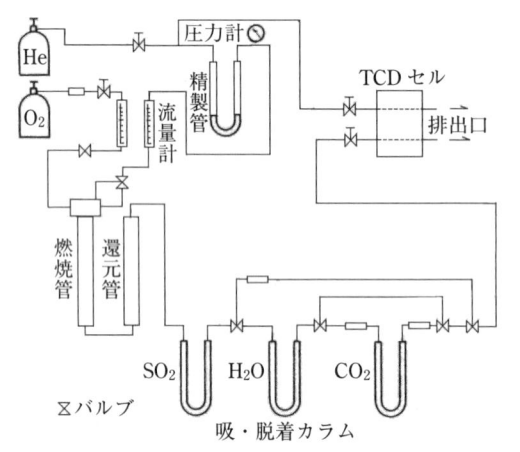

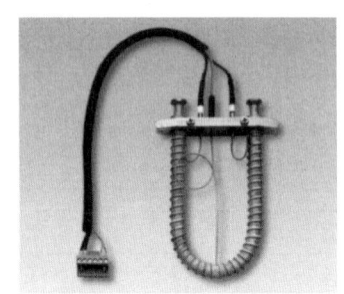

図 2.56　吸・脱着カラム

2.5.2　Thermo Finnigan（EA 1112，EA 1110，EA 1108 など）

測定モードに CHNS, CHN, O などがある．

CHNS モード

縦型の分解管内に，三酸化タングステンと還元銅を充填する．ヘリウムをキャリヤーガスとして，助燃ガスに酸素ガスを添加する．酸素ガスは，定量ループ管に充填した酸素ガスを 1 回添加する．キャリヤーガスは常に流れる動的燃焼タイプである．試料をスズ箔に包み，瞬間的に燃焼分解させる．酸化・還元された燃焼分解ガスを全量分離カラムに導入し，窒素，二酸化炭素，水，二酸化硫黄の順に完全にピーク分離し，ヘリウムを対照にして熱伝導度を検出してクロマトグラムを求める．クロマトグラムの各成分ピークの高さまたはピーク面積の出力値を，あらかじめ標準試料を用いて元素量と熱伝導度の出力値の関係について作成した

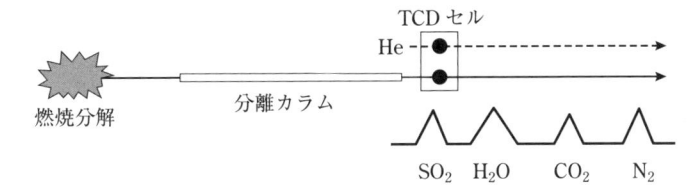

図 2.57 CHNS 測定における検出ピークの概略

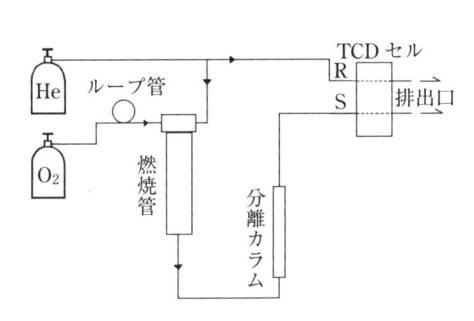

図 2.58 システム概略 図 2.59 安定同位体比質量分析計
（Finnigan MAT 253 の外観）

検量線，または検出感度を用いて炭素，水素，窒素，硫黄の含有率（％）を求める．

本装置は図 2.60 からわかるように，測定系内にバルブなどの稼動部がなくシンプルな構造のため，メンテナンスが容易である利点がある．

CHNS では，オプションで炉を一つ追加することができ，追加した炉にフッ素などの妨害元素を除去する充填剤を詰めた管を取り付け，妨害元素対策を行う方法もある．

本装置は質量分析計と接続した例も多く，Thermo Finnigan の MAT 253 や DELTA シリーズの質量分析装置と組み合わせて，炭素（^{12}C, ^{13}C），水素（^{1}H, ^{2}H），窒素（^{14}N, ^{15}N）などの安定同位体比を測定する際の前処理装置としても利用される．

2.5.3 ジェイ・サイエンス・ラボ（JM 10）

測定モードは CHN, O がある．現在では少なくなった水平型の分解管に，酸化銅，ハロゲン，硫黄を除去するためのサルフィックスを充填し，キャリヤーガスはヘリウムと酸素ガスを混合して流す．試料を開放型容器にはかり取り，分解管に導入し燃焼分解する．燃焼分解ガスをすべて定量ポンプ内に吸引・回収する．ポンプ内でキャリヤーガスと分解ガスを拡散・混合して，均一濃度の試料ガスを作製する．定量ポンプを稼動して試料ガスを一定速度で吸収管へ押し出し，吸収管で二酸化炭素が吸収除去される前と後の熱伝導差を検出する．吸収管には均一濃度の試料ガスが連続して流れてくるため，検出ピークは同じ高さのシグナルが継続する．このピークの高さが積分値（自己積分）となる．次に，水の吸収管を通したときの吸収管の前後の熱伝導度差を計測し，水の出力値を求める．二酸化

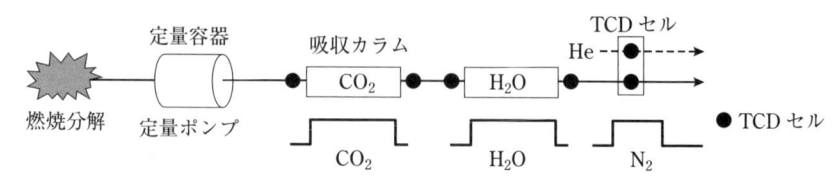

図 2.60 検出ピークの概略

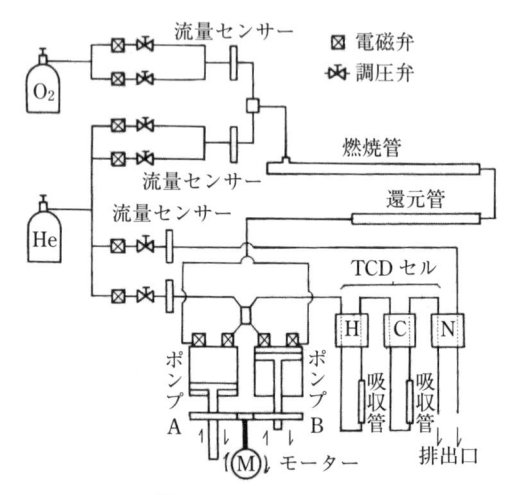

図 2.61 システム概略

炭素と水を吸収除去した試料ガス中にはヘリウムと窒素ガスが残るので，ヘリウムガスを対照として熱伝導度を測定し，窒素の出力値を求める．あらかじめ標準試料を用いて元素量と熱伝導度の出力値の関係について作成した感度係数を用いて炭素，水素，窒素の含有率（％）を求める．

燃焼条件は，ポンプストロークや酸素ガスの濃度を変更して設定する．開放系の分解管のため，配管内は1気圧で流れるように設定されている．

2台のポンプの片側を試料測定とし，もう一方をブランク（ベース）測定とする方式と，両ポンプとも試料を測定する方式がある．1測定の最短時間は5.5分である．

2.5.4 住化分析センター（NCH 22）

測定モードはCHNである．水平型の分解管に酸化銅，ハロゲン，硫黄除去試薬のサルフィックスを充填する．ヘリウムをキャリヤーガスとして，助燃ガスに酸素を添加する．燃焼分解管内をキャリヤーガスと酸素ガスを満たした後，密閉する．密閉した燃焼管内に試料を導入し，燃焼分解する．燃焼分解を完全に行うため，循環ポンプを用いて密閉経路となった分解管内の燃焼分解ガスを，酸化銅層に繰り返し循環させて酸化反応を行う．この過程により，密閉経路内は二酸化炭素，水，窒素酸化物が混じり合った均一濃度のガスとなる．この分解ガスの一部を計量管でサンプリングし，還元管に導入する．還元管では窒素酸化物を窒素に還元し，余剰な酸素を除去する．二酸化炭素，水，窒素を含む試料ガスをガス

クロマトグラフに導入して窒素，二酸化炭素，水の順に分離してクロマトグラムを得る．測定成分ごとのピーク面積を求め，出力値を得る．あらかじめ標準試料を用いて元素量と出力値の関係について作成した検量線を用いて炭素，水素，窒素の含有率（％）を得る．

本装置の検出範囲が，炭素：2 μg 〜 70 mg，水素：5 μg 〜 1 mg，窒素：5 μg 〜 10 mg とマクロ分析に近い装置となっており，ミクロ分析での使用例が少ないが，1 mg 程度の試料量でも測定できるようである．

水平型分解管のメリットとして，試料容器の取出しが容易なため，灰分の測定ができる．

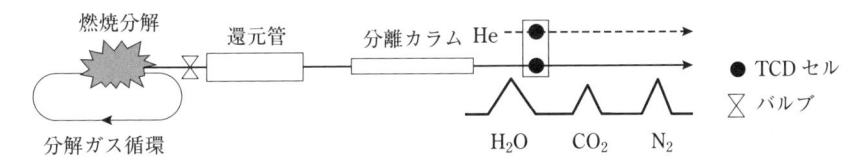

図 2.62 検出ピークの概略

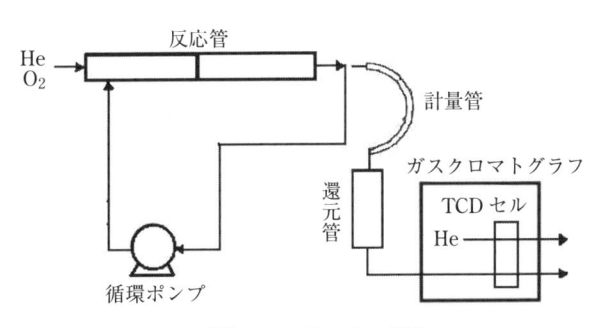

図 2.63 システム概略

2.5.5 PerkinElmer（2400 II，240 B など）

測定モードには CHNS，CHN，O がある．

a. CHN 測定

縦型の燃焼分解管に EA 1000（NiO/Cr_2O_3），タングステン酸銀/酸化マグネシウム，バナジン酸銀を充填する．ヘリウムをキャリヤーガスとして，助燃ガスに酸素を用いる．酸素は，分解過程で3回添加することができる．分解時間として一定時間ガスを止める操作を2回繰り返す静的燃焼方式により，試料を完全分解する．

燃焼分解ガスを，定圧容器（ミキシングボリューム）の内圧が2気圧になるまで回収する．定量容器内に回収された燃焼分解ガスを拡散・混合して均一濃度の試料ガスとする．この試料ガスを分離カラムへ導入し，ヘリウムガスを対照とした熱伝導度検出器により測定する．カラムでは窒素，二酸化炭素，水が分離されるが，均一成分ガスが連続して流れてくるため，分離開始部分だけが別れた階段状のフロンタルクロマトグラムを得る．クロマトグラムはヘリウムだけのゼロ値，窒素，二酸化炭素，水の順に検出する．階段状のクロマトピーク高さは見かけ上，

積分された値となるため，窒素，二酸化炭素，水の段差を出力値とする．あらかじめ標準試料を測定して求めた検出感度を用いて計算を行い，炭素，水素，窒素の含有率（％）を求める．

b. CHNS測定

CHN測定との相違点は，分解管の充填剤をEA 6000（WO_3/ZrO_2）と還元銅に変更し，還元管を中空にすることである．硫黄は燃焼分解と還元銅などで二酸化硫黄に変換した後，分離カラムに導入すると窒素，二酸化炭素，水が検出され，その後に二酸化硫黄が検出されたフロンタルクロマトグラムが測定される．

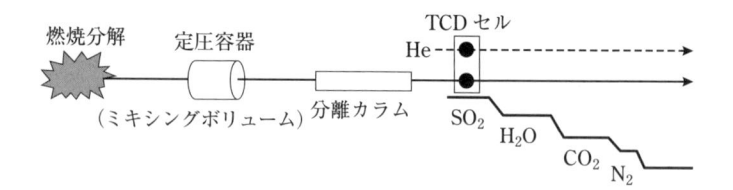

図 **2.64** CHNS測定における検出ピークの概略

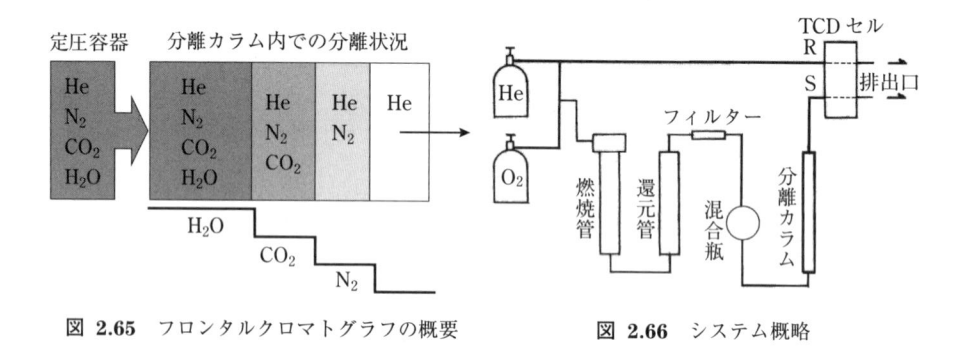

図 **2.65** フロンタルクロマトグラフの概要

図 **2.66** システム概略

2.5.6　ヤナコ分析工業（CHN：MT-6，MT-5，MT-3など）

測定モードはCHN，Oがある．

システムは，2.5.3に記述したジェイ・サイエンス・ラボの装置と同じ形式である．

ポンプストロークや酸素添加濃度を調整して，燃焼条件を変更することができる．開放系の分解管のため，配管内は1気圧で流れるように設定されている．MT-6以前の装置は，定量ポンプが1台で左右のポンプ室を使用する方式であった．MT-6では，定量ポンプを2台備え，一方を試料測定とし，もう一方をベース測定とする方式と，両ポンプとも試料を測定する方式がある．この場合，測定の最短時間は5.5分である（検出ピークおよびシステム概略については図2.62，図2.63を参照）．

2.5.7　EuroVector（EA 3000）

測定モードには，CHNS，CHN，CNS，CN，S，Oがある．

CHNS モード

2.5.2 で解説した Thermo Finnigan のシステムと同じ測定原理であるのでそちらを参照していただきたい.

本装置は図 2.67 に示したように,測定系内にバルブなどの稼動部がないシンプルな構造のため,メンテナンスが容易である.装置にオプションで炉を一つ追加することができる.CHNS 分析の場合,追加した炉にフッ素などの妨害元素を除去する充填剤を詰めた管を取り付ける方法もある.

オートサンプラーが改善され,空気中の窒素を取り込みにくい構造になっている.

本装置は,固体や液体試料中の炭素や窒素などの安定同位体比の測定をするための前処理装置として,ベンチトップ型の安定同位体比質量分析計 IsoPrime と接続した例も多い.

図 2.67 システム概略

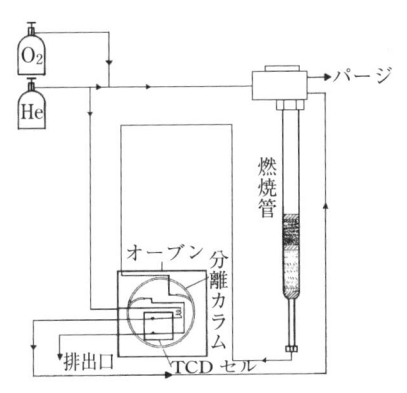

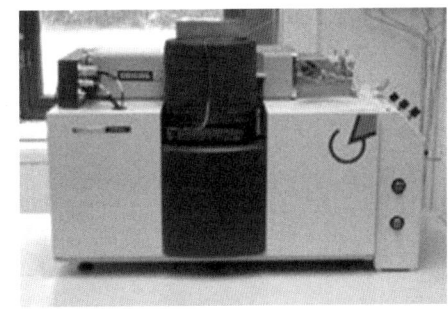

図 2.68 安定同位体質量分析計(IsoPrime の概観)

2.5.8 LECO (TruSpec, CHNS 932, CHN 900 など)

a. CHNS モード

本装置の最大の特徴は,SO_2,CO_2,H_2O の測定用に 3 個の非分散型の赤外分光検出器(IR セル)を搭載していることである.

縦型の分解管内に酸化銅または三酸化タングステンと還元銅を充填し,還元管は中空とする.ヘリウムをキャリヤーガスとして,助燃ガスに酸素を用いる.銀カプセルに包んだ試料を,燃焼分解炉に落下させて燃焼分解する.完全燃焼のために酸素ガスを 2 回,任意時間,添加する.分解炉を通過した燃焼分解ガスを H_2O 検出用 IR セルに導入し,クロマトグラムを得る.次に,H_2O 吸収管にて水を除去した後,SO_2,CO_2 の順に IR セルに導入し,クロマトグラムを得る.最後に,CO_2 吸収管を通過させて二酸化炭素を吸収除去し,燃焼分解ガスに残った窒素について,ヘリウムを対象として熱伝導度を検出する.結果はすべてクロマトグラムで得られる.あらかじめ装置に収載された感度係数を用いて,窒素,炭素,水素,硫黄の含有率(%)を求める.

出荷時に調整された感度係数値が検査成績などに収載されているが,未知試料

測定前に標準試料を測定し，その日の感度係数を求めておく．

b. CHN モード

還元管に還元銅を充填するもので，SO_2 測定用 IR 検出器を取りはずしたタイプである．

c. TruSpec

システム原理は，CHNS とほぼ同じでミクロ法，マクロ法の選択ができる．

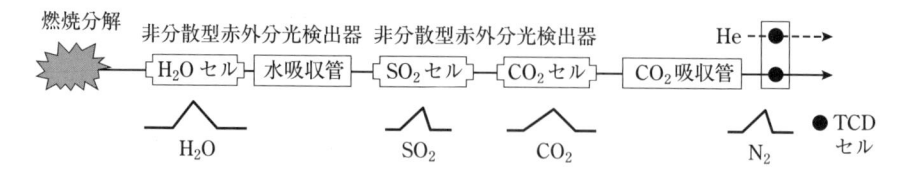

図 2.69 CHNS 測定における検出ピークの概略

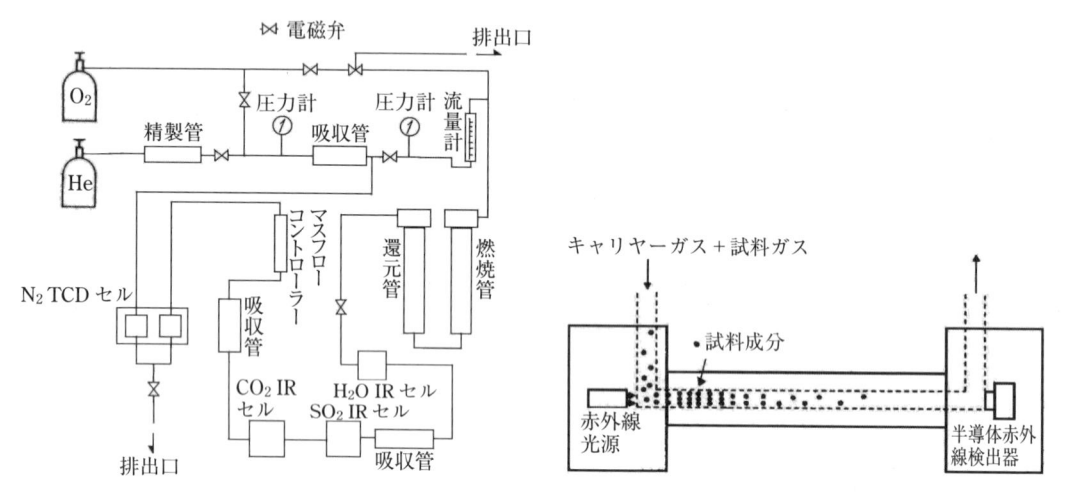

図 2.70 CHNS 932 の概略

図 2.71 非分散型赤外分光検出器

2.5.9 EXETER（CE440）

CHN モード

水平型の燃焼分解管でタングステン酸銀/酸化マグネシウム，クロモソルブ，バナジン酸銀を充填する．ヘリウムをキャリヤーガスとして助燃ガスに酸素を用いる．測定時間はスズ製試料容器を用いる迅速燃焼の場合 5 分である．スズ製試料容器を使用するときには燃焼管および試料挿入用ラドルを保護するため，試料をはかりとったスズ製試料容器を一回り大きいニッケル製容器に入れて測定を行う．酸素は 2 回添加する．燃焼分解はキャリヤーガスを一定時間止めて静止状態で分解させる静的燃焼方式である．静止時間は最大 120 秒間である．

燃焼分解ガスを定圧容器（ミキシングボリューム）に 2 気圧になるまで回収する．定圧容器内でガスを拡散・混合して均一濃度の試料ガスとした後，二酸化炭素吸収管，水吸収管の順に通してその前後の熱伝導度差を測定する．検出ピークは p.38 の差動熱伝導度法で示したように積分ピークが得られる．標準試料を測

2.5 装置の特徴

定して求めた検出感度を用いて定量計算を行い炭素，水素，窒素の含有率（％）を求める．試料容器を回収する方式のため燃焼管内に試料由来の物質が残りにくい．さらに水平型燃焼分解管のため，白金試料容器を用いると灰分の確認ができる場合がある．

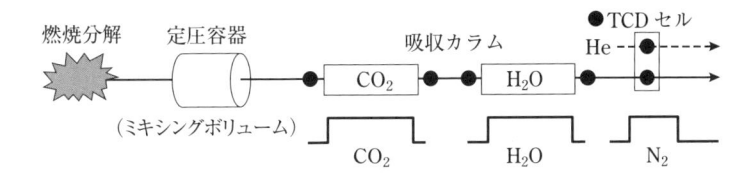

図 2.72 測定における検出ピークの概略

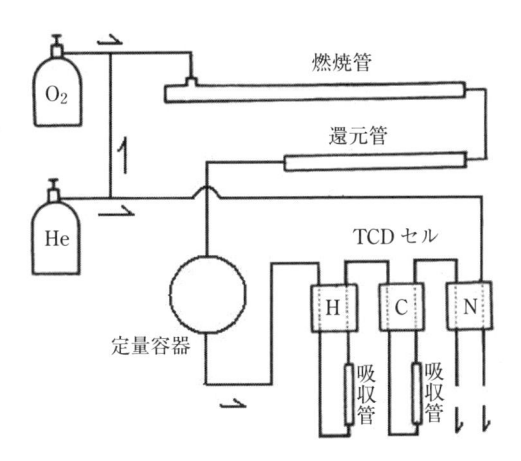

図 2.73 CE 440 の概略図

Q & A

Question 2.1

試料はどのようにして保存すればよいでしょうか？

Answer 2.1

　試料は通常のデシケーター内に保存します．温度に対して不安定な物質は，冷凍庫で保存します．
　以下に，試料保存の一例を参考に示します．
　・試料は，試料保管庫（室温），冷蔵庫，冷凍庫の三つの設備に仕分けして保管します．
　・試料保管庫，冷蔵庫，冷凍庫のいずれに保管するかは，分析依頼者がいる場合はその指示に，または試料の状態に合わせます．
　・試料には，
　　　依頼番号（試験番号），依頼者，試料名，検体数，保存条件：(室温，冷蔵，
　　　冷凍），測定項目：(元素分析，MS，NMR，その他），受領日，受領者
を明記したラベルを付けるとよいでしょう．

　冷蔵庫や冷凍庫から取り出した試料は結露しやすいので，ひょう量時の結露を防ぐために，室温に戻るまで放置します．除湿剤を底に入れた小さな瓶の中に試料を入れると，便利で効果的です．

Question 2.2

ひょう量時に注意する点は何ですか？

Answer 2.2

　正確な CHN 分析値を得るためには試料を正確にひょう量することが必要です．そのためには，てんびんを正しく使用し，静電気，振動および気圧変動などの影響をできるだけ受けないようにします．
　［てんびん］
　てんびんを使用する際には，次に示すことに注意して使用します．2.3.1 にも

詳しく述べられていますのでそちらを参照して下さい．
・てんびんの底の水準調整脚を回して，水準器の気泡が円の中心にくるよう調節します．
・ひょう量皿やその周囲が汚れているときは，電源が切ってあることを確認のうえ，ガラス扉を開けて刷毛できれいにします．電源が入った状態でひょう量皿を掃除してはいけません．
・てんびんは精密機械ですので取扱いは特に慎重に行い，振動を与えたり，ガラス扉を乱暴に開け閉めしたりしないようにします．
・てんびんの設置場所は温度変化が少なく（17～26℃設定±1℃），湿度が低く（45～60％），気流がなく直射日光のあたらない場所で，振動のない水平な台（ミクロてんびん用除振台など）の上に設置します．
・ひょう量皿上への測定物の載せ降ろしは，ピンセットなどを使用して，静かに丁寧に行います．偏置荷重誤差を避けるために，測定物をひょう量皿の中央に置きます．
・てんびんのひょう量上限を超える荷重を載せないようにします．
・ひょう量容器および試料は，てんびんの周囲の温度と等しい状態でひょう量します．
・ぬれた濾紙などを直接測定皿に載せないようにします．
・長期間てんびんを使用しないときや湿度の高い時期は，乾燥剤としてシリカゲルを容器に入れて，風防室の中に入れておくとよいでしょう．

[静電気]
　試料が静電気に帯電している場合，てんびん本体とひょう量皿・試料との間で引きつけ合う，もしくは，離れようとする力が働き，この影響によって計量値誤差が生じます．静電気は，作業者自身の帯電源によるもの，粉体における流動摩擦によるもの，およびサンプル瓶を拭いたときの摩擦によるものが代表的原因です．ひょう量時の静電気による影響を受けないようにするには，湿度を45～60％以上に保ち，静電気除去装置を使用するのがよいでしょう．
　静電気除去装置には，手動タイプと電源が必要な電気式タイプがあります．これらの除電装置は，先端が針状の導体に高電圧を印加したときに発生する，コロナ放電現象を用いています．コロナ放電が起きると，放電した電子は付近の空気分子とぶつかり，針先の周囲に空気イオンを生成します．このイオンが静電気と結合して中和され除電します（2.3.1 d.参照）．

〈手動タイプ〉
・マスコット除電器（石山製作所）
2,000回程度の使用で圧電素子が壊れやすく，消耗品として使った方がよいでしょう（2,000円程度）．（http://www.ishiyamass.co.jp）
・静電気除去ピストル
マスコット除電器と同様に2,000回程度の使用で壊れやすくなります（10,000円程度）．（http://tosy-corp.com）

〈電気式タイプ〉

・静電気センサー感知式除電器（キーエンス製）

　帯電している静電気が正負どちらであるかをセンサーで検知し，帯電した反対のイオンを放出して中和させて除電します（18万円程度）．（http://www.keyence.co.jp）

・静電気除去装置（島津製作所製）

　正負イオンを同時に放出して中和させます（6万円程度）．（http://www.shimadzu.co.jp）

　除電器のメンテナンスは，電極針の先をみて，埃の付着，磨耗の有無を確認します．除電器の針先はコロナ放電を繰り返すことで磨耗し，同時に空気清浄器のように埃を引き寄せます．このような状態になると，性能が下がり，静電気除去の目的で付けたはずの除電器が，逆に帯電を引き起こす場合もありますので，使用時には確認が必要です．電気式タイプメーカーのホームページには，静電気についての原理や除電方法の解説が載っています．

[振　動]

　振動は，測定室周辺の環境（道路や鉄道，工場施設，工事現場などの存在）や強風など様々な原因によって発生します．一時的な発生ならば，その発生の期間を避けてひょう量操作を行います．特に，測定者が体感できないような低周波振動が発生している場合，たいへんゆっくりした周期の波状揺れの症状が出てきますので，対策は非常に困難です．頻繁に発生するようであれば測定フロアをなるべく1階付近の堅牢な基礎上に設定して，建物の揺れによる影響を最小限に抑えるようにします．

[気圧変動]

　前線や台風の通過時などの気圧変化が著しい場合には，ゆっくりした周期の波状揺れの症状がよくみられます．ふらつき幅の実測値として，最大約±1.8 mgという値が観測されました（冬季，新潟県での前線通過時）．この理由について現状ではまだ完全には明確となっていませんが，気圧が著しく変動している状況下においては，その周辺地域で低周波微動（低周期での大地の上下動）が起こっているとの学説があります．

Question 2.3

不安定試料（吸湿性，昇華性など）のはかり取り容器は，どのようなものを使用すればよいでしょうか？

Answer 2.3

　不安定試料のはかり取りには，容器に採取してから装置に導入するまでの変化を防ぐため，密封できる容器を用います．特に，強い吸湿性や嫌気性の試料は，採取中の変化も防ぐ必要がありますので，乾燥した不活性雰囲気下で密封します．

これについては，Question 2.4 で詳しく述べます．

表 2.7 に試料の性質別に，はかり取り容器の一覧を示します．以下，それぞれについて説明します．

1) アルミパン

熱分析用容器を転用したものです．専用のサンプルシーラーを用いて密封します（図 2.74）．密閉の際に空気を閉じ込めると，窒素分析値にプラス誤差を与えることがありますので，酸素ガスを流速 200 mL/min で 10 秒以上パージしてから密封します．サンプルシーラーの使用で，アルミの一部が削り取られて減量することがあります．減量値が一定であれば問題はありませんが，確認が必要です．

2) アルミ箔カプセル

図 2.75 の手順により，アルミ箔から自作します．試料を入れた後，スパーテルで押さえて内部の空気を押し出すように平らにしてから，折り曲げて圧着しま

表 2.7 試料の性質別はかり取り容器

	固体試料			液体試料	
	吸湿性	昇華性	嫌気性	揮発性	嫌気性
1) アルミパン	○	○	○	○	○
2) アルミ箔カプセル	○	○	○		
3) アルミパン（シャーレタイプ）	○	○	○		
4) ガラスキャピラリー				○	
5) スズカプセル	○	○	○	○	○

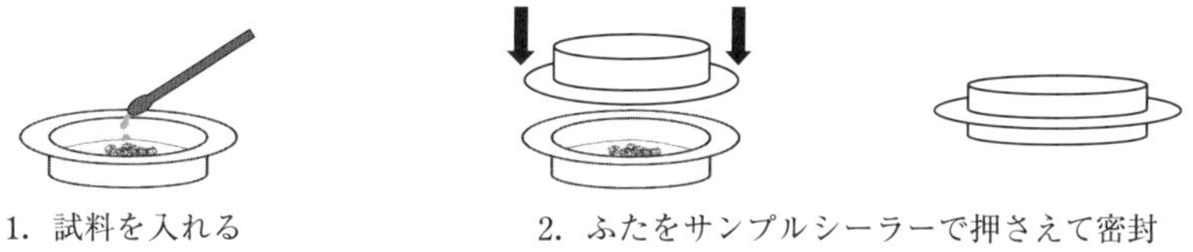

1. 試料を入れる　　2. ふたをサンプルシーラーで押さえて密封

図 2.74　アルミパン

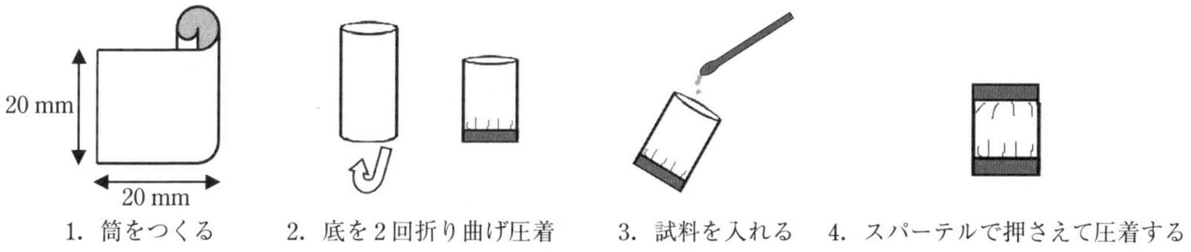

20 mm / 20 mm
1. 筒をつくる　2. 底を 2 回折り曲げ圧着　3. 試料を入れる　4. スパーテルで押さえて圧着する

図 2.75　アルミ箔カプセル

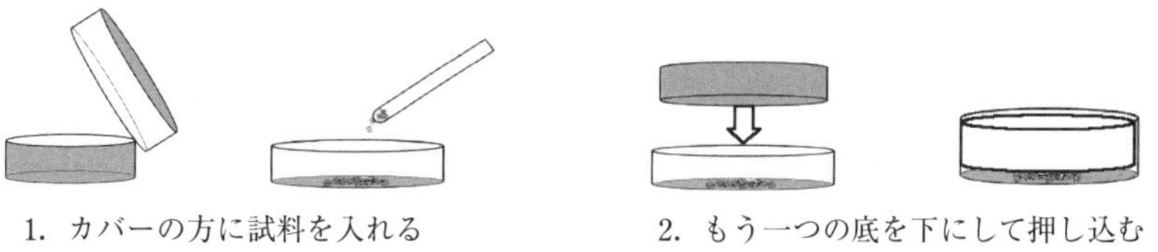

1. カバーの方に試料を入れる　　2. もう一つの底を下にして押し込む

図 2.76　アルミパン（シャーレタイプ）

図 2.77 ガラスキャピラリー

す．

3) アルミパン（シャーレタイプ）

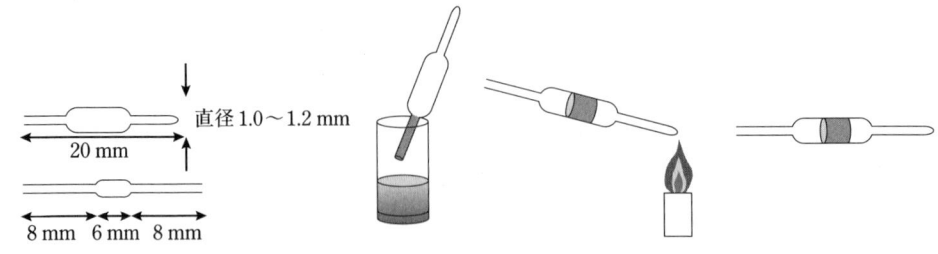

セイコー（株）の熱分析用アルミパンとカバーを使用します．カバー（径の少し大きい方）をひっくり返してそこに試料を入れた後，もう一つの方をその内側に押し込むと，取りはずせないほどきっちり重ね合わせることができ，高い密封性が得られます（図 2.76）．

4) ガラスキャピラリー

軟質ガラス管をよく洗って乾燥しておき，酸素ガス添加型ガスバーナーでキャピラリーに引きます（図 2.77）．作業前によく手を洗って油分ができるだけ付かないように注意して，肉薄になるように作製します．硬質ガラスを用いたり肉厚にしたりすると，燃焼したときに，採取した試料がチューブ内部で不完全燃焼を起こして炭化するか，爆発する可能性が高いので注意します．市販のキャピラリーから先端のみ細く引くようにすれば，作業が簡単で一定の太さのものが作製できて便利です．

長さや形状は，試料採取や封管のしやすさなどを考えて適宜調整します．あらかじめ片側を封じておき，採取口をミクロバーナーで温めて試料を吸い上げます．または，両切り状態で試料液面に浸し毛細管現象を利用して吸い上げ，その後バーナーで封管します．

5) スズカプセル

① Thermo 分析装置固体試料自動分析用

大小2種類ありますが，微量分析には小さい方を使用し，専用の器具またはピンセットで上部を折り曲げて密封します．

② Thermo 分析装置液体試料自動分析用（内径 1～2 mm），Elementar 分析装置液体試料用（外径 2.5 mm）

マイクロシリンジを用いて試料を注入し，専用の器具で密封します．液体試料を直接カップ内に注入しますと，表面張力によりカップの内壁を伝って試料が上がってくる場合がありますので，石英フィルターにしみ込ませるか，短いガラスキャピラリーで採取してカップに入れる方法を用いるとよいでしょう（2.3.1 b.参照）．

①，②とも，カプセル内に空気を閉じ込めないように，酸素ガスを流速 200

mL/min で 10 秒以上パージしてから密封します．

【参考文献】
1) 合田純一，「はかりとり容器の種類及び洗浄について」，「有機微量分析，技法の応用と CHN 分析の諸問題」，有機微量分析研究懇談会，パネル討論会 CHN 分析の諸問題，総括記録（1986）．

Question 2.4
吸湿性が高い試料や空気雰囲気で不安定な嫌気性試料は，**乾燥した不活性ガス雰囲気下で採取する方法**があるようですが，どのような方法でしょうか？

Answer 2.4
手袋付きのポリエチレン製無菌パック（GLOVE BAG：図 2.78）に乾燥した不活性ガスを満たし，その中で試料を採取して密封する方法があります．

〈方法〉
①グローブバッグのガス注入口を，不活性ガスボンベにつなぎます．
②空の状態の試料容器の重量をあらかじめひょう量しておきます．
③ピンセット，試料容器，スパーテル，キムワイプなどの器具を中に入れます．
④袋の袖口を折り曲げ，ガスを流して袋がふくらんだ後，袋を押さえて袖口から抜く操作を二〜三度繰り返し，袋の中を不活性ガスで置換し，最後に試料を袋の中に入れて，もう一度置換します．
⑤再びガスで袋をふくらませながら，袋の袖口をハンディーロックで閉めて，作業しやすい状態までふくらませます．
⑥外側から手袋に手を入れて，試料容器に試料を採取して密封します．
⑦密封した試料容器をグローブバッグから取り出してひょう量し，空の試料容器の重量を差し引いた計算値を試料量とします．

特に反応性の高い不安定試料は，その作製の過程で不活性ガス雰囲気下で操作できる装置をもっているはずですので，密封容器をこの装置内に入れて試料を採取するのも一つの方法です．あらかじめ容器の重量を分析者側で控えておき，差し引きの重量から試料量を求めます．

また，大型グローブボックス内にミクロてんびんを設置してひょう量し密封す

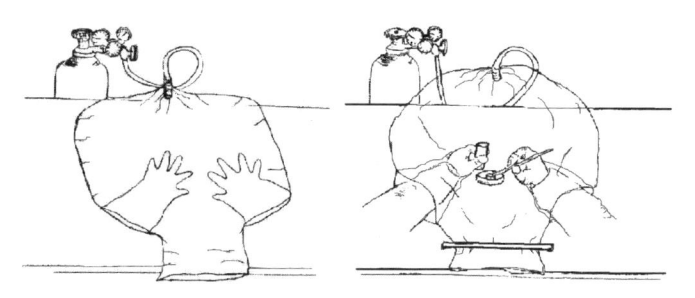

図 2.78 GLOVE BAG（大きさ 43×43 mm）

る方法を試みた報告もあります．

【参考文献】
1) 合田純一ら，「アルミ管カプセルによる不安定試料のCHN分析」，第55回有機微量分析研究懇談会シンポジウム (1988).
2) 山田恵子ら，「不安定試料のはかりとり (2)，大型グローブボックスを使って」，第70回有機微量分析研究懇談会シンポジウム (2003).

Question 2.5

感度係数（ファクター）を求めるための標準試料は，何を使用すればよいでしょうか？　また，感度は何検体かごとに取り直す方がよいのでしょうか？

Answer 2.5

現在市販されている元素分析装置は，既知の標準試料を燃焼分解させることにより，その標準試料から計算される生成物の量と実際に装置から出力される電気信号の大きさとの関係を感度係数として求めなければ分析できません．しかも，他の定量分析に比べて非常に高い精度が要求される元素分析では，変化の著しい充填剤の状態や検出器の温度安定性を確認するため，検出感度の変動をこまめにチェックする必要があります．

したがって，標準試料は元素分析にとって必要不可欠の物質で，その選択や管理には細心の注意を払わなければなりません．

有機元素分析用標準試料はキシダ化学，和光純薬工業およびメルクなどから入手可能です．キシダ化学製の標準試料は，有機微量分析研究懇談会標準試料検定小委員会が検定を行い，合格した証明として検定合格証紙にて封緘し販売しています (2.1.6 参照).

含有元素の種類，含有率，形状，分子構造，物理的または化学的性質など，それぞれ特徴のある有機化合物が標準試料として選定されていますので，分析試料に応じたものを適宜選択します．

一般に，アセトアニリドやアンチピリンがCHN分析の検出感度算出のためによく用いられますが，多くの分析試料がその含有率に近いため選択されるもので，もし，これらの標準試料と極端に含有率の異なる試料を分析する場合は，別の標準試料を選択する必要があります．装置特性により，検量線範囲からはずれますと分析誤差が大きくなる傾向がありますので，未知試料に合った標準試料を選択し，含有率や構造・性質の似通った標準試料で分析値の確認をしなければなりません．

現在のCHN分析装置で精度のよい分析を行うためには，毎日，未知試料分析前に何点かの標準試料で検出感度を決め，できれば1～2時間に1回，一定の標準試料で感度変化を調べるとよいでしょう．未知試料の分析後には，それに似た標準試料を分析して分析値の確認を行うとよいでしょう．

【参考文献】
1) 日本分析化学会編，"分析化学実験ハンドブック"，丸善（1987）．
2) 有機微量分析研究懇談会会報，第4号（2002.2）．
3) 有機微量分析研究懇談会会報，第5号（2004.2）．

> 〈知恵袋〉
> ヤナコ分析工業，ジェイ・サイエンス・ラボの装置でダブルポンプ分析を行うときの要注意点
> 特に，様々な含有率の未知試料を分析しなければならない場合，ベース変動や検出感度の変動がないか何度も確認する必要がありますが，ダブルポンプ分析ではその確認が困難です．その場合は，シングルポンプ分析を行う方がよいでしょう．

Question 2.6
週に1回程度しかCHN分析を行いません．分析する日によって感度係数（ファクター）の変動があり，**標準試料の値が安定しません．**どうすればよいでしょうか？

Answer 2.6
安定した精度の高い分析値を得るためには，感度係数がふだんと変わりなく安定していることを確認した上で未知試料の分析をはじめなければなりません．感度係数の変動要因として以下の事項があげられますので，それらに留意して対処します．

1) 装置安定化のための通電時間不足

熱伝導度検出器は温度変化に非常に敏感ですので，分析装置全体の温度を安定させ，検出器の温度を一定に保つことが重要です．特に，あまり運転しない場合は装置安定化に時間がかかるため，装置を立ち上げてから通常より長い時間通電したままでおいておく（空運転させる）方がよいでしょう．夜間に電源を付けておいても安全が確保されるのでしたら通電しておき，燃焼炉や還元炉の温度を低くしてキャリヤーガスを少量流しておくと，装置を安定な状態で使用することができます．夜間に通電することが無理な場合は，分析を行う前日から日中だけ空運転させておく，あるいは前日からヘリウムガスだけ流しておいて分析当日の朝に電源を入れ温度を上げるようにして，装置の安定化を促すとよいでしょう．

2) 配管の汚染

燃焼管から検出器までの配管が汚染されているために分析値が安定しないことがありますので，配管を洗浄してみるとよいでしょう．装置によって洗浄が困難な場合は，メーカーに依頼して配管を新しく交換してもらいましょう（Question 2.11参照）．

3) カラムの劣化

カラムは，使用頻度よりも試料中に含まれている物質（フッ素や金属など）の影響で劣化することが多くあります．劣化していれば，新しく交換します．

4) ガスの純度

キャリヤーガスおよび酸素ガスは純度の高いものを使用しないと分析値がばらつき安定しません．純度が 99.99％ 以上の高純度ガスを使用します．

5) スズ箔などの試料容器のブランク

スズ箔にはロット間のばらつきがありますので，ブランク測定が必要です．10回中数回も桁数の異なるカウント値が打ち出されたという報告があります．これは，分析値に換算すると ±0.3％ 以上になりますので要注意です．

何回もスズ箔を使用すると装置内にカスが溜まりますので，分析をはじめる直前にスズ箔のブランク測定を数回行うとよいでしょう．

6) 検出時間のずれ（クロマトグラフ方式の場合）

電圧やその他の環境変化によって保持時間が変動し，信号検出位置（読取り時間）のずれを生じることがあります．検出時間の設定を厳密に行うことが重要です．検出時間の調整は，数値だけではわかりませんので，レコーダーでモニタリングしてもらうとよいでしょう．クロマトグラムの適切な位置で検出されているかどうかを確認して調整します（（メーカーに依頼してもよい）2.4 g.参照）

Question 2.7

窒素含有率 1％ 以下のような**窒素の有無確認の分析**はどうすればよいでしょうか？

Answer 2.7

基準信号値（ベース値）の変動が規格値の範囲を超える場合は，装置に起因するトラブルが発生していると考えます．使用装置の安定性確認のため，基準信号値とその変動幅をふだんから監視し，その値が一定であることを確認した上で，試料を分析するようにしなければなりません．未知試料分析では，信号値（シグナル）が規格値以上になるよう試料重量を調整します．

窒素含有の有無をみる場合は，次の方法で確認してから未知試料分析を行います．

試料容器のみの分析を繰り返し，その窒素シグナルのばらつき（ブランク値）と，標準試料のコレステロールを分析したときの窒素シグナルのばらつきを比較します．

コレステロールの窒素シグナルが大きい場合は，酸化銅の温度と酸化能力を検討する必要があります．コレステロールは難燃性物質の一つで，分析条件が適切でないと，分解によってメチル基からメタンが発生し，それが窒素検出器で誤って検出されてしまいます．その結果，窒素を含まないにもかかわらず窒素分析値にプラス誤差を与えますので，装置の酸化条件の適正な状態を判断するのに最適

な標準試料です．

　コレステロールの窒素シグナルのばらつきがブランク値と同じであれば，N＝0.00％ですので，窒素トレース分析の分析結果に有効性があります．そして，未知試料分析でばらつきを含むブランク値以上のシグナル値は，窒素分析値とすることができます．

> **定量限界**：一般的には，シグナル変動幅の10倍を定量限界とします．

Question 2.8

還元管に充填した**還元銅の劣化が早い，あるいは遅すぎる**のですが，どうすればよいでしょうか？

Answer 2.8

　CHN分析において試料は燃焼管で燃焼され，燃焼ガスは完全に酸化されて還元管に送られます．還元管には還元銅が充填されており，燃焼ガス中の窒素酸化物を窒素に還元し，さらに過剰の酸素を除去します．還元管に充填されている還元銅が酸化されて酸化銅になると，新しい還元銅が充填された新しい還元管に交換しなければなりません．

　還元銅の酸化状況は，還元銅の形状（表面積の大小），還元銅の詰め方，酸素分圧，試料中の酸素含有量に依存します．また，還元銅はロットにより品質が変わることがあります．特に粒状の還元銅は粒子の大きさ（メッシュ）が小さくなれば表面積が増えて寿命も長くなります．ただし，メーカーによって粒子形状が異なり，熱収縮の程度に差があることがわっていますので，熱収縮により隙間ができていないか確認する必要があります．

　ヤナコ分析工業，ジェイ・サイエンス・ラボの分析装置のように還元管を水平に装着する場合，燃焼ガスは充填剤の中心よりも上側を通りやすく，ガラス内壁と充填剤との隙間や特定流路などを通るチャネリングを起こして反応効率が落ちてしまうことがあります（2.2.3 b. 参照）．一方，燃焼ガスが，流路をほぼ1気圧で流れるようにする必要がありますので，還元銅の詰めすぎにも気を付けなければいけません．

　還元管を縦型に装着する装置の場合は，チャネリングが起きにくいといわれています．また，縦型装置は密閉型の分解炉のため0.15〜0.5 MPaの加圧状態で使用しますので，還元銅は均一にしっかりと充填します．

　還元銅を還元管に10 cm程度充填した後，マッサージ用等のバイブレーターを用いて振動を与えながら詰めると，均一に充填することができます．

　還元銅の劣化が通常より早すぎる，あるいは，遅すぎる場合は，以下の点をチェックし，異常の有無を調べてみます．

　・電磁弁の交換時期がきていないか．

- 燃焼条件の酸素流量を変更していないか．
- 酸素ガスボンベの圧力調整器が故障していないか．
  （圧力調整器の指針が，圧力を変えると連動するか．）
- 以前のよい時期と比べて，検出感度が変化していないか．
- 使用後の還元管を確認し，酸化銅に変化した部分の偏りがないか．
  （チャネリングが起きていないか．）
- 使用後の還元管の還元銅が熱収縮していないか．
- 還元銅の劣化が遅い場合，測定結果に異常はないか．

Question 2.9

二酸化炭素吸収剤ソーダタルク，水吸収剤アンヒドロン（青色）の交換時期の目安はどれくらいでしょうか？

Answer 2.9

　ソーダタルクは，水酸化ナトリウムとタルクの粒状混合物で，二酸化炭素を吸収して劣化すると白色（または灰色）になります．目視で充填量の半分程度劣化した場合，交換します．半日稼働させて15～20日（試料量と炭素含有量によって変わります），あるいは約200検体を目安とします．ソーダタルクは，二酸化炭素と水酸化ナトリウムとの間でイオン反応が起こるよう水酸化ナトリウムに数％の水分を含ませた状態にしてあり，乾燥した状態では反応は起こりません．目視で少ししか劣化していない状態でも，吸収管を装置に1カ月以上装着したまま放置すると，ソーダタルクの左端が隣のアンヒドロンによって脱水され白くなってきますので交換しなければなりません．

　また，劣化した部分が固着して詰まり，吸収管の通気阻害を起こしていると考えられるときは，劣化している量が少なくても交換しなければなりません．二酸化炭素吸収管の通気阻害を防ぐために，ポリエチレンチューブ（外径2 mm）を2～3 mmの長さに細かく切り，この少量をソーダタルクに均一に混ぜてから吸収管に充填するという方法があります．

　アンヒドロン（過塩素酸マグネシウム）の青色着色剤は，二塩化コバルトです．水を十分に吸うとピンク色に変わりますが，一度ピンク色に変わっても，しばらく乾燥ヘリウムを流すか，後ろのアンヒドロンの乾燥力によって再び青色に戻ります．いつまでもピンク色のままですと相当吸湿しているといえます．おおよその目安として，3分の1程度がピンク色になるまで使用できますが，ソーダタルクと一緒に交換するのが望ましいでしょう．

〈知恵袋〉

> 充填剤　交換は休み明けの月曜日

休み明けは，充填剤の状態を点検し，劣化していたら管とともに新しく交換して気分も新たに分析に臨みましょう．

Question 2.10

充填剤の銀，サルフィックスの効果はどのようなものでしょうか？　その効果がなくなったときには，分析値にどのような現象が現れるのでしょうか？

Answer 2.10

銀は，ハロゲン捕捉充填剤です．ハロゲン吸着効果を発揮する温度条件は，
　Cl：450℃周辺が最大
　I　：250～550℃の範囲
　Br：350～500℃の範囲

サルフィックスは四酸化三コバルトと銀を重量比1：1に混合したものですので，ハロゲンはある程度サルフィックスに吸着され，通過したものを還元管入口部分に充填した銀が確実に捕捉します．したがって，ハロゲンが捕捉されずに通過してしまう心配はありません．

サルフィックスは，四酸化三コバルトとの反応で硫黄を捕捉します．サルフィックスの硫黄吸着作用は，特に温度の影響が大きいので注意しなければなりません．硫黄除去効果の高い温度条件は，
　S　：470～510℃の範囲

装置によって炉の温度分布は異なりますので，炉の温度分布を確かめてから，有効な部分に詰めることが大切です．必要以上に充填すると無駄だけでなく，高温部分にまでサルフィックスを充填することになり，550℃以上では硫酸コバルトが分解して硫黄酸化物が発生しますので逆効果です．

また，装置によっては炉の端の温度が低く，特に還元炉の端が130℃程度しかないことがあります．そのような低温部（400℃以下）にサルフィックスを充填した場合は，窒素酸化物を吸着する作用があります．その状態で分析を行いますと，硫黄酸化物の吸収効率が悪い上に，標準物質のアセトアニリドやアンチピリンの燃焼によって発生する窒素酸化物を，低温部のサルフィックスが吸着して窒素シグナルが低くなります．その状態で，窒素高含有試料を分析しますと，窒素分析値にプラス誤差（＋0.30％以上）が生じます．

硫黄を多く含むサンプルを大量に分析する場合の対策として，還元管の銀粒と

還元銅の間の部分にサルフィックスを2～3cm充塡することで，確実に硫黄酸化物を吸収することができます．

サルフィックスの作用が低下しますと，標準試料のチオ尿素やスルファチアゾールなどを分析したときに，硫黄酸化物が二酸化炭素吸収管まで到達してしまい，炭素分析値にプラス誤差（＋0.30％以上）を与えます．したがって，サルフィックスの作用が低下したかどうかはチオ尿素の炭素分析値を確認します．

サルフィックスの活性低下がよく現れる例として，水素値の高い標準試料であるコレステロールを分析すると，水素分析値のプラス誤差が大きくなるという現象があります．その原因は，硫黄酸化物が完全に補足されずに還元管を通りすぎて金属配管に付着し，付着汚染物となって悪影響を及ぼすためです．ときどきコレステロールを分析して，水素分析値にプラス誤差（＋0.30％以上）が生じないかどうかも確認するとよいでしょう（Question 2.11参照）．

Question 2.11

配管が汚染されるとどのような現象が現れるのでしょうか？　また，その際はどのように対処（洗浄）すればよいでしょうか？

Answer 2.11

試料の分解によって発生した水分は，装置配管のあちこちの内壁に付着します．その付着水は，残留水分となって次の試料分析に影響を及ぼします．直前に分析した試料の水分量が今回分析する試料の水分量よりも多ければ，前回の吸着水分を繰り越すことになりプラス誤差が生じ，反対に前回が少なければ今回発生した水分が多く吸着されてマイナス誤差となります．この誤差は装置の構造上，避けられない問題で，これをできる限り回避するには，水素含有量の近いものから順に分析します．

しかし困ったことに，いろいろな試料を分析して発生したガスや金属などの汚染物も，配管の内壁に付着していきます．その付着汚染物も水分を吸脱着しますので，残留水分の影響による誤差はますます大きくなってしまいます．

配管内壁の汚れの起こり方とその影響を，図2.79に示します．

配管の汚染がひどいかどうかを調べる方法として，アセトアニリドなどの標準試料で検出感度を求めた後に，水素含有量の多い標準試料コレステロールを分析してみるとよいでしょう．配管が汚れていると，汚染物に分解生成水分が吸着され，感度係数数値が通常よりも高い値となり（感度が低下する），その感度で水素含有

直前試料のH%	測定試料H%		結果H%
低い（内壁量減）	高い	理論水素量－内壁付着分－ブランク⇒	低め
低い（内壁量減）	低い	理論水素量－内壁付着分－ブランク⇒	低め
高い（内壁量増）	低い	理論水素量＋内壁付着分－ブランク⇒	高め
高い（内壁量増）	高い	理論水素量＋内壁付着分－ブランク⇒	高め

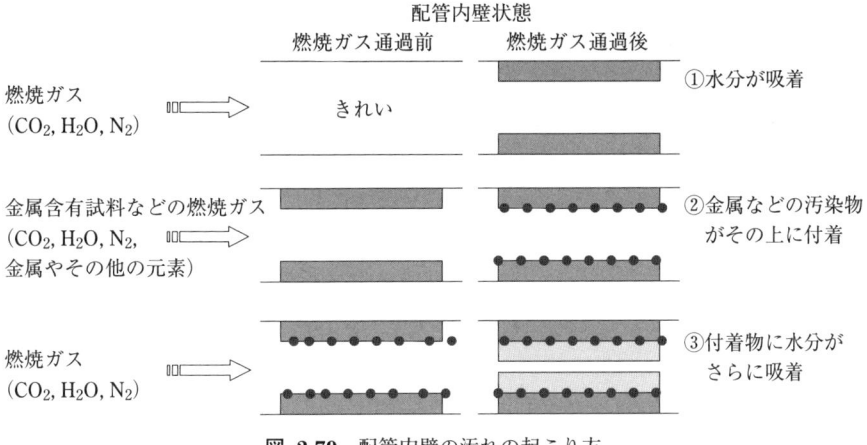

配管内壁状態
燃焼ガス通過前　　燃焼ガス通過後

燃焼ガス
(CO_2, H_2O, N_2)　→　きれい　　　①水分が吸着

金属含有試料などの燃焼ガス
(CO_2, H_2O, N_2,
金属やその他の元素)　→　　　　　　②金属などの汚染物がその上に付着

燃焼ガス
(CO_2, H_2O, N_2)　→　　　　　　③付着物に水分がさらに吸着

図 2.79　配管内壁の汚れの起こり方

量の多い試料の分析値を計算すると，プラス誤差が大きくなります(+0.30% 以上)．このような現象が起きた場合は配管が汚れていると判断し，配管をはずして洗浄するとよいでしょう（洗浄が困難な場合は，メーカーに依頼して交換してもらいましょう）．

　洗浄の頻度は，試料の種類や分析件数により異なりますが，通常は半年から1年をめどに実施すればよいでしょう．ただし，データに異常がみられた場合は直ちに洗浄して記録をとり，状況を判断します．

　洗浄または交換を要する部分は，燃焼管と還元管の間の接続部分，還元管出口，装置内部の配管です．PerkinElmer の装置では，インラインフィルター内部のフィルターを交換し，メンテナンスキットを購入して定圧容器内の清掃や電磁弁のバルブ交換もするとよいでしょう（2.4 e.参照）．

Question 2.12

検出器のシグナルの**ベース値**や**感度係数値（ファクター値）が異常を示す**ことがありますが，どのような対策をすればよいでしょうか？

Answer 2.12

　分析室内の環境やてんびんが安定していて，標準試料に問題がないにも関わらず，ベース値，感度係数値が通常とは異なる値を示すには，それ相応の原因があります．その現象と原因を早期発見して適切に対応すれば，大きな支障なく分析可能な状態に復帰できます．

　水素，炭素，窒素それぞれのベース値，感度係数値の異常要因を表2.8にまとめました．一般的なものを列挙しましたが，他の原因によることもありますので注意が必要です．

表 2.8 水素，炭素，窒素のベース値，感度係数値の異常要因

	現象・症状	原因	対策
水素	水分が装置内に残留しやすくなり，ベース・感度計数値ともに高くなる	炉の温度低下（炉のヒーターや連結管ヒーターの断線）	メーカーに修理依頼（ヒーターの取替え）
	汚染物が水分を吸脱着してベース値が乱れ，感度計数値が高くなる	装置内部（配管）の汚染	連結管・細管類を洗浄（または交換） 妨害元素除去用充填剤を交換
炭素	ベース値が高くなる	試料導入棒の汚染 ボートの汚染	導入棒を新品と交換 ボートの洗浄（または新品と交換）
窒素	ベース値が低くなる	ガス流速の低下（吸収剤の劣化による吸収管の詰まりや燃焼管充填物の粉末化による詰まり）	劣化した吸収剤交換 充填剤の詰め方を確認（詰めすぎの場合は詰め直し） 粉末化したものをふるいで取り除いて充填
	ベース値が高くなる	ガス漏れ（シリコン栓・チューブの接続不良，吸収管パッキンの接続不良，燃焼管・還元管の亀裂やピンホール） ガス配管接続不良 ガス純度が低い	栓・チューブ・パッキンの接続を点検（または新品と交換） 燃焼管・還元管を新品と交換 ガス配管接続を点検 ガス純度を確認

【参考文献】
1) 阿部明治ら，「高感度 CHN 分析におけるベースラインのグラフ化による異常値の発見と対応」，第 67 回有機微量分析研究懇談会シンポジウム (2000).

Question 2.13

CHN 分析を妨害する元素（特に金属）を含む試料を分析するときは，どのようなことに注意すればよいでしょうか？

Answer 2.13

金属など特殊元素を含む試料の CHN 分析を行うときは，その元素の特性を調べ，分析値や装置に与える影響を前もってよく知ることが大切です．

有機微量分析ミニサロン（Question 2.22 参照）では，「有機微量元素分析において妨害する元素の化合物表」（前大阪大学理学部元素分析室 奥宮正和氏編集）という冊子を作成しています（電子ファイル化もされています：有機微量分析ミニサロンホームページ URL：http://boc.kuicr.kyoto-u.ac.jp/~hirano/minisalon/；巻末付録参照）ので，参考にするとよいでしょう．この資料は周期表にある，あらゆる元素の酸化物やハロゲン化物・硫化物などの融点や分解温度などが表にまとめられ，また，過去に研究発表された内容や編集者が経験した内容も説明されていますので，たいへん役にたちます．

装置の燃焼炉温度がその表中の化合物の融点や沸点よりも高い場合は，燃焼管内で分解して生成した分解物として，あるいは分解せずにそのままで装置内を移動していき，充填剤を汚染したり燃焼管を損傷させたりします．ほとんどの装置ではキャリヤーガスが一方通行ですので，このような妨害物質は，連結管や検出器にまで移動してしまい，検出器を損傷させることもあります．

妨害物質の影響をなくすためには，添加剤を加えたり，あるいは燃焼管内に充填剤を追加したり，また早めに燃焼管と充填剤を交換して，連結管などの洗浄を行う必要があります．

1) 助燃剤，添加剤

市販の助燃剤や添加剤は，そのまま使用するのではなく，不純物を取り除くためにあらかじめ熱処理を行った後，ブランク測定をして分析値への影響がないことを確認してから使用します．熱処理は，市販品を石英ルツボや石英管に入れ，4～5時間加熱します．助燃剤，添加剤それぞれの加熱温度や注意事項，効果などは以下のとおりです．

・酸化タングステン（Ⅵ）（粉末）WO_3：950～1,000℃
  適する元素：アルカリ金属，アルカリ土類金属，リン，ホウ素，バナジウム
・酸化銅（粉末）CuO：900℃まで（熱処理後急冷するとCu_2OができやすくCuOに完全に酸化されにくくなりますので，空気中で徐々に冷やします）
  適する試料：試料容器内で炭化して燃焼しにくい試料
・四酸化三コバルト（粒状）Co_3O_4：950～1,000℃（熱処理後急冷すると，CoOができやすくCo_3O_4に完全に酸化されにくくなりますので，空気中で徐々に冷却します）
  適する試料：気化しやすい試料

それぞれの分析試料に適した添加剤を選んで，テストしてみるとよいでしょう．添加剤はいずれも微粉末にして，まず試料容器の底に敷き，その上に試料を散らばらせてひょう量し，さらにその上から試料がみえなくなるまで添加剤を振りかけ，スパーテルで押し付けるようにします．こうすると添加剤と試料との接触面が多くなり，よりよい効果が得られます（2.3.5 b.参照）．

2) 試料容器の汚染対策と洗浄

試料容器として白金ボートを使用すると，金属などの付着により白金ボードがひどく汚染され洗浄が困難になりますので，比較的安価な磁性ボートやセラミックボートを使用して，ひどく汚染されたときは使い捨てます．

金属の付着を防ぐためには，磁性ボートやセラミックボートの底に添加剤WO_3を敷布団のように敷き，その上に試料をはかり取ります．そうすれば，燃焼後ボートをひっくり返すだけだ簡単にとれてボートには付着しません．

白金ボートの一般的な洗浄方法は，希硝酸による洗浄です（2.2.5 c.参照）が，汚れが落ちない場合は，硫酸水素カリウムをボートに入れてバーナーであぶって溶融させた後，お湯で洗浄します．そうすると，たいていの汚れは落ちますが，洗浄順序を間違えると汚れが落ちなくなってしまいますので，注意が必要です．

ガラスと炭化物が付着している場合は，フッ化水素酸で洗浄するとよいでしょう．

なお，洗浄しても汚れが落ちない場合は，そのまま使用しても問題ないことがあります．どうしてもとってしまいたいときは，800～1,000番以上のサンドペーパーで磨いて物理的にはがすか，王水につけて白金表面を少し溶かす方法もあります．

Question 2.14
開放型の燃焼分解管の装置で，**爆発性のある試料の分析**はどのようにすればよいでしょうか？

Answer 2.14
爆発性のある試料にはいろいろなものがありますが，過塩素酸イオンをもつ試料が爆発性のあることが多いようです．しかし，過塩素酸イオンの数の多さによって爆発の度合いを判断することはできません．爆発が予想される試料を分析する場合は，スパーテルに極微量の試料をとりバーナーにかざして爆発のようすをみて，実際に分析可能かどうかを判断します．

爆発性の高い試料の分析は，手動試料挿入では素早い操作が必要となり危険を伴います．オートサンプラーを使用している場合でも，試料の爆発的燃焼によって導入棒や燃焼管の汚染が激しく汚染され，次の試料分析に支障が出ます．いずれも注意が必要ですので，よほどの必要性がない限り，爆発性の高い試料を分析することは避けましょう．

もし，どうしても必要があって分析を行ったときは，燃焼時に急激に膨張・収縮して空気を吸い込み窒素分析値が異常に高くなることがありますので，留意しましょう．

> 注意！
> ・液体の爆燃性試料の分析を行った際，試料の入ったキャピラリーを燃焼管に挿入したと同時に燃焼管の口から勢いよくキャピラリーが飛び出しました．
> ・試料の爆発によって，充填剤の充填位置が移動してしまいました．

Question 2.15
開放型の燃焼分解管の装置でケイ素含有化合物を測定した場合，**炭素の測定値が安定しにくい**のですが，どのようにすればよいでしょうか？

Answer 2.15
特にケイ素含有率が高く酸素原子を含まないような化合物では，燃焼後の試料

ボートが真っ黒になり，炭素分析値が極端に低くなることがあります．その原因は，燃焼分解過程ですべてのケイ素が二酸化ケイ素（SiO_2）に酸化されず，一部のケイ素が炭素を取り込んだ物質をつくってしまうためと考えられます．したがって，ケイ素の速やかな酸化反応を促す燃焼分解条件を整える必要があります．

以下の方法で分析して，良好な結果が得られた報告があります．

〈対処法1〉
- 試料はできるだけ細かくして，試料量を少なめにする（約1 mg）．
- 燃焼炉温度（通常950℃設定）を830〜860℃に低く設定する．
- 酸素流量（通常20 mL/min）を30〜35 mL/minに上げる．
- 燃焼管内に白金筒を入れ，試料ボートの上を白金で覆い，白金の酸化触媒効果を上げる．

〈対処法2〉
- 燃焼炉温度を980℃に設定する．
- 酸素流量（通常20 mL/min）を30 mL/minに上げる．
- スズコンテナーに粒状酸化銅を約100 mg入れ，そこに試料を約1 mgひょう量した後，再び粒状酸化銅を約100 mgかぶせる．

【参考文献】
1) 平野敏子ら，「YANACO CHN-CORDER MT-5型によるケイ素含有化合物のCHN分析－その2」，第69回有機微量分析研究懇談会シンポジウム（2002）．
2) 佐伯喜美代ら，「有機ケイ素及びフッ素化合物のCHN分析法について」，第68回有機微量分析研究懇談会シンポジウム（2001）．

Question 2.16
フッ素含有化合物のCHN分析はどのようにすればよいでしょうか？

Answer 2.16

フッ素は，酸化マグネシウム（MgO）を用いてフッ化マグネシウム（MgF_2）として除去する方法が一般的です．その温度条件は，800℃以上の高温でなければなりません．しかし，MgOは粉末化しやすいため，燃焼管に充填するとキャリヤーガスとともに粉末が配管内を移動し，それが水分を吸脱着するために水素分析値がばらつきやすくなります．また，水だけでなく，二酸化炭素も捕集してヒドロキシ炭酸マグネシウムになりやすく，炭素分析値にも影響を与えます．MgOを充填する代わりに，タングステン酸銀と酸化マグネシウムの混合焼結物$MgO \cdot Ag_2WO_4$や，酸化銅と酸化マグネシウムの混合焼結物$MgO \cdot CuO$のような，粉末になりにくく熱収縮もしにくいものを充填するとうまくいきます．燃焼管の最も高温部に2〜3 cm充填し，含有水分を除去するため通常よりも長めにエージング（燃焼炉を過熱した後1時間程度，その状態のまま置いておく）を行ってから分析します．

なお，MgOが古くなるとフッ素除去能力が低下し，フッ化水素（HF）が通過

して燃焼管の低温部で石英と反応して四フッ化ケイ素（SiF_4）が生成し，水吸収管および二酸化炭素吸収管に捕集されて分析値にプラス誤差を与えたり，ヘキサフルオロケイ酸（H_2SiF_6）が生成され水素分析値にマイナス誤差を与えたりしますので，注意が必要です．

フッ素樹脂であるテフロンのように水素のない化合物やフッ素が水素に比べて当量以上の化合物などでは，燃焼管にこのフッ素除去剤を詰めておいても，試料分解時にテトラフルオロメタン（CF_4）やテトラフルオロエチレン（C_2F_4）が発生して炭素分析値にマイナス誤差が生じ，またそれらのガスは窒素検出器で窒素と同時に検出されますので，窒素分析値がプラスに偏ります．

それを防ぐ方法として，水を発生する試薬を添加して HF の形にしてから，$MgO・Ag_2WO_4$ で捕集する方法があります．水の発生源として，塩化バリウム二水和物（$BaCl_2・2H_2O$）をやや過剰に添加して（8〜10 mg 程度）分析しますが，$BaCl_2・2H_2O$ の量を正確にひょう量して，そのものの H% 相当分を水素分析値から差し引かなければなりません．試料の分解のタイミングと $BaCl_2・2H_2O$ の水の発生のタイミングが合わないと，良好な結果が得られないことがあります．また，$BaCl_2$ が残渣となってボートを汚染しますので，磁性ボートに WO_3 を敷いて分析するとよいでしょう．

また，フッ素除去剤として酸化セリウムを充填する方法も用いられています．この場合も，テフロン試料では炭素分析値が低くなり，窒素分析値が高くなる傾向があります．それを防ぐ方法として，酸化を促すために四酸化三コバルト（Co_3O_4）や三酸化タングステン（WO_3）を添加するという報告がされています．

【参考文献】
1) 宗石和晃ら，「CHN 分析装置を汚染しない新しい F, S, P 除去剤としての $CaO・CeO_2$ 混合焼結物：その作成法と有効性」，第 67 回有機微量分析研究懇談会シンポジウム（2000）．
2) 長澤珠貴ら，「EA 1108 型元素分析計における新しい F 吸収剤の検討」，第 67 回有機微量分析研究懇談会シンポジウム（2000）．
3) 佐伯喜美代ら，「有機ケイ素及びフッ素化合物の CHN 分析法について」，第 68 回有機微量分析研究懇談会シンポジウム（2001）．
4) 板東敬子ら，「CE INSTRUMENTS 社製 EA 1110 による含フッ素化合物の CHN 分析の検討」，第 68 回有機微量分析研究懇談会シンポジウム（2001）．
5) 深谷晴彦ら，「新しく開発されたエレメンタール社 Vario EL フッ素除去システムの検討」，第 69 回有機微量分析研究懇談会シンポジウム（2002）．

Question 2.17

重水素化合物の CHN 分析は，どのようにすればよいでしょうか？

Answer 2.17

以下に説明します簡便計算法は，あくまでも軽水素 H と重水素 D の原子数がわかっている，またはその比がわかっていることが前提となります．正確な重水素化率を求めるためには，質量分析を行い，その結果から判断しなければなりま

せん.

　差動熱伝導度法による重水素化合物の元素分析は，板谷芳京らの「重水素化合物の元素分析値の研究（Ⅱ）」（第51回有機微量分析研究懇談会・質量測定研究会合同シンポジウム（1984））により，

　①軽水素化合物標準試料により感度係数 F_H を求める
　②重水素化合物標準試料により感度係数 F_D を求める
　　①，②の感度から分析値を求めればよいが，簡便法として
　③ $F_D = F_H \times 1.944$ から求めることができる

と報告されました.

　しかし，ヘリウムとの熱伝導度差の大きい重水は，軽水よりも感度がよいのでシグナルがわずかに大きくなります．そのため，分析装置から自動的に算出される水素分析値（H％相当値）をHとDのモル比で単純に比例配分した値を，HとDの分析値とすれば，若干の誤差が生じます.

　そこで，重水と軽水の感度の差を求めてみます．

　　W_S, W_S' ：軽水素だけを含むとした場合の換算の試料量および，重水素を一部含む試料のひょう取量
　　M_W ：軽水素のみ含んだときの分子量
　　H_W, D_W ：軽水素および重水素の原子量
　　A ：軽水素の原子数およびすべて重水素に代わったときの原子数（同数）
　　X_{H1} ：軽水素のみ含んだときのシグナル
　　X_{H2} ：上の軽水素がすべて重水素に置き代わったときのHシグナル相当値

としますと，軽水素のみ含んだ場合の分析値は $H\% = X_{H1} \times F_H / W_S$. 重水のシグナルは軽水の χ 倍になるはずなので，$X_{H2} = X_{H1} \times \chi$ として χ の値を求めます．

　軽水素がすべて重水素に置き代わると分子量は $A \times D_W - A \times H_W$ 増加しますので，このときのD％を求める計算式の試料量も，W_S' に増やさなければなりません．したがって，

$$W_S' = W_S \times \frac{M_W + A \times D_W - A \times H_W}{M_W}$$

$$D\% = X_{H2} \times \frac{F_D}{W_S'}$$

$$= X_{H2} \times \chi \times F_H \times \frac{1.944}{W_S} \times \frac{M_W}{M_W + A \times D_W - A \times H_W}$$

$$= H\% \times \chi \times 1.944 \times \frac{M_W}{M_W + A \times D_W - A \times H_W} \tag{Q1}$$

$$\frac{D\%}{H\%} = \frac{D_W}{H_W} \times \frac{M_W}{M_W + A \times D_W - A \times H_W}$$

$$D\% = H\% \times \frac{D_W}{H_W} \times \frac{M_W}{M_W + A \times D_W - A \times H_W} \tag{Q2}$$

式(Q1),式(Q2)からχを求めますと,

$$\chi = \frac{D_W}{H_W \times 1.944} = \frac{2.01471}{1.00794 \times 1.944} = 1.028$$

以上のことから,次の簡便計算法に基づき分析値を求めます.

〈重水素化合物のCHN分析簡便計算法〉

① 軽水素Hと重水素Dの原子数があらかじめわかっていることが必要条件
② C%,N%は,分析結果から自動的に算出される値を分析値とします.
③ H%,D%の計算は,まず分析装置から自動的に算出される値(H%相当値)を求め,下式により計算します.

---

h,dはそれぞれ軽水素および重水素の原子数として,H%相当値をh:d×1.028の比に分割します.

$$H\% = H\%\text{相当値} \times \frac{h}{h + d \times 1.028}$$

$$D\% = H\%\text{相当値} \times \frac{d \times 1.028}{h + d \times 1.028} \times 1.944$$

〈参考〉
第19回有機微量分析ミニサロン(1998年),元大阪大学理学部元素分析室 奥宮正和氏解説.

^{13}C含有化合物では,分析値C%:分析値から自動的に算出される値とすると,

$$\text{求めるC\%} = \frac{\text{分析値C\%} \times (12.0107 \times {}^{12}C\text{のモル数} + 13 \times {}^{13}C\text{のモル数})}{12.0107 \times ({}^{12}C\text{のモル数} + {}^{13}C\text{のモル数})}$$

重水素化合物と同様に,質量分析で分子イオンの同位体ピークを確認しておくことが必要です.また,CHN分析装置で試料を燃焼分解させた後,生成分解ガスをFT-IRのガスセルにオンライン導入して^{12}C,および^{13}Cの分離定量分析を検討した報告があります.

【参考文献】
1) 前橋良夫ら,「CHN元素分析計とFT-IRによる^{12}C,^{13}Cの同時定量分析の検討」,第64回有機微量分析研究懇談会シンポジウム(1997).

Question 2.18

最新の原子量を知りたいのですが,参照先を教えて下さい.

Answer 2.18

有機元素分析は,有機化合物に含まれる元素の組成情報を知るための有用な分析手段です.測定試料が純粋ならば,分析値と理論値は誤差±0.3%以内で一致します.すなわち,この誤差範囲を満足することが,純粋な試料であることの証明となり,元素分析の結果を論文に記載する際の条件にもなっています.理論値

の計算には，最新の原子量を用いることが望ましいでしょう．

測定精度の向上と各原子の全天然存在量予測の変動により，同位体存在比の値が変動します．そのため，国際純正・応用化学連合（IUPAC）の下部組織の原子量および同位体存在度委員会（CIAAW）により定期的に「原子量表」の改訂が行われ，それが発表されます．この原子量表に掲載されている原子量が「標準原子量」と呼ばれています．その改訂は隔年で行われ，奇数年に発表されています．日本化学会原子量小委員会はこの表をもとに原子量表を作成し，日本化学会会誌「化学と工業」4月号で毎年発表しています（本書の裏見返しに掲載）．

Question 2.19

分析結果を，小数点以下 2 桁表示にするのはなぜですか？

Answer 2.19

有機元素分析では，分析結果を小数点以下 2 桁を表示することが習慣的に行われてきました．

以下の文献に，これに関する記載があります．

・入谷信彦，大野武男，"解説薬品定量分析，第 2 版"，南江堂（1974）．ここには，「$\sigma/3$ で丸める」とあります．
・藤森利美，"分析技術者のための統計的方法，第 2 版"，p. 39，丸善（2000）．
・田口玄一，「品質管理」，2，pp. 442-448（1951）．
・M. Hamaker：ISO/TC69/GTB（Pays Bas 6）68 E, "The determination of the repeatability and reproducibility"（1974）．

田口の方法を有機微量元素分析に適用した例を以下に示します．田口の方法を要約しますと，「分析精度 σ が大体分かっている時，$\sigma/3$ の値が n 桁ならば，それより 1 桁小さい桁で丸めれば良い」となります．

有機微量元素分析で，

$\sigma_C = 0.10\%$ $\sigma/3 = 0.03$ C = 71.089% → 71.09%
$\sigma_H = 0.06\%$ $\sigma/3 = 0.02$ H = 6.712% → 6.71%
$\sigma_N = 0.10\%$ $\sigma/3 = 0.03$ N = 10.363% → 10.36%
$\sigma_O = 0.15\%$ $\sigma/3 = 0.05$ O = 11.836% → 11.84%

となりますので，小数点以下 2 桁の表示でよいと説明できます．

Question 2.20

分析誤差±0.3% 以内という判定基準の根拠は何でしょうか？

Answer 2.20

ある試料を分析して，予想される化学構造から計算される理論成分含有率に対

して，どの程度はずれていてもかまわないかの限界を許容誤差といい，有機微量元素分析では，古くから±0.30%を許容誤差とする習慣があります．

この判定基準は，プレーグル（Pregl）時代の1分析1時間という手分析の時代にできたもので，当時はこれがぎりぎりの最高精度であったと思われます．3～5 mgのひょう量で±0.30%以内の誤差に維持するのは難しく，熟練者が10回分析して6～7回は範囲に入る程度であったといわれています．

また，例えばステアリン酸とオレイン酸において，炭素含有率で0.55%，水素含有率で0.62%の差しかないので，このように元素組成の近接した化合物の判定法として，許容誤差±0.30%が要求されていました．

一世紀も前につくられたこの基準を今もずっと受け継いでいますが，現在は分析装置の自動化によって精度が向上しているので，許容誤差を±0.20%としてはどうかという意見があります．

しかし，当時は信頼限界が68%（1σ）のときの許容誤差±0.30%で，現在は95%（2σ）範囲での許容誤差±0.30%であることを比較して考えますと，それほど甘い判定基準になったとはいえません．最近は分析試料の微量化が望まれるため，旧来の3～5 mgから1～2 mgの試料量を用いることが多くなり，誤差は相対的に増加しています．

許容誤差を±0.20%以内に設定しますと，それ以上の誤差が検出された試料は異なった構造の化合物，あるいは精製不十分な化合物という判定をしなければなりません．しかし，実際にはどのような物質でもある程度の誤差を含んでいますので，判定基準を厳格にすることで，かえって合成の終結を遅らせ，実験の進行を妨げることになりかねません．不必要な排除を防ぐという意味でも，有機微量元素分析の許容誤差は今まで通り±0.30%が適正と判断されます．

ただ，グラファイトなどのように炭素含有率が100%のもの，あるいは窒素含有率が50～60%と非常に多いものでもこの基準でよいかという問題もありますので，多少は状況に応じて検討する必要があると思われます．

【参考文献】
1) ヤナコ分析工業技術グループ編，"CHN コーダーの素顔"（1993）．
2) CHN ネットフォーラム（http://www.j-sl.com/chn/main.html），微量分析解説記事「5. 分析値の信頼性」．

Question 2.21

測定者の**安全確保のための保護具着用**について教えて下さい．

Answer 2.21

依頼試料には，薬理活性，毒性の有無，かぶれの誘発性などの確認ができないものがかなりあると思われます．危険性や有害性を確認せずに，何気なく測定作業をしていると，とんだことになりかねません．自分の身は自分で守ることが基

本原則です．サンプリング前後に，うがいと手洗いを励行することが必要です．
次のキーワードでインターネット検索して，自分に合った保護具を探すとよいでしょう．

　保護めがね，ディスポ防塵マスク（活性炭入り），サニメント手袋，ディスポ指サック

ラテックス製手袋の着用で，発疹やかゆみなどの皮膚症状の出る人は，非ラックス製（クロロプレンゴム製）がありますのでそれを使用するとよいかもしれません．また，手袋は蒸れやすいので，簡便法として指サックを使うのも一つの対策です．指サックにはクリーンルーム用のノンパウダーのもの，またノンラテックス品などもあります．よく使う両手3本指（親指，人差し指，中指）につけるとよいでしょう．

Question 2.22
CHN元素分析についてわからないことが出てきたとき，相談するところはありますか？

Answer 2.22

分析をしていてどうすればよいかわからなくて困ったとき，すぐに相談できるところがあると心強いものです．まず，同じ勤務先・所属大学などの上司や先輩に聞くのが手っ取り早いですが，そういう人がいない場合は，使用装置メーカーのサービスマンや技術者に連絡して教えてもらうとよいでしょう．

日常分析の問題点を質疑応答形式で気軽に話し合う会として，有機微量分析ミニサロン（関西地区主催），元素分析技術研究会（関東地区主催）という分析技術者の勉強会が年1回開催されていますので，参加して質問してみるとよいでしょう．参加者の年代がベテランから初心者まで幅広く，元素分析従事者の交流の場としてもたいへん有意義な会です．有機微量分析ミニサロンでは，ホームページ（http://boc.kuicr.kyoto-u.ac.jp/~hirano/minisalon/）やメーリングリストも開設されていますので，情報収集やトラブルの相談に活用できます．

また，日本分析化学会（http://www.jsac.or.jp/）に所属しますと，各支部主催の講習会に参加できますので，数は少ないですが元素分析関連の講習会に参加して情報を得ることもできます．

有機微量分析研究懇談会（http://www.apchem.metro-u.ac.jp/microganic/）に所属しますと，年1回開催されるシンポジウムの案内や会報，過去のシンポジウム講演要旨集などを入手できます．また，シンポジウムでは，元素分析に関する講演や口頭発表，ポスター発表が行われ，さらに装置メーカーの商品展示や説明も行われます．この研究懇談会は非常にアットホームで会員どうしのつながりが親密ですで，元素分析についてわからないことを詳しく教えてもらうことができます．このような会にも参加して面識を増やしておくことは，これからも元素分

析を行っていくうえで役にたつことでしょう．

相談する際に大切なことは，どういうことが起きているのか，順調に分析できるときとどこが違っているのかを詳細に伝えられるようにすることです．そのためには，毎日の結果を記録に残すことが重要です．分析条件，標準試料，ベース値，検出感度などを毎日記録し，安定な状態のときの値を把握しておくと，トラブルの発生を早く発見することができ，原因究明がしやすくなります．その過程も詳細に記録しておくと，次トラブルが発生したときに迅速な対応ができます．

さらに，インターネットを利用したり，図書を調べたりして，元素分析に関する知識を積極的に習得する努力も大切です．

Question 2.23

感度係数とは何ですか？

Answer 2.23

本文の中で述べている感度係数とはキャリブレーションと同様の意味で，既知の標準試料を測定して，標準試料中の検出成分濃度と検出器から得られる出力値の関係から未知試料の濃度を求めるための数値です．CHN元素分析計で用いられる感度係数には以下のものがあります．

1) 検量線法：
① 直線法（$Y = ax$ または $Y = ax + b$）
　　　一点測定し原点と結ぶ直線
　　　数点測定して補間する直線
② 多項式法（二次式から四次式が用いられ，1から数種類の標準試料について，その測定質量をかえて10点以上測定して多項式の検量線を作成します）

2) Kファクター法
一点検量線と同等，測定する試料の重さを変えても感度が一定条件となる場合に用います．ファクターの単位は(μg／カウント)または（カウント／μg）となります．

多項式の検量線を用いる場合，測定日ごとに作成することは非現実なため，1から数点の標準試料を測定し，測定成分ごとに検量線からのずれを補正するためのファクターを求めます．このファクターのことをデイリーファクターといいます．デイリーファクターを用いる場合は，検量線の感度変動が一律に変動することが予め分かっていることが前提です．

3. ハロゲン・硫黄

はじめに

　新しい活性,あるいは機能性を期待して新規な有機化合物や有機材料が開発されている.これらはハロゲンや硫黄などのヘテロ元素を含むものが多い.これら有機化合物におけるハロゲン(F, Cl, Br, I)および硫黄の分析は,CHN分析に比較して手間と緻密さが必要な分析法であるが,その必要性は年々増加する傾向にある.日本薬局方では一般試験法の中に酸素フラスコ燃焼法が収載され,これは医薬品各条に定めた原薬(有機化合物)中のハロゲンおよび硫黄の確認または定量法として重要な測定方法である.酸素フラスコ燃焼法は1960年頃にわが国に導入され,その後多くの先人たちにより検討され,それらの成果をもとに日本薬局方原案が作成された.最近では,測定手段の大勢が重量法や滴定法からイオンクロマトグラフ(以下,IC)法へと移行している.しかし,IC法はJISをはじめ多くの公定法に採用されているものの,2007年時点でまだ日本薬局方に収載されていないため,医薬品を中心としたGLP/GMPなど法規制に対応する場合はIC法ではなく,現行の日本薬局方に準拠した測定を行っている.

　近年,環境意識の高まりからプラスチック廃棄物,リサイクル品,汚染土壌などの安全性に多くの関心が寄せられている.有害性の原因とも考えられる有機ハロゲン化合物などは国際的にも様々な規制がはじまっており,有機ハロゲンや硫黄を高精度で簡便に一括分析することが求められている.欧州規制のWEEE(廃電機電子機器)/RoHS(特定有害物質の使用制限)指令はその代表的なもので,2006年7月以降,重金属に加えて臭素系難燃剤(現在2種類)の使用が制限され,その測定方法として,燃焼分解装置とIC法を組み合わせた装置の活躍が期待されている.

　本章では,ハロゲン,硫黄分析について,分析法の原理,試料の前処理および定量操作,装置の特徴など順を追って概説する.

3.1 原　　理

　ハロゲンおよび硫黄の測定は,表3.1で示すようにイオンクロマトグラフ法,

表 3.1 ハロゲンおよび硫黄分析の概略

はかり取り操作	燃焼分解・酸化	還 元	分 離	検 出
【試料の形状】 固体，液体，気体 【試料の性質】 吸湿，昇華，気化，空気不安定など 【妨害元素】 金属，非金属	燃焼分解 酸素との酸化反応 金属触媒による酸化反応 硫化物の酸化 （CHNS分析のみ）	ハロゲンオキソ酸のハロゲンイオンへの還元	分離カラム法 （イオンクロマトグラフ法） 電気泳動 特定波長の選択 滴定溶液の選択	電気伝導度法 紫外線吸収法 蛍光X線法 発光分析 重量法 滴定法

蛍光X線分析，滴定分析，ICP発光分析など様々な方法がある．有機微量元素分析で要求される精度よい値を得るには，操作を簡潔化にして誤差要因をつくらないことが重要である．そのためには，試料を前処理せずに直接測定することが望ましいのだが，現状の測定機器ではこの要求を満たすことは難しい．そこで，試料を燃焼分解して有機態のハロゲン，および硫黄を無機態に変換し，分子構造や有機物に起因する誤差要因を取り除き，吸収液に捕集する．吸収液中の化学種は測定法に合わせて酸化または還元反応を行った後，各成分を分離・検出して試料中の含有率（%）を求める．以下，分解および検出方法について述べる．

3.1.1 分　　解

試料を酸素ガスとともに燃焼分解すると，ハロゲンはハロゲン化水素やハロゲンガスまたはハロゲンのオキソ酸や酸化物などを生成し，硫黄は硫黄酸化物を生成する．試料を構成する有機物は炭素酸化物，水，窒素酸化物になる．

$$\left\{\begin{array}{l}\text{ハロゲン}\\ \text{硫黄}\\ \text{炭素，窒素，水素}\end{array}\right. \xrightarrow[\text{酸素}]{\text{燃焼}} \left\{\begin{array}{l}\text{ハロゲン化水素，ハロゲン分子，ハロゲンのオキソ酸・酸化物}\\ \text{硫黄酸化物}(SO_x)\\ \text{炭素酸化物，窒素酸化物，水など}\end{array}\right.$$

ただし，フッ素とヨウ素については以下の注意が必要である．

1) フッ素の燃焼分解にガラス製分解容器を用いると，分解生成物のフッ化水素がガラス成分のケイ素やホウ素と反応して，フッ化ケイ素（SiF_n）やフッ化ホウ素（BF_n）を生成し，フッ化ケイ素は水溶液中容易に解離するので問題ないが，フッ化ホウ素は検出に影響が出る場合がある．この反応を抑制するには，分解時の雰囲気に一定量以上の水分を含ませることや，フッ化ケイ素と反応を起こしにくい石英製器具を使用する．

$$F \longrightarrow HF \longrightarrow SiF_n, BF_n$$

2) ヨウ素は燃焼分解すると，ヨウ化水素以外にヨウ素酸（IO_3）やヨウ素分子（I_2）を生成する．

$$I \xrightarrow{\text{燃焼}} HI, IO_3, I_2$$

検出器に導入する前に，ヒドラジンなどの還元剤を用いて，ヨウ素酸およびヨ

ウ素をすべてヨウ素イオンにして測定する．

$$IO_3, I_2 \xrightarrow{還元剤} H^+ + I^-$$

　高い精度の分析を行うためには測定試料を完全に分解して，測定に適した溶液化を行うことが重要であり，現在に至るまでに封管密閉分解，燃焼管分解法，酸素フラスコ燃焼法，酸水素炎法，ボンブ法など多様な分解方法が開発されてきた．以下，分解方法について解説する．

a. 封管密閉分解

　1860年カリウス（Carius）により微量分析用に開発された方法で，封管中で硝酸の酸化分解能力を利用した湿式分解法である．すなわち，ガラス容器に試料と酸化剤（硝酸や酸素）を入れて密閉し封管する．この封管を加熱して，試料を分解する方法である．

（i）カリウス法

　片側を閉じたガラス試料管の中に，試料と硝酸銀（$AgNO_3$）または塩化バリウム（$BaCl_2$）を入れた後，酸化剤として発煙硝酸を加える．ガラス試料管の開口部をガスバーナーで溶融して封管する．これを600℃程度の加熱炉の中に挿入する．ガラス管内部では，高温と硝酸蒸気による分解反応が進行する．分解に続きハロゲンは硝酸銀と反応してハロゲン化銀を，硫黄は塩化バリウムと反応して硫酸バリウム（$BaSO_4$）を生成する．分解終了後に封管からハロゲン化銀または硫酸バリウムを取り出し，その重量を測定してハロゲン，硫黄の含有率（％）を求める．ただし，硫黄の測定に塩化バリウムを用いるため，塩素と硫黄を両方含む試料は測定できない．

$$\begin{array}{l}\text{ハロゲン (X)} + \text{硝酸銀 (}AgNO_3\text{)} \\ \text{硫黄 (S)} + \text{塩化バリウム (}BaCl_2\text{)}\end{array} \xrightarrow[\text{発煙硝酸}]{\text{加熱}} \begin{array}{l}\text{ハロゲン化銀 (AgX)} \\ \text{硫酸バリウム (}BaSO_4\text{)}\end{array}$$

（ii）封管法

　片側を閉じた外径約11 mmの石英製試料管に試料を入れ，酸化剤として酸素ガスを封入した後，試料管の開口部を溶融して密閉する．この試料管を700℃の加熱炉に1時間ほど挿入して，燃焼分解する．封管内の試料は，熱分解と酸素により完全分解する．分解後ビーカーに吸収液を入れ，この溶液中で封管の片端を破ると，封管内部が減圧状態のため吸収液が封管内部に吸い上げられ，内壁に付着している目的元素の分解物を溶解する．洗浄器具を用いて封管内部を洗浄し，ハロゲン，硫黄を吸収液に捕集する．

b. 燃焼管分解法

　燃焼管分解法は，試料を燃焼管内で酸素により燃焼分解するもので，試料燃焼部と分解ガス吸収部で構成される．本分解法はブランクがなく自動化が容易なため，イオンクロマトグラフ法や滴定法と組み合わせた測定法が開発されている．

（i）試料燃焼部

　試料を加熱すると，融解や熱分解を経て分解ガスを生成する．この分解ガスを

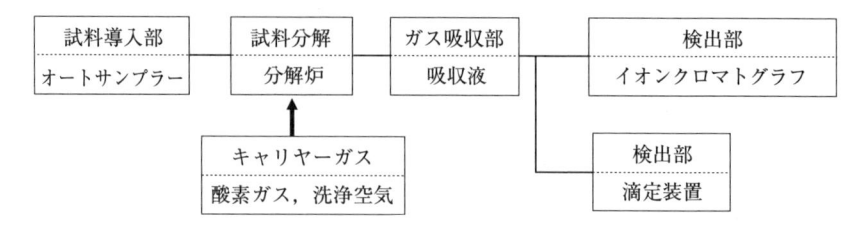

```
┌─────────────┐  ┌─────────┐  ┌─────────┐  ┌─────────────────┐
│ 試料導入部  │→ │試料分解 │→ │ガス吸収部│→ │    検出部       │
│オートサンプラー│  │ 分解炉  │  │ 吸収液  │  │イオンクロマトグラフ│
└─────────────┘  └─────────┘  └─────────┘  └─────────────────┘
                      ↑                    ┌─────────────────┐
                 ┌─────────┐               │    検出部       │
                 │キャリヤーガス│            │   滴定装置      │
                 │酸素ガス,洗浄空気│         └─────────────────┘
                 └─────────┘
```

図 3.1 燃焼管分解法概略

900℃以上の温度で酸素と反応させて,酸化分解する.試料が完全分解した場合,ハロゲンは遊離ハロゲンやハロゲンオキソ酸を生成し,硫黄は二酸化硫黄(SO_2)および三酸化硫黄(SO_3)を生成する.

$$\text{ハロゲン} + O_2 \longrightarrow \text{遊離ハロゲン, ハロゲン酸素酸}$$
$$S + O_2 \longrightarrow SO_2, SO_3$$

二酸化硫黄は燃焼分解ガス中の二酸化窒素と酸化還元反応して,三酸化硫黄と一酸化窒素を生成する.

$$SO_2 + NO_2 \longrightarrow SO_3 + NO$$

二酸化硫黄と三酸化硫黄は,次式のような平衡反応を保つ.

$$2SO_2 + O_2 \rightleftarrows 2SO_3$$

(ii) 分解ガス吸収部

イオンクロマトグラフ法や滴定法の前処理として利用する場合は,分解ガスを吸収溶液中に通気して,ハロゲン化物および硫黄酸化物を溶液中に吸収する.

二酸化硫黄と三酸化硫黄は,キャリヤーガスに添加した水や吸収液と反応して,亜硫酸または硫酸を生成する.

$$SO_2, SO_3 + H_2O \longrightarrow H_2SO_3, H_2SO_4$$

亜硫酸は,吸収液に添加した過酸化水素(H_2O_2)と反応して硫酸を生成する.

$$H_2SO_3 + H_2O_2 \longrightarrow H_2SO_3 \text{ または } H_2SO_4$$

燃焼管分解法は,用いる装置により最適なキャリヤーガス流量および酸素添加量,分解温度,ガス吸収方法などが異なるが,上記の分解反応は同じである.

燃焼管分解法とイオンクロマトグラフ法を組み合わせて,分解ガスを効率よく吸収し1試料約15分で測定できる分析装置が,ヤナコ(株)や三菱化学で開発されている.

一方,加熱銀吸収法は分解ガス中のハロゲンおよび硫黄酸化物を加熱した銀と反応させてハロゲン化銀や硫酸銀として捕集し,その質量を計測して試料中の含有率(%)を求める.

c. 酸素フラスコ燃焼法

本法は1892年,ヘンペル(Hempel)が石炭および有機化合物中の硫黄の定量をマクロ法で行ったのがはじまりで,その後シェニガー(Schöniger)がミクロ法によるハロゲン,硫黄の定量を完成させたことから,シェニガーの酸素フラスコ燃焼法として広く利用されている.分解は,図3.2に示したフラスコ(A)と白金製かご(B)を取り付けた栓(C)を組み合わせて使用する.試料を旗型にカッ

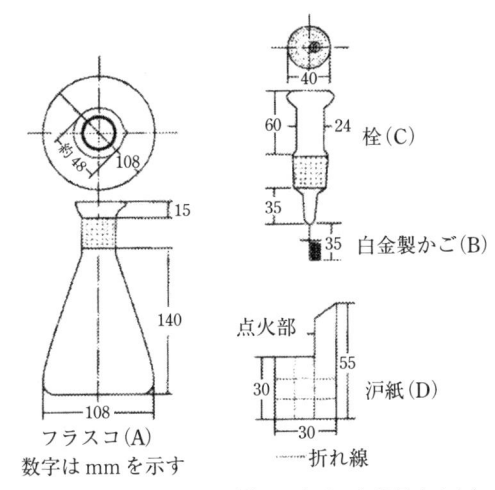

図 3.2 酸素燃焼フラスコ（第16改正日本薬局方より）

トした沪紙（D）に包み込み，これを栓に取り付けた白金製かごに収納する．フラスコ内部を酸素で満たした後，沪紙の先端部に着火し，素早く栓をフラスコに挿入して密閉する．試料を包んだ沪紙は，フラスコ内の酸素と反応して瞬間的に燃焼分解する．このときの分解温度は1,000℃以上といわれている．燃焼分解ガス中のハロゲン，硫黄は，あらかじめフラスコ内に入れておいた吸収液に，ハロゲン化物や硫黄酸化物として回収する．吸収液は，測定元素に合わせてあらかじめ酸化剤や還元剤を加えておく．本吸収液を測定して，ハロゲンおよび硫黄の含有率（％）を求める．

本法は，簡単・安価・迅速な操作で微量から小量までの幅広い試料量を燃焼分解することができる．吸収液の組成により測定値が大きく異なることがあるため試料に応じて，多様な組成の吸収液が検討されている．分解生成物の二酸化炭素，窒素酸化物，ハロゲン化水素，硫黄酸化物が吸収液に吸収されると，炭酸や硝酸および硫酸を生じ液性は酸性側に傾く．測定元素をイオン化させるには，吸収液中の対イオンは水素よりナトリウム（Na）がよいため，液性をアルカリ性にする．さらに，硫黄の測定では硫黄酸化物をすべて硫酸イオンにするため，過酸化水素（H_2O_2）を添加する．

硫黄は燃焼分解して二酸化硫黄（SO_2）を形成する．

$$S + O_2 \longrightarrow SO_2$$

吸収液の水と反応して亜硫酸を生成する．

$$H_2O + SO_2 \longrightarrow H_2SO_3$$

さらに，吸収液に添加した過酸化水素と反応して硫酸を生成する．

$$HSO_3 + H_2O_2 \longrightarrow H_2SO_4$$

有機物試料の燃焼に伴う生成物と定量形態の関係を次に示す．

		〈分解生成物〉	〈吸収液〉	
有機ハロゲン	燃焼 → O_2	HX, X_2	X^-	（X：ハロゲン）
有機硫黄		SO_2, SO_3	SO_4^{2-}	

d. 酸水素炎法

酸素と水素を反応させ，約2,700℃の高温の酸水素炎を生成する．この炎中に試料を導入して，燃焼分解させる方法である．

$$2\,H_2 + O_2 \longrightarrow 2\,H_2O + 572\,kJ$$

キャリヤーガスに酸素と水素を用い，これを試料分解に用いるため，水と分解物が生成する．分解物中のハロゲンまたは硫黄酸化物を，過酸化水素水に吸収させる．硫黄の測定法として，生じた硫酸の量を容量法または比濁法で求める日本工業規格（JIS）の K 2541（原油及び石油製品硫黄分試験方法）がある．本法は，開発者の名をとってウィックボルド法（Wickbold method）と呼ばれている．水素を使用するため，取扱いには細心の注意が必要である．

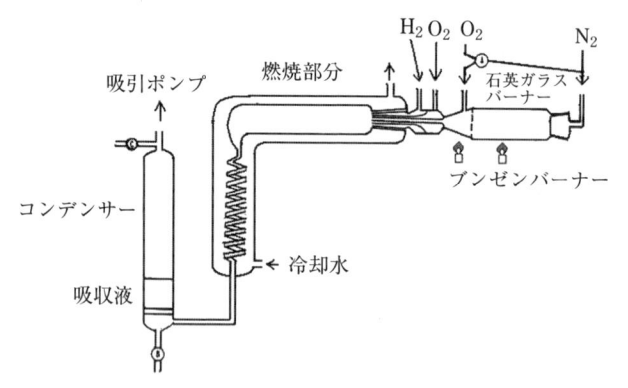

図 3.3 酸水素燃焼分解装置

e. ボ ン ブ 法

ボンブ法（Bomb method）は，酸素を圧入したボンベ（ステンレス製の耐圧容器）の中で試料を燃焼分解し，あらかじめ容器内に入れておいた吸収液にハロゲンおよび硫黄をハロゲン化物や硫酸塩として回収する．吸収液は水またはアルカリ水溶液を用い，硫黄の測定には過酸化水素を添加する．分解反応の原理は，酸素フラスコ燃焼と同じである．

3.1.2 溶 解 法

測定試料が水または有機溶媒に完全に溶解する場合，分解法を用いずに直接測定試料を水，または有機溶媒に溶かして測定すると，分解法と同等の測定結果を得ることができる場合がある．測定可能な例として，試料が塩酸塩の場合，溶液中で塩酸が遊離して塩化物イオンとして存在するため，これを測定する．有機溶媒の使用は滴定法に限定される．イオンクロマトグラフ法に応用する場合は，純水または溶離液で試料を溶解し，分離カラムを保護するために，試料溶液はあらかじめ陽イオン交換前処理カートリッジおよび沪過フィルターを通して，測定イオン以外の成分を除去してから測定する．

3.1.3 分離/検出
a. イオンクロマトグラフ法

イオンクロマトグラフ（IC）法は，固定相としてイオン交換体やODSシリカゲルを充填した分離カラムに，溶離液として電解水溶液を流し，そこに測定イオンを含む試料溶液を注入する．イオン成分は，イオン交換体に対する親和力の強弱，イオンの価数，イオン半径などにより，カラム内で展開・溶離され分離される．分離されたイオン成分はサプレッサーを経て，電気伝導度の変化を検出するなどしてイオンクロマトグラムを得る．イオンクロマトグラフ法の特徴であるサプレッサーは，溶離液のバックグラウンドを低減させて，高感度化をはかるものである．

検出は電気伝導度検出器，電気化学検出器，分光光度検出器または蛍光検出器が用いられる．JISではK 0127（2001）「イオンクロマトグラフ分析通則」に規定されている．

IC法は，1975年にDow Chemical社のH. Smallらによって環境分析用として開発された．有機元素分析への応用は早い時期から検討され，日本薬局方の酸素フラスコ燃焼法と組み合わせて，ハロゲンおよび硫黄などのイオン分離定量手段として使用されるようになった．従来の分析法では難しかったハロゲンおよび硫黄の一斉同時測定ができ，試料注入量が小さいため繰返し測定できるなどの利点により，日常分析法としてその地位を確立している．

（ i ） イオンクロマトグラフの構成

ICは，溶離液，送液部（ポンプ），試料注入部（インジェクター），分離カラム，サプレッサー，検出部，記録部で構成される．また，必要があればカラム恒温槽，グラジエント装置，溶存ガス除去装置などの付属装置を用いる．

溶離液は，炭酸ナトリウム・炭酸水素ナトリウム混液，水酸化ナトリウム溶液，ホウ酸塩溶液などの塩基性溶液を用いる．分離カラムはイオン交換体または非極性のシリカゲルを充填し，イオン交換体充填剤には表面被覆型（ラテックス型）と多孔性化学結合型がある．非極性シリカゲルは通常ODS（C_{18}；オクタデシルシリル化シリカゲル）カラムによるイオン対法が用いられ，紫外吸光度検出法と組み合わせて，有機ヨウ素や有機臭素を高感度で選択的に定量する方法がある．

（ ii ） サプレッサーの役割

サプレッサーは，電気伝導度検出法を用いる際にイオン交換反応を利用して，カラムで分離したイオン種成分の検出を損なうことなく，バックグラウンドの電気伝導度を低減させて高感度化する装置である．炭酸ナトリウム（Na_2CO_3）を溶離液とした陰イオンの分析の場合，サプレッサーは溶離液中のナトリウムイオンと水素イオンを交換して，溶離液を炭酸（H_2CO_3）に変える．炭酸は解離せず分子として存在するため，電気伝導度はゼロに近い値になる．さらに，試料と対イオンをなすナトリウムも，サプレッサーで水素に交換され酸型になることから，陰イオンの対イオンがモル電気伝導率の大きな水素イオン（H^+）に変換され，試料ゾーンにおける電気伝導率が増加する．このように，溶離液の電気伝導率が極

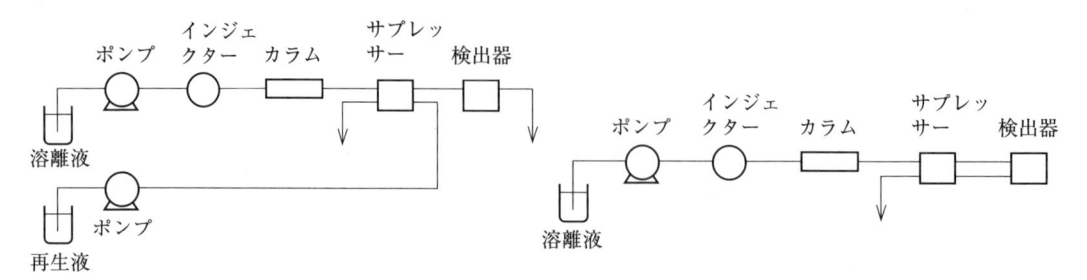

図 3.4 化学的（左）および電気的（右）サプレッサー方式を用いるイオンクロマトグラフの流路の一例

端に低減され，対象イオンの電気伝導率が増加することにより，高感度検出が可能になる．

サプレッサーには，イオン交換膜またはイオン交換樹脂などが用いられる．イオン交換膜およびイオン交換樹脂は再生が必要であり，再生方法には化学的や電気的サプレッサー方式がある．

イオン交換膜型サプレッサーは，イオン交換膜によって隔てられた二つの流路の一方に除去液を流し，他方には溶離液を流す．溶離液中の除去すべきイオンを，再生液側の流路に透析して除去する．透析は電気的または化学的に行う．

カラム除去型サプレッサーは，イオン交換カラムに溶離液を流して除去すべきイオンをカラムに吸着させ除去する．通常，除去カラムの再生は化学的に行う．

（iii）定量計算

検出器より得られたクロマトグラムから，面積または高さに関するピーク強度を求める．あらかじめ作成したピーク強度と濃度の検量線から測定成分の濃度を算出し，含有率（%）を求める．

吸光度検出法では，濃度とピーク面積の間に直線性が成立するが，電気伝導法の場合，検量線の直線性が得られにくく，原点を通らない場合が多い．これは分析対象イオンだけでなく，電気伝導度セル内に存在するすべてのイオンの電気伝導度を検出していることに起因すると考えられる．

検量線は，無機イオン種を含む標準溶液のクロマトグラムから作成する方法が簡便であるが，元素分析に要求される精度を確保するには，前処理に起因する諸々の誤差要因を相殺することが望ましく，このため有機標準試料を用いて燃焼分解操作を行い，標準試料中に含まれるハロゲン，硫黄量に基づいた検量線を作成する方法が用いられる．

b. キャピラリー電気泳動法

キャピラリー電気泳動にはいくつかの分離モードがあるが，ハロゲンなど無機イオンの測定には，キャピラリーゾーン電気泳動法を用いる．フューズドシリカ製の中空キャピラリーに緩衝液を満たし，その片端から極微量の試料を注入する．両端に $10 \sim 30 \, \text{kV}$ の高電圧を印加する．このとき目的とする陰イオン（ハロゲンイオン，硫酸イオン）は次のように分離される．キャピラリー内面のシラノール基（$\equiv \text{Si}-\text{OH}$）は，充填された緩衝液（通常アルカリ性）の pH に応じて解離し（$\equiv \text{Si}-\text{O}^- + \text{H}^+$），キャピラリー内表面およびこれと接する緩衝液との間に

3.1 原　　理

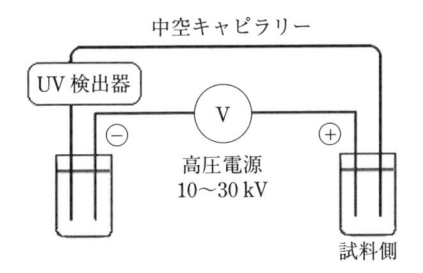

```
         中空キャピラリー
  ┌──────────────────────┐
UV検出器   Ⓥ
  ⊖     高圧電源    ⊕
       10～30 kV
                    試料側
```

図 3.5　キャピラリー電気泳動

電気二重層が形成される．ここに高電圧が印加されると，キャピラリー内に陽極から陰極に向けての液体の流れ（電気浸透流）が発生する．また目的とする陰イオンはその電荷，イオン半径により異なった移動度で陽極側へ移動する（電気泳動）[*1]．検出は紫外吸光度法（UV）を用いる．臭素とヨウ素は紫外部吸収があり，フッ素，塩素，硫酸イオンは紫外部吸収がない．ハロゲンおよび硫黄を同時測定するためには，泳動緩衝液に紫外部吸収物質を添加し，試料イオンの検出部通過時の吸収の減少をモニターする，いわゆる間接吸光検出法を使用する．IC法に比べ分離時間が短い特徴がある反面，検出感度が低く，ベースライン安定性および注入精度が低い．有機微量元素分析に用いる場合は，リン酸などを内標準イオンとして加えて測定する．定量は，エレクトロフェログラムのピーク強度を用いて行う．

c. 滴　定　法

測定成分を含む溶液に何らかの化学反応を起こす溶液を滴加していき，反応が終了するまでに要した滴加液量を測定する容量分析である．日本薬局方による滴定法は医薬品ごとに試料採取量，溶解溶媒，標準液，終点検出法，標準液1mL当たりの被滴定物質の当量（mg）などが記載されている．滴定法には，以下の方法がある．

（ⅰ）中和滴定

酸塩基滴定ともいわれ，酸と塩基の定量的な中和反応を利用する方法である．酸の試料には塩基を，塩基の試料には酸の標準液を滴加して，中和するまでの溶液量から試料の濃度を求める．滴定終点の（通常は当量点に一致）検出手段として，pH指示薬を用いる方法とガラス電極を用いる電位差滴定法がある．pH指示薬は，終点近くのpHにpK_aをもつ色素で鋭敏に色調の変化するものを選ぶ．

（ⅱ）沈殿滴定

沈殿の生成反応の完了を滴定の終点とする滴定法を，沈殿滴定という．終点の判定には，指示薬による変色や電位差を利用する．

硝酸銀を用いて塩素を測定する場合，硝酸銀は塩素と反応して塩化銀の白色沈殿を生じるが，この反応だけでは，沈殿が生成した終点を判定することができない．そこで，クロム酸カリウムを指示薬として添加する（モール法）．クロム酸

[*1] 通常，電気泳動移動度よりも電気浸透流の方が大きく，結果として陰極側で陰イオンが検出される．

イオンと塩素イオンが同時に存在すると，硝酸銀は塩素イオンと優先的に反応し塩化銀の沈殿を生じる．測定溶液中の塩素イオンがすべて硝酸銀と反応すると，それ以後加えた硝酸銀はクロム酸イオンと反応し，赤褐色のクロム酸銀の沈殿を生じるので，この赤褐色沈殿が生成しはじめたときを終点とする．

(iii) 光度滴定

キレート試薬などの指示薬を用いて，吸光度の変化から終点を求める．硫黄由来の硫酸イオンの測定では，アルカリ土類金属に対して酸性で鋭敏に変色するアルセナゾ-Ⅲを用いる．硫酸を含む溶液にバリウム標準液を滴加し，硫酸バリウムの沈殿を生成させる．滴定終点をすぎると過剰となったバリウムとアルセナゾⅢが反応して変色する．この過程を吸光度計で測定し，滴定量から濃度を求める．排ガス中の硫黄酸化物の分析方法として，JIS K 0103 などに採用されている．

(iv) 電位差滴定

硝酸銀による塩素，臭素，ヨウ素のハロゲンイオンの測定がある．試料溶液に電極を浸し，滴定溶液を滴加して試料溶液中の目的化合物の濃度を変化させながら電極の電位差を測定し，濃度（正しくは活量）に関する情報を得る分析法である．電位差の値は，溶液に浸した，対になる参照電極と基準電極の間の電圧を測定する．参照電極としては，銀・塩化銀電極，飽和カロメル電極などを用いる．

(v) 電量滴定

クーロメトリーともいわれ，塩素イオンの測定に用いられる．試料液（電解液）の塩化水素（塩素イオン）に，電量的に発生させた銀イオンを反応させて滴定する．電解液中の塩化銀（AgCl）の溶解度積は一定なので，Ag^+を補うべく Ag 板から Ag^+ が溶出する．この銀イオンを発生させる際に要した電気量を求め，ファラデー（Faraday）の法則から試料中の塩素量を求める．

$$Ag \longrightarrow Ag^+ + e^- \quad \text{（電解）}$$
$$HCl + Ag^+ \longrightarrow H^+ + AgCl \quad \text{（滴定）}$$

d. 吸光光度法

標準試料と未知試料を燃焼分解して得た溶液に発色用試薬を加え，それぞれの吸光度を測定し，測定元素の濃度と吸光度の関係から定量する．例として，アルフッソン試薬を用いたフッ化物イオンの測定があり，上水試験法や多くの公定法でも採用されている（工業用水試験方法 JIS K 0101，排ガス中フッ素化合物分析方法 JIS K 0105 など）．アルフッソン試薬とは，アリザリンコンプレクソン-ランタン（ALC-La）錯体で，ALC-La 錯体は F^- と特異的に反応して複合配位子錯体を形成し，620 nm 付近に吸収極大を与える．試料が塩素を含む場合でも，比色定量時の pH が中性であれば定量可能であるが，リン酸，硫酸イオンは測定に影響を与える．

e. 加熱銀吸収法

試料を燃焼分解し，生成したハロゲンおよび硫黄酸化物を銀粒と反応させ，ハロゲン化銀および硫酸銀として捕捉し，その重量変化から試料中のハロゲン，硫

黄量を求める．装置を図 3.6 に示す．燃焼管に白金板を詰め，キャリヤーガスとして高純度酸素を用いる．燃焼管出口部分にハロゲンおよび硫黄を捕集するための，銀を充塡した石英製の吸収漏斗を取り付ける．

酸素ガスを流した燃焼管中で試料を完全燃焼させて，ハロゲンを遊離ハロゲンまたはハロゲン化物に，硫黄を二酸化硫黄（SO_2）または三酸化硫黄（SO_3）にする．

二酸化硫黄と三酸化硫黄は，下記のような平衡状態で存在する．

$$2\,SO_2 + O_2 \rightleftarrows 2\,SO_3$$

ハロゲンまたは硫黄を含む燃焼分解ガスを，銀（粒状または線状）を充塡した石英製の吸収漏斗中に導入する．フッ素を除くハロゲンは銀と反応してハロゲン化銀に，硫黄は硫酸銀になって吸収管内に捕捉される．三酸化硫黄は銀表面で酸素と反応し硫酸銀を形成するため，上式の平衡が右に傾き，最終的に硫黄酸化物はすべて硫酸銀になる．

$$SO_3 + 2\,Ag \xrightarrow{O_2} Ag_2SO_4$$

分解終了後に吸収漏斗をひょう量し，増量分を求める．増量分は試料中のハロゲンまたは硫黄酸化物に相当するため，試料量で除算しハロゲンまたは硫黄の含有率（重量％）を得る．

銀のハロゲン吸収能力を図 3.7 に示す．温度によりハロゲンの吸収能力が異なるため，測定には吸収漏斗の温度管理が重要となる．

試料がハロゲンと硫黄を両方含む場合，酸化コバルトを充塡した硫黄用吸収漏斗と，ハロゲンを吸収するための銀を充塡した吸収漏斗を連結させて測定する．分解ガス中の硫黄は，酸化コバルトと反応して硫酸コバルトとして捕捉する．ハロゲンは酸化コバルト層を通過した後，ハロゲン用吸収漏斗の銀と反応して，ハロゲン化銀として捕集し分離・定量する．

測定試料中に Na, K, Ca, Mg, S, Se, O, Ag, V, W, Mo, Co, Cu, Hg などの元素が含まれる場合，ハロゲン化物や硫化物を生成して定量を妨害する．これら妨害元素のうち，アルカリ金属や一部金属含有試料では，五酸化バナジウムまたは三酸化タングステンを添加剤として加え高温燃焼させると，定量値が改善する．本法は質量の計測のみで完結するため，分銅によるトレーサビリティが確保できる測定

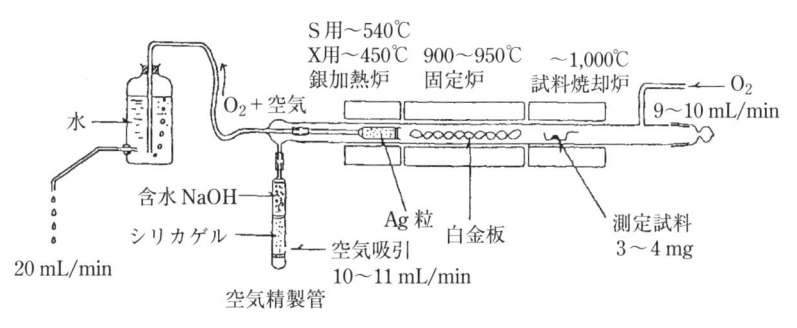

図 3.6 微量ハロゲンおよび硫黄定量分析装置

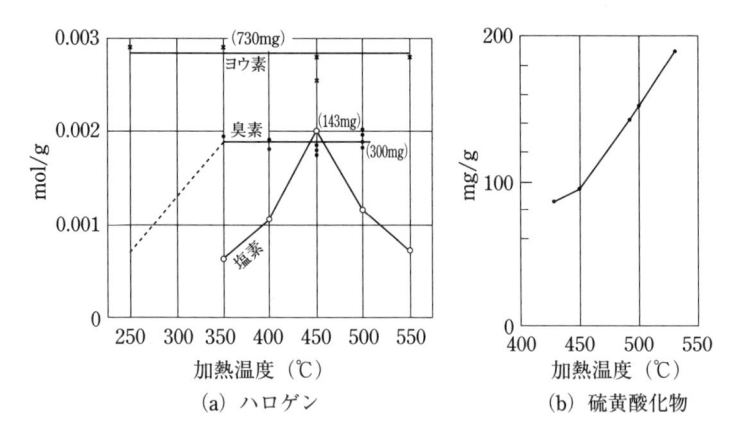

図 3.7 電解銀のハロゲンおよび硫黄酸化物の吸収能と温度の関係

法であるが，自動化が難しいため現在では使用例は少ない．

f. ICP 発光分析法

ICP 発光分析は，高周波誘導プラズマ（inductively coupled plasma）を励起源とする発光分光分析である．6,000 K 以上の高温のアルゴンプラズマ中に霧化した試料溶液を導入すると，目的元素は励起された後，基底レベルに戻る．このとき元素固有の光を放出するので，発光スペクトル線の波長と強度から元素の定性，定量をする．軽元素や不活性ガスを除く金属・非金属元素など幅広い元素が ppb 〜ppm レベルで検出することができる．ただし，塩素，臭素，ヨウ素および硫黄の測定は，イオンクロマトグラフ法に比べると感度が低い．フッ素は，アルゴンプラズマでは励起エネルギーが足りないため測定できない（励起エネルギーの高いヘリウムプラズマであれば，フッ素を含めたハロゲンおよび硫黄など幅広い元素が測定できるため，マイクロ波やラジオ波を用いたプラズマ発光法が検討されている）．

ICP 発光分析法は，試料の分解に硝酸や硫酸などの無機酸を用いる湿式分解法が利用できる．例えば，マイクロ波密閉分解法を利用すると分解時に元素の揮散がなく，ハロゲン，硫黄および金属，非金属元素の一斉分析ができる場合がある．

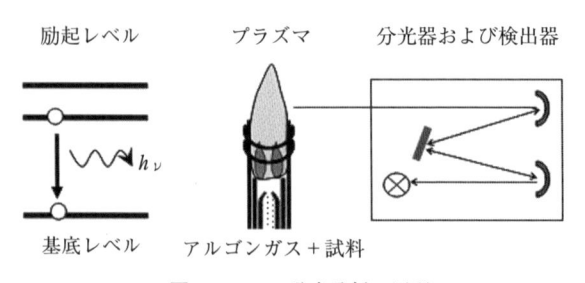

図 3.8 ICP 発光分析の原理

g. 蛍光 X 線分析法

蛍光 X 線の発生原理を図 3.9 に示す．試料に X 線を照射すると，測定元素の内

核電子が飛ばされ空孔が生じ，それを補うように外殻から空孔へ電子が遷移する．このとき，元素固有の波長をもつ固有X線が発生する．固有X線の波長またはエネルギーと原子番号との規則性から，定性分析ができる．また，発生したX線強度と測定元素の濃度の関係から，定量分析ができる．

蛍光X線装置には，検出方法の違いから波長分散型とエネルギー分散型の2種類がある．前者はエネルギー分解能が高く，後者は簡単な構成で同時多元素測定ができるという特徴がある．大気雰囲気ではX線が吸収され強度が減衰するため，試料室はできる限り減圧して測定する．軽元素の測定は，真空雰囲気が重要となる．

定量分析は検量線法またはファンダメンタルパラメーター法を用いる．蛍光X線の強度は試料中の元素量に比例して大きくなるので，X線強度と濃度の検量線を作成し，未知試料の濃度を求めることができる．一方，ファンダメンタルパラメーター法は，ファンダメンタルパラメーター（基礎的な要素）を用いて理論演算による補正を行い，濃度を得る方法である．試料が有機物の場合，試料を構成する炭素，水素，窒素などの軽元素は測定しにくく，バックグラウンドとなって測定に影響を与えるため，組成式または軽元素の含有率（％）を用いて蛍光X線の強度を理論的に計算し，未知試料を測定して得られた各元素の蛍光X線強度に一致するような組成を推定する．最近は炭素や水素のバックグラウンドを測定し，その強度から補正する方法も開発されている．有機物試料を精度よく測定するためには，試料を専用容器中で加圧して錠剤のように加工して測定するか，有機物を予め除去してから測定する．

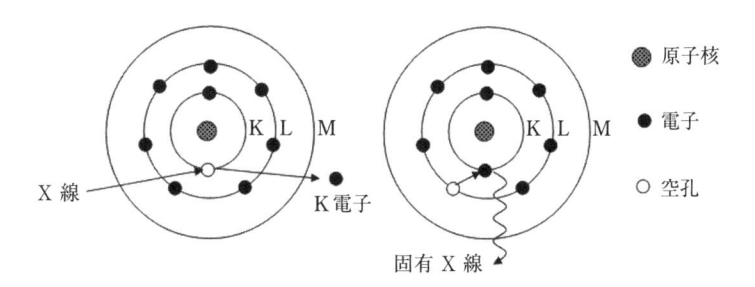

図 3.9 蛍光X線の発生原理

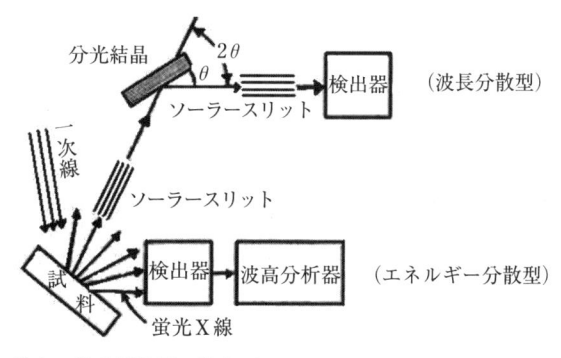

図 3.10 蛍光X線分析装置の構成（セイコーインスツルのカタログより）

3.2 前処理および操作

ハロゲンおよび硫黄を精度よく測定するためには，はかり取り操作，燃焼分解，検出が重要である．本節では，前処理法として酸素フラスコ燃焼法を，測定方法として滴定法とイオンクロマトグラフ法について，前処理方法および操作方法を具体的に解説する．

3.2.1 はかり取り操作
a. 酸素フラスコ燃焼用沪紙試料容器へのはかり取り
［固体試料］

試料を保持する沪紙容器には，ハロゲンおよび硫黄のブランクが少ない無灰分沪紙を用いる．無灰分沪紙には，ADVANTEC TOYO No. 6, 7, 51 A, Whatman No. 44, 54 などがある．沪紙容器に試料を直接はかり取るのは難しいため，白金ボートにはかり取った試料を沪紙容器に移した後，空となった白金ボートの質量をはかり，その差から試料量を求める方法が一般的である．試料を包む紙の形は日本薬局方で指示される旗型以外に様々な形が検討されており，以下にいくつかの例を紹介する．

〈方法 1〉

図 3.11 を参照．

〈方法 2〉

旧三共(株)で開発された沪紙製容器を用いる方法を示した(図 3.12 (a))．ひょう量用沪紙容器は沪紙を直径 15 mm の大きさに切り，これを直径 5 mm，高さ 5 mm のカップ型容器に成型する．成型は専用器具を用いるか，スポンジなどを下に敷き上からガラス棒で押して成型する．

一方，燃焼用沪紙容器は TOYO No. 7，直径 9 cm の沪紙を 4 分の 1 の大きさにカットする．カットした沪紙の端に切込みを入れ，破線のところをピンセットで折り曲げて，作製する（図 3.12(b)）．

ひょう量用容器をてんびんにのせ，この中に試料をはかり取る．はかり取った容器を燃焼用容器に入れた後，そっと包み込む．これを酸素フラスコの白金バスケットに取り付ける．沪紙容器をてんびんではかりとる場合は，沪紙容器をてんびん内の湿度になじませてからひょう量する．

液体，アメ状試料，昇華性試料は，燃焼分解時に試料が気化・揮散などして未分解物が残る場合がある．この対策として，パラフィルムで作製した小さな容器の使用やラミネート加工した沪紙を用いると，揮散を防ぐことができる．ラミネート加工紙は，離けい紙（シールの裏紙）の光沢面を内側にして半分に折り，その内側に沪紙を置く．沪紙の上に一回り大きくカットしたラミネートフィルムをのせる．沪紙とラミネートフィルムをはさんだ離けい紙を，ラミネート機で加

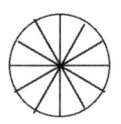

3.2 前処理および操作

1. 直径9 cm のろ紙を12分の1にカットする
2. ピンセットを用いてろ紙を折り曲げ，容器とする 
3. 中を広げて試料を入れやすくする．そして白金ボート内の試料をろ紙に移す．試料が飛び散らないようろ紙を両側からピンセットで挟む 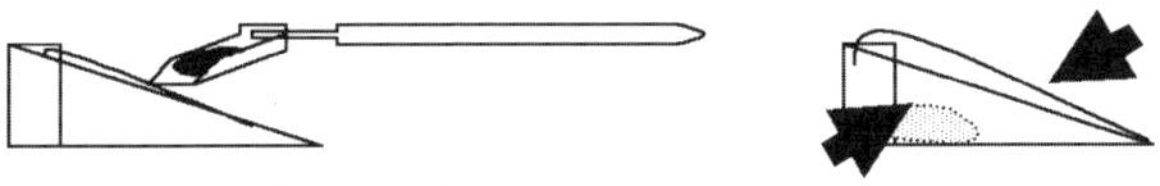
4. 破線のところをピンセットで折り曲げる 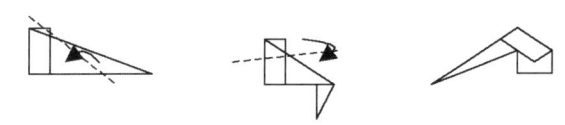

図 3.11 三角形型ろ紙容器のつくり方とはかりとり

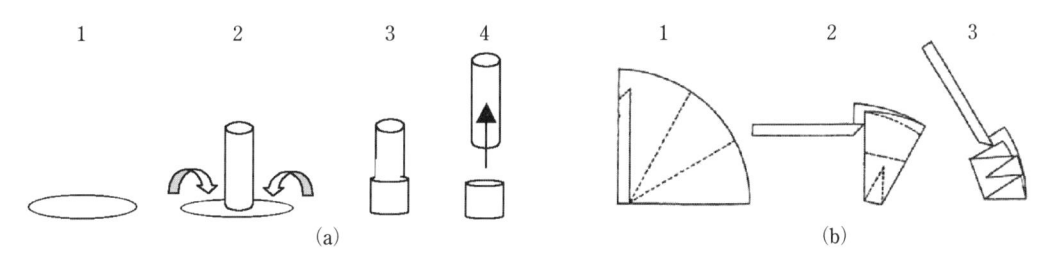

図 3.12 ひょう量用ろ紙容器(旧三共)(a)と燃焼用ろ紙容器のつくり方(b)

熱して作製する．

b. ひょう量用容器

　ろ紙に試料をはかり取ることは難しいため，アルミニウムや白金製のボート容器の片側を切り取り，ひょう量容器を作製する．この容器に試料をはかり取り，ろ紙に移し入れる方法が便利である．

　燃焼分解炉を用いる方法では，白金，石英，セラミック製などの容器を使用する．CHN分析用の密閉用試料容器も利用できるが，ニッケルや銀製容器はハロゲンや硫黄と金属塩をつくるため利用しない方がよい．

3.2.2 燃 焼 分 解

　酸素フラスコは無色の硬質ガラス，肉厚（約2 mm）でフラスコの口の上部を受け皿状にしたもの，容積は100 mL～1 L のものを用いる．フッ素は硬質ガラスに含まれるホウ素と反応するため，測定には石英製燃焼フラスコを用いる．ろ紙に包んだ試料を，白金網の中に保持させる．白金網は，燃焼中に試料が網目からこぼれ落ちない程度に細かいことが必要で，通常40～100メッシュ，大きさ約

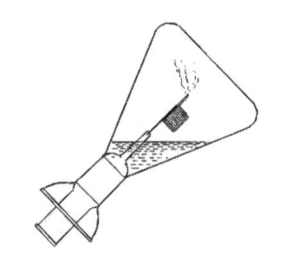

図 3.13 燃焼分解時の転倒操作

1.5×2.5 cm で，線径 0.15～0.2 mm のものが適当である．白金網を保持する白金線は直径約 1 mm とし，長さは燃焼炎がフラスコ内のほぼ中央部分にくるように調節する．白金網は劣化すると触媒効果がなくなり，分析値が小さくなる．分解操作は酸素フラスコに適当な吸収液を入れた後，酸素ガスを吹き込む．沪紙の先端部分に点火し，素早くフラスコ内に挿入して，栓とフラスコをしっかり押さえて図 3.13 に示すようにフラスコを転倒させ，吸収液にて口をさえぎるように燃焼が終わるまで気密に保持する．このとき，急激な温度の上昇によりフラスコの内圧が高くなるので注意する．

分解後，フラスコ内の白煙が消えるまで振り混ぜ，15～30 分間静置した後，洗浄して試料溶液を作製する．別に試料を用いずに同様に操作し，空試験液を調製する．

燃焼分解ガスの吸収には，軽く振り混ぜた後，冷蔵庫で 30 分程度冷却する方法や，振とう機にて約 20 分振り混ぜる方法もある．

3.2.3 滴 定 法
a. 準 備
（i） ハロゲン分析

硝酸銀滴定法が日本薬局方に詳しく解説されているので，ここでは終点検出が明瞭な硝酸第二水銀法について説明する．試薬の取扱い，排試薬，排液処理については十分注意をすること．

1）滴定液の調製（0.005 N 硝酸第二水銀 $Hg(NO_3)_2$）

約 3.4 g の特級硝酸第二水銀を 100 mL のビーカーにはかり取り，80 mL の蒸留水を加え，特級濃硝酸を 2 mL メスピペットで 23 滴入れた後，酸化水銀にならないようよくかき混ぜて溶かす．これを 5 L 用マイヤーフラスコに移し入れ蒸留水を加えて 4 L とし，よく振って混ぜ，薬包紙でふたをして暗所に保存する（48 時間以上）．硝酸第二水銀は吸湿性が強いので，素早くひょう量する．本滴定液は，標準試薬を用いて標定しファクター（f）を求める．

2）指示薬の調製（0.2% ジフェニルカルバゾン）

ジフェニルカルバゾンを約 0.2 g ひょう量し，メタノール 100 mL に溶解する．

3）pH 調整試薬（0.01% ブロムフェノールブルー）

ブロムフェノールブルー約 0.01 g をひょう量し，メタノール 100 mL に溶かす．

（ⅱ）硫黄分析
1）滴定液の調製（0.01 N 過塩素酸バリウム Ba(ClO$_4$)$_2$）

約 7.12 g の特級過塩素酸バリウムを 100 mL のビーカーに素早くはかりとる，これを 5 L のマイヤーフラスコに移し蒸留水 800 mL を加えて溶かし，特級イソプロパノールを加えて 4 L とする．特級 70％ 過塩素酸 0.7 mL を加え，pH 2.8 とする．5 L のマイヤーフラスコをそのまま用い，口に薬包紙のふたをして放置する．本滴定液は，標準試薬を用いて標定しファクター（f）を求める．

2）指示薬の調製（0.15％ カルボキシアルセナゾ）

カルボキシアルセナゾを約 0.15 g ひょう量し，水 100 mL にて溶解する．

b. 操　作

酸素フラスコや燃焼管分解法にて得た試料溶液に，指示薬を加える．ハロゲン分析の場合は，指示薬を加える前に pH を調整する．0.01％ ブロムフェノールブルー 0.5 mL を加えると，溶液の色が青色または黄色になる．黄色の場合のみ，0.1 N NaOH を数滴加えて青色に変色させる．次に，青色の溶液に 0.1 N HNO$_3$ を数滴加えて黄色に変色させる．さらに，0.1 N HNO$_3$ を 0.5 mL 加える．このときの pH は 3.6 程度がよい．この溶液に，ハロゲンの分析では 0.2％ ジフェニルカルバゾン指示薬を 0.5 mL 加える．硫黄の分析では 0.15％ カルボキシアルセナゾ指示薬を 1 滴加える（終点検出時の変色が最もわかりやすい濃度）．

ハロゲンの滴定は，0.005 N の硝酸第二水銀を滴下し，溶液の色が淡い黄色から赤紫色に変わった点を終点とする（色の戻りがあるので素早く滴定する）．

硫黄の滴定は，0.01 N の過塩素酸バリウムを滴下し，溶液の色が淡い赤紫色から淡い青色に変わった点を終点とする．

定量計算は，試料測定と同じ沪紙を同様の操作で空試験値を数回求め，平均値をブランクとして滴定量から差し引いた後，以下の計算式からそれぞれの元素の含有率（％）求める（f は滴定液のファクターである）．

$$\text{Cl}\% = \frac{\text{滴定量（mL）} \times f \times 0.1773}{\text{試料量（mg）}} \times 100$$

$$\text{Br}\% = \frac{\text{滴定量（mL）} \times f \times 0.3995}{\text{試料量（mg）}} \times 100$$

$$\text{I}\% = \frac{\text{滴定量（mL）} \times f \times 0.6345}{\text{試料量（mg）}} \times 100$$

$$\text{S}\% = \frac{\text{滴定量（mL）} \times f \times 0.1603}{\text{試料量（mg）}} \times 100$$

3.2.4　イオンクロマトグラフ法

溶離液や標準液を調製するための水は，JIS K 0557 で指定された 1 μS 以下で測定対象イオンのないもの，または超純水装置で製造されたものを用いる．

（ⅰ）　標準液の調製

無機塩の粉末試薬から調製する場合は，特級以上の試薬を用い105℃で90分間加熱し，その後冷却して各イオンについて1,000 ppm標準溶液を作製する．これをプラスチック製容器に入れて冷蔵庫内に保管し，分析前に希釈して用いる．

（ⅱ）　溶離液の調製

測定対象やカラムにより溶離液の組成が異なるためマニュアルを参照のうえ，溶離液を調製する．溶離液は細菌または藻類の生育を避けるために，2～3日ごとに更新する．また新しい液を調製したときは，注ぎ足しせずに古い溶液は捨て，新しい溶液に置き換える．溶離液は100倍濃い溶液を作製しておき，必要時に希釈して調整すると便利である．作製した液は必ず0.5 μmより細かいメンブランフィルターで沪過し，カラム目詰まりを防止する．

（ⅲ）　定量計算

標準試料を用いて，濃度の異なる二つ以上のクロマトグラムから得られたピーク面積，またはピーク高さ値と元素濃度（ppm）の関係式の検量線を作成しておく．未知試料のピーク面積，またはピーク高さを検量線式に代入し濃度を求める．

1）　ピーク高さ法

ピークの頂点からベースラインへ垂線をおろし，その交点までの長さを測定する方法である．溶離の条件が一定し，ピークの形が正規分布であれば，ピークの高さはその成分の量に比例するので，その高さから定量値を得ることができる．クロマトグラムの再現性が悪かったり，試料の負荷量が多すぎるときは，この方法は避けた方がよい．

2）　面積法

ピークを三角形に近似して，ピークの高さHと，中央から基線に線を引きピークと交わる線分（半値幅W）を乗じて面積を求める（半値幅方法）．

この方法は，ピークが正規分布曲線のときに適用できる．テーリングピークやピークの重なりがみられる場合は，目視による確認作業を行う．

最近では，ピーク面積の計測にクロマトグラフデータ処理システムあるいはデータ処理装置が汎用されている．

データ処理装置におけるクロマトグラフ法の自動ピーク分離を用いる場合，ベースライン付近を拡大して正しく面積が測れているかを確認する．

表 3.2　標準液の調製

陰イオン	塩	分子量	ひょう量 (g)
F^-	NaF	41.99	2.210
Cl^-	NaCl	58.44	1.649
NO_2^-	$NaNO_2$	69.00	1.500
Br^-	NaBr	102.89	1.288
NO_3^-	$NaNO_3$	84.99	1.371
PO_4^{3-}	NaH_2PO_4	119.98	1.263
SO_4^{2-}	Na_2SO_4	142.04	1.479

1,000 mg/L標準液に用いる塩およびその重量（全量を1Lとする）．

3.2.5 実験のコツ

a. 滴定法

① 不完全燃焼を生じやすい試料は,試料量を少なくして完全分解させる.

② 過塩素酸塩を含む試料や爆発性のある試料は危険を伴う場合があるため,フラスコ燃焼分解法による前処理は行わない方がよい.

③ 酸素フラスコ燃焼分解の際,沪紙の燃えかすが落ちると,硫黄分析において推定値より低い値になりやすい.

④ 滴定量が5 mL 以上になると,終点判定が難しくなる傾向がある.

⑤ ハロゲン分析では滴定液の滴下量が多くなると液の色が薄くなり,終点が判定しにくくなる.滴定に時間がかかると指示薬の色の戻りが起こるので正確な終点を得るには素早く滴定する.

⑥ 硫黄の分析は過塩素酸バリウムによる沈殿滴定のため,硫黄の含有率(%)が高くなると沈殿による白濁が起こり,終点判定が難しくなる傾向がある.そこで,含有率によって試料量を加減したり,写真用のカラーランプを使って色の変化をみやすくする.

⑦ ヨウ素の測定では,吸収液中でヨウ化物イオンとなるように還元剤(抱水ヒドラジン)を加える.

⑧ ハロゲンと硫黄の分別定量を行う場合,指示薬はトリンとメチレンブルーを用いる方法がある.硫黄を先に滴定した後 pH 調整し,ハロゲン分析に移る.終点は黄味をおびた緑色→ピンクがかった淡黄褐色に変化した点を終点とする.ハロゲン,硫黄の分別定量指示薬:

・トリン　　　　　:0.2 g を水 100 mL に溶かす(0.2%)
・メチレンブルー:0.01 g を水 100 mL に溶かす(0.01%)

[妨害元素]

試料が金属元素を含む場合,ほとんどの金属元素が妨害を起こし,白金などを汚染させるので注意する.

硫黄分析ではアルカリ金属,アルカリ土類金属がマイナスの誤差を生じやすいため,試料溶液を陽イオン交換樹脂に通した後,測定する.リンやフッ素を含有する場合はプラスの誤差を生じやすい.この場合は酸素フラスコ燃焼法にて試料を燃焼分解した後,吸収液に酸化マグネシウム(MgO)300 mg を加えて加熱する.冷却後,沪過して,沪液をイオン交換樹脂処理して測定する.

終点検出法は目視の場合,主観的な判定誤差を生じやすいため,滴定液の滴加量に対する吸光度や起電力の変化を検出器で測定する.硝酸銀滴定における塩素,臭素,ヨウ素の電位差滴定曲線を図 3.14 に示す.終点(当量点)は滴定曲線の変曲点であるが,これは滴定曲線に2本の45°の傾きをもつ接線を引き,両接線の中線と滴定曲線の交わった点を作図して求める.自動滴定装置は終点付近で滴定量をコントロールしたり,微分曲線から当量点を求めるなど,精度向上がはかられている.

電位差滴定の場合に,終点が不明瞭となる場合がある.これは,試料濃度が比

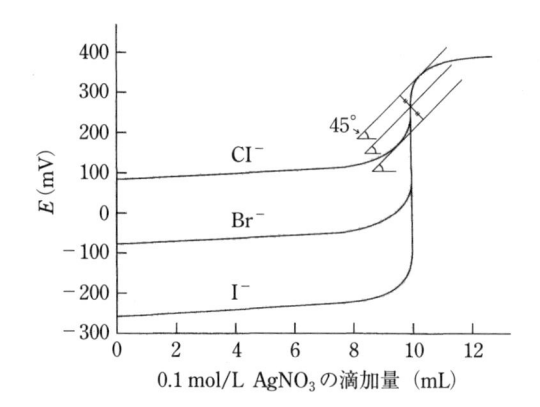

図 3.14 電位差滴定曲線（日本分析化学会編，"機器分析ガイドブック"，pp.445-446，丸善（1996））

較的希薄な場合や，目的イオンと滴定剤の反応の平衡定数が十分大きくない場合，また滴定の際に試料の希釈を伴う場合に起こる．沈殿滴定では試料にエタノールなどを加え，沈殿の溶解度を小さくすると，終点検出が明確にできる．

b． イオンクロマトグラフ法

（i） 保持時間が短い成分の分離

フッ素イオンの定量を行う場合，近傍に溶出する酢酸やギ酸とフッ素イオンのピークが重なり，フッ素イオンの定量精度が低下することがある．一般に保持時間が短い成分の分離は，特に炭酸系溶離液を用いるカラムでは難しいため，溶離液の種類を変えるなどの手法が用いられる．

（ii） 保持時間が長い成分の分離

ヨウ素など溶出が遅い成分は，ピーク高さが低く，ピーク形状がブロードになることが多く，濃度が低い場合には測定が難しくなる．このため，保持時間が長い成分を早く溶出させる必要がある．早く溶出させるためには，

①溶離液の濃度を大きくする．

②溶離液の種類を変える．

炭酸系の溶離液は，濃度を上げるとバックグラウンド電気伝導度も高くなり，ノイズの増大につながるため，NaOHやKOHを溶離液として使用する．この場合，種類や濃度を変えると成分の溶出順序が逆転することがあるので注意を要する．

③カラムの種類を変える．

充填剤の異なる様々なカラムが市販されており，目的に合わせてカラムを選択する．

（iii） 検量線の作成

あらかじめ目的成分について既知濃度の標準試料を分析し，その濃度を横軸に，検出値（ピーク面積または高さ）を縦軸にプロットして検量線を作成する．未知試料の検出値を検量線に代入して濃度を求める．検量線は一点検量線と多点検量線の2種類あるが，正確な定量分析を行うには多点検量線法を用いる．

一点検量線は，測定イオンの濃度と応答との間に直線関係が成り立つということを前提としている．多点検量線は，測定イオンの濃度範囲が広い場合や，検量線が直線にならないイオン種を定量する場合に用いられる．数濃度レベルの標準イオン溶液を測定して得られた応答と濃度との関係式（回帰式）を求め，検量線とする．多点検量線法は広範囲の試料濃度の定量に用いることができるが，むやみに広い範囲の検量線を作成すると，不要な濃度域のプロットにより回帰の誤差を生じ，定量精度が低下することがある．有機微量元素分析のように精度が求められる測定では，試料中の測定イオンの濃度範囲内で作成する．

得られた検量線が直線性の評価は，相関係数や誤差値を用いて行う．相関係数は直線性の指標として用いられており，"1"に近いほどより直線性があると判断する．相関係数（r）は次式により求められる．

$$r = \frac{\sum_{i=1}^{n}(x_i - \bar{x})(y_i - \bar{y})}{\sqrt{\sum_{i=1}^{n}(x_i - \bar{x})^2}\sqrt{\sum_{i=1}^{n}(y_i - \bar{y})^2}}$$

x_i：個々ピーク面積または高さ，y_i：各元素の絶対量または濃度．

直線近似の相関係数が0.99以下の場合は，直線性が低いと判断できる．検量線の直線性は，通常数十mg/L程度までしかなく，測定イオンの濃度が高い場合は直線性を示さない．そのため，濃度の高いイオンを測定する場合は，数十mg/L以下になるように希釈する．また，純水中に含まれている微量のイオンが検出されると，直線性が得られない．

各元素の絶対量とピーク面積の関係について，一次回帰式と二次回帰式による検量線を比較したところ，原点を含む場合，一次式では直線関係が得られにくく，二次式では広い範囲ですべての元素が相関係数$r=0.9995$以上の良好な相関性を得ることができた．有機元素分析では，比較的狭い範囲での検量線を用いることで精度よいデータを得ることがすでに明らかにされているが，広い濃度範囲で測定する場合は，二次回帰式による検量線が有効である．

酸素フラスコ燃焼法で分解した試料をイオンクロマトグラフ法で測定する場合，検量線を無機標準物質で求める（無機検量線）方法と，有機標準物質をフラスコ分解して求める（有機検量線）方法がある．

例として無機検量線はイオンクロマトグラフ法用標準試料のNaF，NaCl，NaBrおよびNa$_2$SO$_4$を用いてF，Cl，Br，Sとし，それぞれ5, 10, 15, 20, 25 ppmとなるように調製する．

一方，有機検量線はキシダ化学製元素分析用標準試料（p-fluorobenzoic acid, 1-chloro-2, 4-dinitrobenzene, p-bromoacetanilide, sulfathiazole）を無機検量線と同じ濃度になるように調製し，酸素フラスコ燃焼分解法で作製する．無機および有機標準試料による検量線の相関係数を表3.3に示す．

すべての元素において，検量線の相関係数が0.9996以上の良好な直線性が得られている．

次に，無機および有機標準試料による検量線の傾きを比較した結果を図3.15

表 3.3 無機および有機標準試料による検量線の相関係数

元　素	無機塩	有機化合物
F	0.9998	1.0000
Cl	0.9996	0.9998
Br	0.9996	0.9998
S	0.9998	0.9997

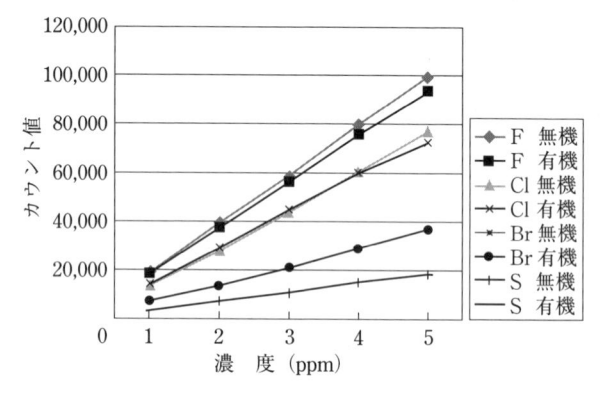

図 3.15 ハロゲンおよび硫黄の無機・有機検量線

に示す．フッ素と塩素において，無機と有機で傾きの差がみられる．この原因は，沪紙に含まれる塩素イオンや酸素フラスコ燃焼分解で生じた窒素酸化物や炭酸イオンなどが，フッ素イオンや塩素イオンの近傍に出現するためと推定される．

検量線は，有機標準試料を用いて同じ前処理を行って作成した方が，分析精度を確保することができる．

(iv) 再現性の確認

標準イオンの濃度が低い場合は特に，繰り返し再現性を確認する．再現性が悪い場合，検量線の信頼性が確保できない．再現性の判断目安としては，相対標準偏差（Relative Stand Deviation：RSD）が1～5%以下が基準となる．さらに，各濃度で再現性を確認することにより，定量下限を決定することもできる．また，ブランクの再現性を確認することで検出下限を決定できる．

(v) 溶離液が分析に及ぼす影響

溶離液の調製を誤ったり，不純物が多い溶離液を使用すると，様々な問題が起こる．

イオンクロマトグラフ法では，溶離液の濃度および組成の変化により，分析対象イオンの保持挙動が変化する．一般的にイオン交換分離モードでは，溶離液の濃度が上昇するとそれに伴って各イオンの保持時間が短くなる（イオン排除，イオンペア，逆相モードはこの限りではない）．図3.16に，溶離液中の炭酸水素ナトリウムの濃度を0.3 mmol/L一定とし，炭酸ナトリウムの濃度を変化させたときの陰イオンの保持時間が変化する様子を示す．

一方，図3.17に同じカラムを用いて溶離液中の炭酸ナトリウムの濃度を2.7 mmol/L一定とし，炭酸水素ナトリウムの濃度を変化させたときの保持時間

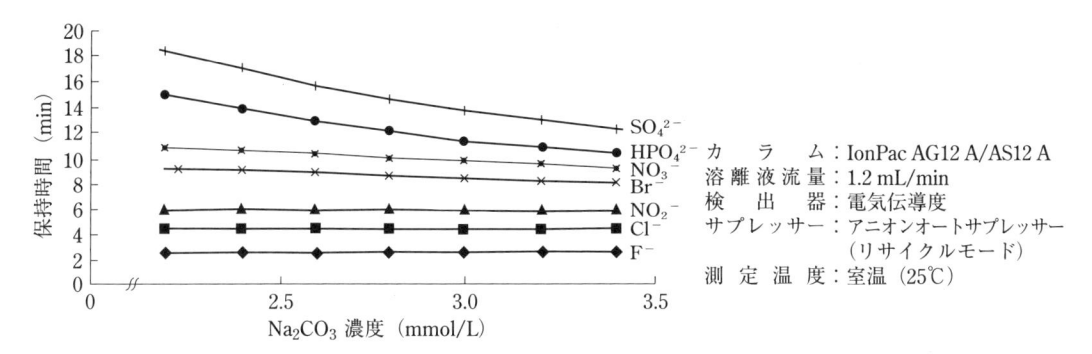

図 3.16 Na$_2$CO$_3$ の濃度と保持時間の関係（Dionex の技術資料より）

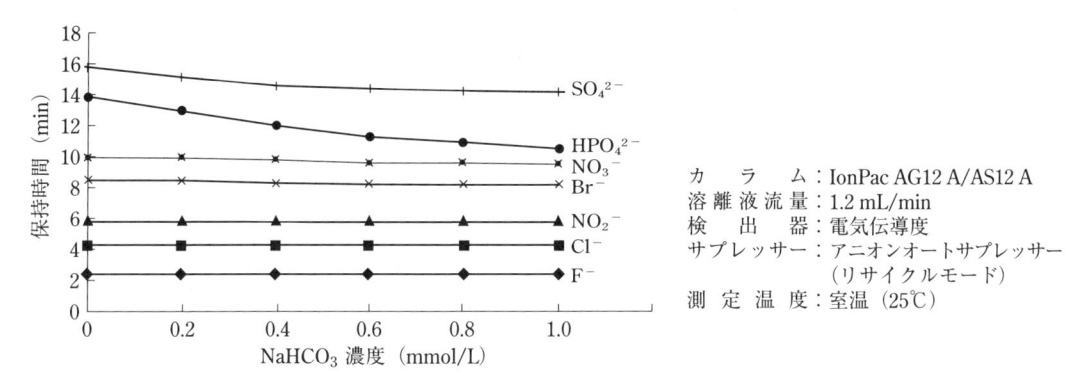

カ ラ ム：IonPac AG12 A/AS12 A
溶離液流量：1.2 mL/min
検 出 器：電気伝導度
サプレッサー：アニオンオートサプレッサー
　　　　　　　（リサイクルモード）
測 定 温 度：室温（25℃）

図 3.17 NaHCO$_3$ の濃度と保持時間の関係（Dionex の技術資料より）

の変化を示す．

　両図より，陰イオンの保持時間は，炭酸水素ナトリウムおよび炭酸ナトリウム濃度の影響を大きく受けることがわかる．一価のイオンに比べ二価のイオンの変化率は大きいので，二価イオンの溶出時間を調節するには，炭酸ナトリウムの濃度を変化させることが有効である．このように，溶離液の組成や濃度を変化させて分離特性を調節する．

3.3 装置の特徴

3.3.1 滴定装置

　装置の構成は，試料を入れるビーカー，容量分析用標準液を滴加するビュレット，指示電極と参照電極，両電極間の電位差を測定する電位差計または pH 計，指示薬の変化を検出する吸光度検出器，記録装置およびビーカー内の溶液をかき混ぜるスターラーよりなる．

　表 3.4 に示すように，滴定の種類により指示電極を選択し，参照電極は銀−塩化銀電極を用い，硝酸銀滴定の場合は，参照電極と被滴定溶液との間に飽和硝酸カリウム溶液の塩橋を挿入する．一般的にはこの二つの電極を一体化した複合電極を用いることが多い．

表 3.4 滴定法における指示電極（日本薬局方より）

滴定の種類	指示電極
・酸塩基滴定（中和滴定，pH 滴定）	ガラス電極
・沈殿滴定（硝酸銀によるハロゲンイオンの滴定）	銀電極
・酸化還元滴定（ジアゾ滴定など）	白金電極
・錯滴定（キレート滴定）	水銀−塩化水銀（II）電極
・非水滴定	ガラス電極

現在，多くのメーカーより滴定装置が市販されており，以下にその一例を示す．電位差滴定（酸塩基滴定，酸化還元滴定，沈殿滴定），光度滴定，電導度滴定，分極滴定，pH スタット，pK_a 測定について，いずれもブランク滴定，自動制御滴定，自動間欠滴定，連続等速・間欠滴定などの滴定モードが選択可能で，終点判定は最大変曲点，設定電位，交点検出などを自動判定する．滴定結果として，滴定曲線を表示する機能を備えたものもある．

・自動滴定装置 COM−2500：平沼産業
・自動滴定装置 GT−100：ダイアインスツルメンツ
・自動滴定装置 DL7x ファミリー：メトラートレド
・電位差自動滴定装置 AT−610：京都電子工業

3.3.2 イオンクロマトグラフ

専用装置として以下のようなものがあり，サプレッサーの形式が機器により異なる．

1) Dionex ICS シリーズ

サプレッサー方式（電気透析形サプレッサーを使用．再生液に純水を使用するモードと，溶離液をリサイクルして使用するモードがある）．

2) 島津 HIC−SP シリーズ

サプレッサー方式とノンサプレッサー方式がある．サプッレサーは再生液不要のカラムタイプで，電気化学的に自動再生する．ノンサプレッサー方式でハロゲンおよび硫黄をすべて測定する場合は，溶離液に UV 吸収をもたせるインダイレクト方式もある．

3) メトローム MIC Advanced シリーズ

サプレッサー（イオン交換樹脂を使用したケミカル式）方式とノンサプレッサー方式がある．

4) 東亜ディーケーケー ICA 2000

サプレッサー方式（イオン交換樹脂を使用したケミカル式）．

5) 東ソー IC−2100 シリーズ

サプレッサー方式（イオン交換ゲルを詰め換えるタイプ）．

3.3.3 自動燃焼型装置
a. ヤナコ機器開発研究所 HSU シリーズ

燃焼管式燃焼法によるハロゲンおよび硫黄（F, Cl, Br, I, S）の分析ができる．装置は，試料を燃焼分解してガス化する燃焼炉ユニット，ガス化した測定対象成分を吸収液に捕獲吸収する吸収ユニット，および捕獲成分を分離して検出測定するイオンクロマトグラフシステムの計3点で構成される．オートサンプラー（試料導入装置）で連続測定が可能である．試料最大搭載数は25検体で，試料容器を順次追加することができる．イオンクロマトグラフは，どのシステムにも接続可能である．洗浄後の吸収液が一体となるため吸収液に内標準物質を用いる必要がない．

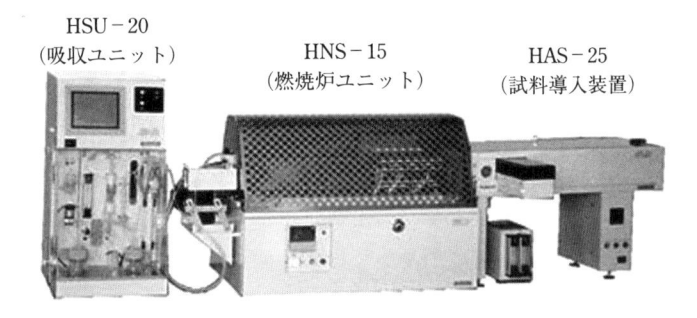

図 **3.18** HSU-20/HNS-15/HAS-25型（ヤナコ機器開発研究所）
写真は，イオンクロマトグラフを含んでいない．

b. ヤナコ機器開発研究所 HSU-35/SQ-1型

装置は，オートサンプラー部，JIS規格（JIS Z 7302-6, -7）に対応した石英管式燃焼炉（SQ-1）および燃焼ガスを捕集する吸収ユニット（HSU-35），イオンクロマトグラフへの導入部，イオンクロマトグラフ部とデータ処理部より構成される．1〜200 mgの試料を磁性ボートにはかり取り，石英管に入れる．950〜1,100℃に加熱した石英燃焼管に洗浄空気を導入して，試料を燃焼させる．発生したガスを酸化・還元系吸収液に吸収し，吸収液の一部をイオンクロマトグラフ法により分離・定量する．煩雑な吸収部の洗浄および定容量操作（メスアップ），内標準物質などを必要とせず，またキャリヤーガスに高純度の酸素や不活性ガス

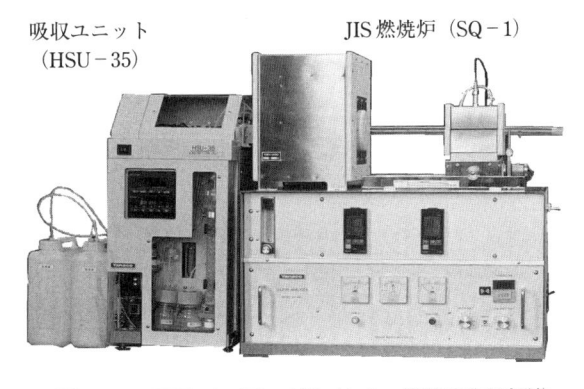

図 **3.19** HSU-35/SQ-1型（ヤナコ機器開発研究所）

を使用しないため経済的である．試料1gまで燃焼可能であり，数ppmから数%のハロゲン・硫黄分析に対応できる．さらに，NO_xの生成が全くなく，特にNO_xの影響を受けやすい塩素の定量に効力を発揮する．

イオンクロマトグラフはサプレッサー型であれば，各メーカーの装置に接続することができる．分析処理能力は1時間に1～3検体である．

c. 三菱化学 XS-100 有機元素分析システム

AQF-100型自動試料燃焼装置とイオンクロマトグラフICSシリーズを組み合わせて，元素分析用に改良したシステムである．試料中の硫黄およびハロゲンは燃焼分解により，硫黄酸化物およびハロゲン化水素，あるいはハロゲンガスとなる．これらを吸収液に吸収させ，硫酸イオンまたはハロゲン化物イオンとして捕集する．吸収液には過酸化水素を添加し，亜硫酸イオンの酸化およびハロゲンガス（Cl_2，Br_2，I_2）の還元を行う．吸収液に捕集された硫酸イオンおよびハロゲン化物イオンをイオンクロマトグラフで測定し，試料中の含有量を求める．試料に含まれる窒素化合物は燃焼により窒素酸化物となり，吸収液にはほとんど吸収されない．金属成分は酸化物となり，試料ボート上に残留するため，クロマトグラフ法の妨害とはならない．燃焼，吸収，注入を自動化してコンタミネーションの少ない，精度のよい分析が可能である．オートボートコントローラーの燃焼システムを用いると，重ね燃焼による多量試料の処理ができる．加湿燃焼システムによって，フッ素の回収率向上や，システム化された吸収ユニットは環境からの汚染を遮断する．

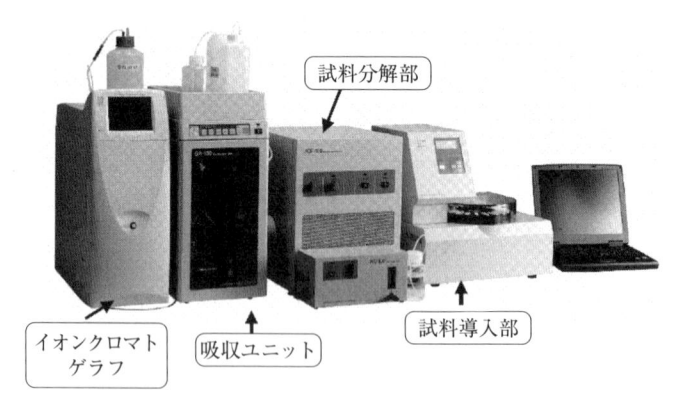

図 3.20　XS-100 有機元素分析システム（三菱化学）

d. アナリティクイエナ multi EA 3100

イオンクロマトグラフ以外の検出器を用いた自動燃焼分解測定装置がある．フレームセンサー技術を用いた燃焼システムによって，酸素気流中で瞬間完全燃焼と高温酸化反応を管理する．ダブルファーネス型燃焼炉は，サンプル状態に合わせて水平または垂直の選択変更ができる．検出は，紫外蛍光検出器と化学発光検出器に加え，塩素，硫黄，窒素を専用のクーロメトリー検出器で測定し，炭素は非分散型赤外線検出器で測定する．

3.3 装置の特徴

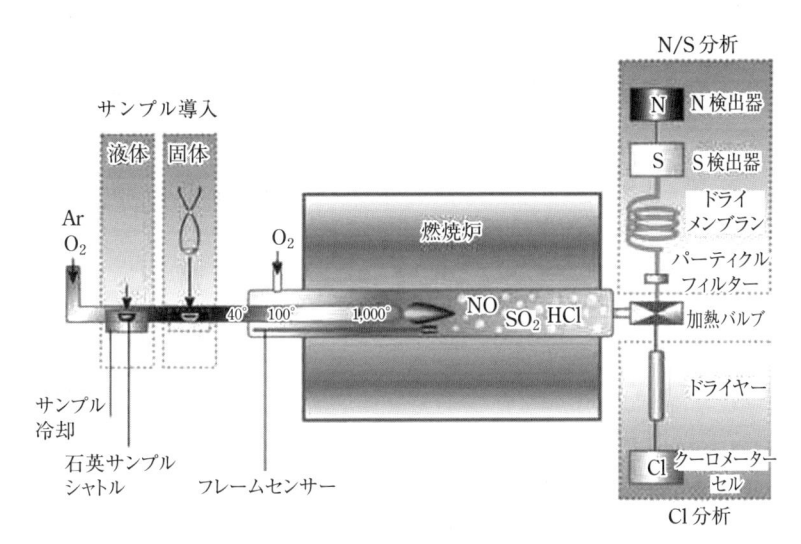

図 3.21 multi EA 3100（アナリティクイエナ）

Q & A

1. 酸素フラスコ燃焼法

Question 3.1
酸素フラスコ燃焼法とはどのような方法ですか？

Answer 3.1
　酸素で充満した専用のフラスコ中で沪紙に包んだ試料を燃焼分解し，試料中のハロゲンおよび硫黄を無機体として吸収溶液に回収する前処理方法です．以下にその手順を示します．
　①試料をはかり取り，沪紙容器に移し入れる．
　②試料がこぼれないように，沪紙容器を折って包み込む．
　③フラスコの栓に取り付けた白金網に，沪紙容器を装着する（図3.2参照）．
　④専用フラスコに，分解ガスを回収するための吸収液を入れる．
　⑤上記フラスコのすり合わせ部分を水で湿らせる．
　⑥上記フラスコに酸素ガスを吹き込み充満させる．
　⑦沪紙容器の先端に着火した後，直ちにフラスコに差し込んで燃焼させる．
　⑧沪紙が助燃剤となって試料を燃焼分解する．このときの燃焼温度は1,000～1,500℃に達し，白金の触媒効果も加わり完全燃焼分解する．
　⑨フラスコを静置して，分解生成ガスをフラスコ内の吸収液に回収する．
　⑩フラスコおよび白金網部分を洗浄して定容とし，これを試料溶液とする．
　［注］　難燃性試料では，助燃剤を必要とするものがあります．不完全燃焼が起きた場合，黒色の炭が白金網や吸収液に残ります．

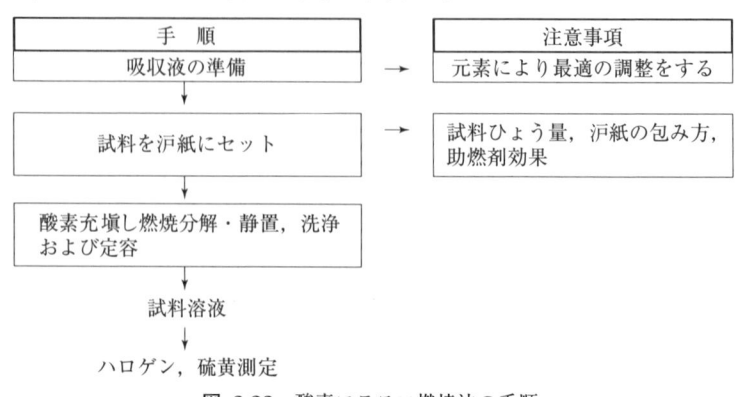

手　順		注意事項
吸収液の準備	→	元素により最適の調整をする
試料を沪紙にセット	→	試料ひょう量，沪紙の包み方，助燃剤効果
酸素充填し燃焼分解・静置，洗浄および定容		

　　　　　　　↓
　　　　　試料溶液
　　　　　　　↓
　　　　ハロゲン，硫黄測定

図 3.22 酸素フラスコ燃焼法の手順

Question 3.2

酸素フラスコ燃焼法で，**効果的な試料の燃焼のコツ**を教えて下さい．

Answer 3.2

1) 沪紙の大きさや包み方

試料が数 mg の場合，直径 7 cm の沪紙の 12 分の 1 以上あれば燃焼分解することができます．ただし，沪紙が小さすぎると試料がこぼれたり，燃焼時に試料が落下しやすいので気を付けます．反対に沪紙が大きすぎると，不完全燃焼や沪紙に含まれる塩素や硫黄のブランクが大きくなり，測定値に影響が出る場合があります．

2) 助燃剤の添加

燃焼分解は通常沪紙だけで十分ですが，沪紙にドデシルアルコールなどの不揮発性溶媒を 0.5～1 滴しみ込ませると，助燃剤として燃焼分解時間を延長することができます．ただし，添加する溶媒量が多すぎると，不完全燃焼を生じたり，爆発の危険性が大きくなりますので，助燃剤の使用は細心の注意をして実施してください．助燃剤としては，溶媒以外にパラフィルムの添加も効果があります．

3) 酸素充填

燃焼フラスコ内を酸素で満たす際に空気が混入すると，不完全燃焼が起こったり窒素酸化物が生成しますので，酸素流量と充填時間を確認して下さい．酸素を充填したフラスコは，点火した沪紙を挿入して密栓するまで栓を押さえ，静止状態とします．図 3.23 のように日本薬局方での白金製かごは下向きのため，沪紙容器は点火部を白金かごの外に出してセットします．

図 3.23　日本薬局方での白金製かご

4) 高分子化合物

難燃性の場合が多いので，フラスコ内の酸素置換を完全に行います．

5) 揮発性試料

沪紙を燃焼させる前に，試料が揮発しないようにします．例えば，沪紙を入れたセロテープの筒容器やパラフィルム容器を用いて，試料を密閉します．この容器を沪紙に包んで燃焼させます．ただし，セロテープは硫黄のブランクがあるので注意して下さい．

6) 試料燃焼時の注意点

安全性を確保するため，防護面を使用して下さい．爆発などはめったにありませんが，1 L の酸素フラスコで助燃剤にアルコールを使用したときに爆発した事故例があります．揮発性の助燃剤は爆鳴気をつくる危険性があるので，注意して下さい．

7) 燃焼フラスコの大きさ

試料量 2～5 mg，沪紙の大きさ 95 mg（直径 15 mm を二つ折にした沪紙で試料をはかり，7 cm の沪紙の 4 分の 1 に包む）の場合，300 mL のフラスコです．ただし，難燃性の試料は，酸素量を多くするため 500 mL のフラスコにします．

Question 3.3

吸収液は何がよいでしょうか？

Answer 3.3

吸収液は元素によって使い分けることが必要です．

・ハロゲンおよび硫黄の吸収液は，水よりもアルカリ溶液の方がデータのばらつきが少なく安定します．

・アルカリ溶液には，NaOH 水溶液やイオンクロマトグラフィーの溶離液を用います．

・酸化剤として使用する過酸化水素は，添加量が多くなると分離カラムを劣化させる原因となります．吸収液中に残存する過酸化水素を減らすには，吸収液に白金網を入れて軽く煮沸したり，赤熱した白金線を吸収液に浸す方法があります．

・還元剤として使用する抱水ヒドラジンは，5% 程度の溶液を少量添加して使用します．古いものを使用しますとデータのばらつきが大きくなります．

・硫黄は水またはアルカリ性水溶液に過酸化水素を加え，分解生成物の亜硫酸を硫酸に酸化します．過酸化水素が少なかったり古い場合，全部が硫酸にならず定量結果が低くなる場合があります．

・フッ素は水またはアルカリ溶液を用います．過酸化水素が入っても問題ありません．

・塩素は水またはアルカリ溶液を用います．過酸化水素が入っても問題ありません．

・臭素は水またはアルカリ溶液を用います．過酸化水素を添加すると臭素（Br_2）や臭素酸（BrO_x）を生成することがあります．還元剤として抱水ヒドラジンを加えて臭素イオンにします．

・イオンクロマトグラフ法でフッ素，塩素，臭素，硫黄の 4 元素を同時に測定する場合，2 mmol/L の NaOH 溶液を 20 mL に 1% の H_2O_2 溶液を 0.1 mL 加えた吸収液を用います．

・ヨウ素は，燃焼分解してヨウ素（I_2）またはヨウ素酸（IO_3）を生成しますの

で，ヨウ素イオン（I⁻）に還元するため，水またはアルカリ溶液に還元剤として抱水ヒドラジンを加えます．

・ヨウ素と硫黄を両方含む試料の場合は，別々に試料溶液を調製することが望ましいのですが，同時検出する場合は過酸化水素と抱水ヒドラジンの両方を吸収液に加える方法や，5%過酸化ナトリウム溶液を加える方法もあります．

・吸収液が水などの中性の場合，過酸化水素の酸化力により亜硝酸が酸化されて硝酸ピークになりますが，アルカリ性の吸収液では過酸化水素の酸化力が小さくなり，亜硝酸と硝酸の両方のイオンが観測されます．

Question 3.4
燃焼ガスの吸収，フラスコの開栓・洗浄の具体的手順を教えて下さい．

Answer 3.4

1) 燃焼ガスの吸収方法

燃焼が終了した後フラスコを振り混ぜ，吸収液と分解ガスを接触させて，白煙を生じさせます．この分解ガスを吸収させる方法には，以下の方法があります．

〈方法1〉 白煙が消えるまでフラスコを振り混ぜ，その後30分間静置します．

〈方法2〉 分解ガスは低温の方が溶存しやすいため，フラスコを冷蔵庫に入れて10～20分間冷却します．この方法は，フラスコを冷蔵庫から取り出した後，室温に戻してから次の操作を行います．

〈方法3〉 手でフラスコを振る作業は負担が大きいため，振とう機を用いて20分程度フラスコを左右に振って，ガスを吸収させます．

2) 開栓・洗浄方法

燃焼分解後の酸素フラスコを静置して分解ガス吸収した後，燃焼フラスコの液溜め部分に水または溶媒の洗浄液を入れ，栓とフラスコのすり合わせ部分を回転しながら引き抜くように開栓します．このとき，フラスコ内が強い減圧状態となって栓が固着して開かない場合は，水浴でフラスコをゆるやかに温めると開けやすくなります．

洗浄瓶に洗浄液を入れ，フラスコ内壁や栓と白金網を洗浄し，吸収液と合わせます．洗浄液は，純水または適当な溶媒を用います．

洗浄瓶による洗浄操作は個人差が出やすいため，分注器を用いると個人差が解消できます．

Question 3.5

沪紙を用いた試料の包み方には，どのような方法がありますか？

Answer 3.5

1) 使用する沪紙

① 沪紙は東洋濾紙製やワットマン製の定量用無灰沪紙を使用します．

② 沪紙由来のブランクを低減する方法として，ヘキサン洗浄やフッ素処理があります．

③ 気密性を保つように，片面をラミネート加工した沪紙もあります．

④ 測定に使用する沪紙は必要な形に切り，包み方により折れ目をつけてガラス容器に入れ，デシケーター中に保存して吸湿および汚染を避けます．

［注］ 沪紙の取扱いは，ピンセットや薄手の手袋，指サックをして素手で触れないように行い，沪紙を切るはさみは他用厳禁とします．沪紙の包み方は分析値の精度に影響します．

2) 沪紙の包み方

① 日本薬局方では，旗型を使用することになっています．旗型の沪紙を使用する際は試料を沪紙の中心に置き，縦に三つ折した後，裏返して横三つ折にします．この包み方は試料が沪紙に厚く包まれるので，不完全燃焼を防ぐことができます．

② 直径9 cmの定量用無灰沪紙を，12等分または8等分した沪紙で包む方法があります（3.2.1参照）．

③ 東洋濾紙5A，直径7 cmを4等分した沪紙に試料をとり，試料飛び散り防止用沪紙片でふたをして包みます．これに，東洋濾紙5Cを短冊形に切った沪紙を導火線用として付け，白金かごに入れます．

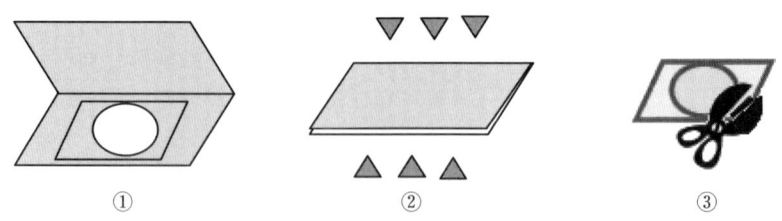

① ② ③

① 離ケイ紙を光沢面を内側にして折り，沪紙を置く．沪紙の上に一回り大きいラミネートフィルム置く．

② 沪紙を挟んだ離ケイ紙をラミネート機で加熱する（ラミネートフィルムが沪紙に接着される）．

③ 離ケイ紙から加工した沪紙を取り外し，沪紙からはみ出たラミネートフィルムをカットする．

図 3.24 ラミネート加工方法

Question 3.6

沪紙のブランクとは何ですか？

Answer 3.6

沪紙ブランクとは沪紙に由来する空試験値をさします．ブランクの一つに，沪紙に微量含まれる測定対象元素があります．表 3.5 の沪紙中の微量元素の含有量から，塩素や硫黄など微量元素を含むことがわかります．ブランクの二つめに，沪紙と試料が燃焼分解して生じる酢酸やギ酸などの有機酸，炭酸および亜硝酸の各イオンが，イオンクロマトグラフ法ではブランクピークとなって，フッ化物や塩化物ピークと重なり妨害します．

表 3.5 沪紙中の微量元素の含有量（Whatman の沪紙カタログより転載．単位：$\mu g/g$）

沪 紙	Cl	Br	B	F	S	N	Na	K
定性沪紙	130	1	1	0.1	15	23	160	3
無灰沪紙	80	1	1	0.2	<5	12	33	1.5
無灰硬質沪紙	8	1	2	0.3	<2	8	260	0.6

1) ブランクの求め方
① 分析試料および検量線用標準試料ともに，同じ処理をした同じ大きさの沪紙を用いて，沪紙のブランクを相殺します．
② 沪紙だけを酸素フラスコ燃焼法で分解して得た試料溶液をイオンクロマトグラフで測定し，各イオンのブランク値を求めます．その 5 回の平均値を試料の測定値から差し引きます．このブランク値は，沪紙のロットと溶液が同一ならば一度の測定で十分です．
③ 沪紙の大きさを均一にして，かつ同じ希釈率にするとよい結果が得られます．

2) 滴定法による，硫黄のブランク測定例
① 沪紙のみを酸素フラスコ燃焼した液に，0.005 mol/L の硫酸アンモニウムを 2 mL 加えた液を A 液とし，純水に 0.005 mol/L の硫酸アンモニウムを 2 mL 加えた液を B 液とします．
② それぞれを 50% の 2-プロパノール溶液として pH を調整します．これに指示薬を加えた後，0.005 mol/L の酢酸バリウムで滴定します．
③ A 液の酢酸バリウム消費量から B 液の酢酸バリウム消費量を引いた差を沪紙のブランク値とします（0.01 mL 程度）．

3) 沪紙のブランク値を小さくする方法
① 無灰沪紙や無灰硬質沪紙（例：東洋濾紙 No. 6, 7 やワットマン沪紙 No. 44, 540）をヘキサンで洗浄処理した後，使用すると特に塩素のブランクが減少します．
② 測定に使用する沪紙は直接指で触れないようにし，切断・成型後にデシケ

ーター中に保存します．

Question 3.7
試料をパラフィルムに包んで燃焼させる方法とはどのようなものでしょうか？

Answer 3.7

本法は，液体試料の揮発や昇華を防止するために使用します．また難燃性試料を，パラフィルムに包んで燃焼させることにより，燃焼熱による試料の揮散防止と助燃効果が得られます．以下に要点を示します．

① 操作は手袋を使用し，はさみは他用厳禁としてブランクの発生を防ぐ．

② 最初に型紙をつくる．型紙の紙質は，パラフィルムをあててスパーテルで押しても圧着しない，ラベルの台紙のようなものが適当である．型紙は片側直角の逆台形で，内径は底 3 mm，深さ 4 mm，口径 5 mm 程度とする．短形でもよいが，すすの発生を防ぐためになるべくパラフィルムの量を少なくし，また，口が広いほど試料を入れるのに便利なため台形とする．

③ パラフィルムの厚さは通常 140 μm 程度のもので，揮発性液体以外に昇華性試料にも使用できる．試料を包むのではなく，袋状にしたものに試料を入れる．

④ 二つ折にする前にだいたいの大きさに切り，型紙を挟むようにして二つに折る．次に，傾けたスパーテルで袋の両端を押さえて圧着する．このとき，光に透かして透明にみえれば圧着できている．スパーテルの直角部分で押さえると切断する場合があるので注意する．圧着した両端の余分な部分をはさみで切り捨てる．最後に，型紙が入ったまま口を切る．型紙を入れるのは形状を決めるためと，切断時とひょう量前の圧着を防ぐためである．中に残った型紙は口を切断後，口を曲げるとパラフィルムから離れるので，尖ったピンセットで引き出す．

⑤ パラフィルムの袋とともに風袋をひょう量し，試料を入れてからスパーテルで口を押さえて圧着して密封する．重量を再び測定し試料の量を求める．

⑥ 液体試料は，ガラスキャピラリーであらかじめ入れてある沪紙にしみ込ませる．ひょう量後，口を圧着するが切断はしない．これは，口の内側についた試料を切断でロスさせないようにするためである．

⑦ パラフィルムの大きさは，あまり大きいと燃焼時にすすが出て不完全燃焼する．上述の大きさであると，助燃剤的効果があり，沪紙だけのものと比べて燃焼温度が高く，燃焼時は白熱光の炎がみられる．この温度は 1,800 ℃ 以上と推定される．

〈参考〉

パラフィルムを巻いた中に試料を入れて燃焼する方法は，ある程度の熟練が要求されるため，簡易な方法として，ラミネート加工沪紙を用いると燃焼温度の

上昇や試料揮散を防止することができます．

Question 3.8
白金網とフラスコの手入れの方法について教えて下さい．

Answer 3.8

1) 白金網

・市販の専用のフラスコに，白金網でできたバスケットやかごが装着されています．バスケットやかごの形状はバケツ形にこだわらず，沪紙が安定して燃焼する形なら何でもかまいません．ただし，白金網を固定する白金線が太いと燃焼温度が奪われて高温にならず，試料の分解効率が著しく低下します．

・白金網の代わりに，耐久性に優れた白金ロジウム合金の網を使用することもできます．

・白金は燃焼酸化に関して触媒効果があるのですが，燃焼に繰り返し使用していくと白金網が劣化し，触媒効果がなくなり分析値が合わなくなります．当初装着された白金網が劣化したら，50～100メッシュの白金網を用意し，必要な大きさに切って補修して使うとよいでしょう．

2) 燃焼フラスコの白金製かごの清浄方法

・白金製かごの清浄には，過酸化水素-希硫酸混合液中に4～5時間浸して酸化皮膜を除去した後，超純水を用いて清浄化します．

Question 3.9
標準試料は何を使えばよいでしょうか？

Answer 3.9

無機標準試料を使用すれば，理論的には正確な値を得ることができますが，有機微量分析では通常±0.3％の精度が要求されるので，元素分析用標準試料を用います．有機試料を燃焼したときの試料溶液の液性や組成が無機標準試料の水溶液とは異なるため，有機標準試料の燃焼生成物を用いて標準液とする方がよいと考えられます．（燃焼分解によりブランク値を生じ，その補正などの処理をしなければなりませんが）はかり取りや希釈の誤差が大きく影響します．

標準試料には，市販の元素分析用または高い純度の試料を用います．

F ： 4-fluorobenzoic acid
Cl ： 4-chlorobenzoic acid
Br ： 4-bromobenzoic acid, 4-bromoacetanilide
I ： 2-iodobenzoic acid
S ： sulfonal, sulfanilamide, thiourea

Cl + S： *S* − benzylthiuronium chloride

F + Cl + S：(4 − chloro − 3 − trifluoromethyl) phenylthiourea

これ以外の標準試料も市販されています．

これらを目的の濃度になるようにはかり取り，燃焼して検量線を作成します．複数の元素を同時分析するときは，数種類の試薬を合わせて燃焼分解することもできますが，はかり取りや吸収液の希釈に気を付けなければなりません．

Question 3.10

検量線の作成方法を教えて下さい．

Answer 3.10

イオンクロマトグラフ法による定量を例として，以下にその手順を示します．

① イオンクロマトグラフ法の検量線は，低濃度と高濃度側で検量線の傾きが異なることが多く，多点検量線を用います．異なる濃度を3～4点とって一次から三次の多項式近似を用いた最小二乗法の検量線を作成します．

② 目的とする試料濃度が，検量線の範囲に入るように作成します．検量線の範囲の一例を表3.6に示します．まず，いちばん濃度の大きいもの（原液）を作成し，それを順次希釈して作成します．なお，希釈調整は通常容量法でにより行いますが，Question 3.11 に示すように重量希釈法を用いると信頼性が向上します．

③ 定量法は，JIS K 0127「イオンクロマトグラフ分析通則」によるが，内部標準法を用いることもあります．通常は，ピーク面積で検量線を作成し定量します．

④ 試料量が一定であれば，検量線の濃度範囲を狭くして挟み込む方法もあります．

⑤ ブランク測定において目的ピークが観測されなければ，最低濃度とゼロを直線で結ぶ線を検量線として用いることもできます．燃焼生成ガスのブランク値が小さいほど，検量線が原点付近を通り定量精度が上がるので，ブランク値は必ず測定します．

〈参考別法〉

日本薬局方では，無機標準物質にフッ化カリウム（KF），塩化ナトリウム

表 3.6　検量線の作成方法

元　素	空試験	希釈比率 10倍	希釈比率 2倍	原　液
F	ブランク	0.5 mg/L	2.5 mg/L	5 mg/L
Cl, Br	ブランク	1 mg/L	5 mg/L	10 mg/L
I, SO$_4$	ブランク	4 mg/L	20 mg/L	40 mg/L
Na	ブランク	0.5 mg/L	2.5 mg/L	5.0 mg/L
K, Mg	ブランク	0.5 mg/L	2.5 mg/L	5.0 mg/L

(NaCl)，硫酸（H_2SO_4），硫酸ナトリウム（Na_2SO_4）を用いています．

フッ素の比色法では，無機物と有機物の燃焼方法により発色が変わり，さらに操作する人により差が生じることがあります．このようなときは，化学組成の似た標準試料を燃焼して検量線を作成するとよいでしょう．

Question 3.11
重量希釈法とはどういう方法ですか？

Answer 3.11

容量法では試料溶液を希釈する場合，ホールピペットやメスフラスコなどの器具を用いて希釈しますが，重量希釈法では試料液量をてんびんではかり，それに希釈溶媒を加え，その全量をてんびんではかることで，正確な希釈率を重量により求めます．この方法では，メスフラスコの標線合わせが不要で，溶媒が水の場合，0.1gが0.1mLに相当します（厳密には温度によって異なります）ので，分析てんびんを使用すれば正確な希釈率が求まります．

酸素フラスコ燃焼法における重量法は，酸素フラスコの重さをあらかじめはかり，洗浄・希釈後の重さをはかれば，その差から溶液全量を求め希釈率が計算できます．一つのフラスコで操作が完結しますので，吸収液をメスフラスコに移し入れて定容とする操作が減り，標線合わせも不要になります．

[重量法による希釈操作例]
① 試料溶液 a g をとり，溶媒 b g で定重量とします．
② $a=1$ g，$b=99$ g のとき，希釈率は $1/(1+99)=100$ 倍となります．
③ 標準液もこれと同じ方法で希釈します．
④ 内部標準法を用いる場合も上記重量希釈法を用います．
⑤ 絶対検量線法を用いる場合も，試料液および標準液とも溶媒（水）の比重にほぼ等しいので，重量希釈法を用いることができます．

酸素フラスコ燃焼とイオンクロマトグラフ法の組合わせに重量希釈法を採用する理由の一つとして，コンタミネーションを起こす機会を減らす目的があります．

Question 3.12
標準液の保存期間はどれくらいでしょうか？

Answer 3.12

市販の標準液は，冷蔵保存で証明書の保証期間（半年から1年）を目安に保存できます．なるべく小さい包装のものを購入し，そのまま使い切るようにして下さい．次の手順で自製した標準液は，冷蔵庫で1カ月保存できます．

F：5，Cl：10，Br：10，SO_4：30，PO_4：30（mg/L）

・標準液の100倍濃い原液100 mLを調製します．この原液1 mLを100 mLのメスフラスコにとりメスアップすると，標準液が作製できます．
・調製に用いる超純水は，比抵抗18 MΩ以上のもの用います．
・陽イオンの標準液も同様で，保存期間は1カ月です．ただし，陽イオン標準液を保管する場合，軟質ガラスはガラス成分のナトリウム（Na）が溶け出しますので，ポリプロピレン製の容器を用います．
・標準液は，イオンクロマトグラフ法の性能確認に使用しますので，室温保存する場合，1～2週間程度で使い切ることが望ましいでしょう．

Question 3.13

定量範囲はどこまでとすればよいでしょうか？

Answer 3.13

一般的に標準液の濃度を小さくしたときに，その再現性が，RSD％＞10％になった点を定量下限とします．このために試料濃度に対してRSD％をプロットし，これよりRSD＝10％となるときの濃度を定量下限とする方法か，ブランク試料の測定値の標準偏差の10倍を定量下限にする方法がとられています．また，定量下限として検出下限の3.3倍とする方法も提案されています．

陰イオン交換樹脂の分離カラムと，陽イオン交換膜あるいは陽イオン交換樹脂のサプレッサーを用い，溶離液に2.7 mmol Na_2CO_3＋0.3 mmol $NaHCO_3$混合液を用い，流量1.2 mL/minで25 μLの試料を導入したときの定量下限は，ほぼ次の値となります．

　　F：0.05，Cl：0.1，Br：0.1，SO_4：0.2，PO_4：0.3，I：0.5（mg/L）

もちろん，ベースラインの安定性，ノイズレベル，カラムの汚染程度により定量下限は変わります．一方，定量上限は使用するカラムの交換容量や注入量により異なりますが，一般的な目安は次の値です．

　　F：10，Cl：10，Br：20，SO_4：50，PO_4：50，I：100（mg/L）

一般に検出限界は，ブランク値＋$t(\phi, 0.10) \times \sigma$で求められます．

例えば，分析値としてσ（標本標準偏差）＝0.15％とすると，ブランク値＋0.6％が検出限界（下限）となります．

【参考文献】
1) 藤森利美，"分析技術者のための統計的方法"，第2版，p. 339，丸善（1995）．

Question 3.14
燃焼後の試料の保存期間（保存時間）はどれくらいでしょうか？

Answer 3.14
　分解吸収液は密閉できるポリ容器に入れ，冷蔵庫内に保管することにより約1カ月間，安定に使用できます．ただし，分解吸収液の液性によっては時間の経過とともに状態が変わる場合があるので注意してください．保存溶液を冷蔵庫から出すと結露しますので，室温に戻してから使用します．また，濃度が小さい場合は保存期間が短くなります．

　燃焼直後は吸収液中の炭酸によってpHが小さくなり，フッ素などの分析値がマイナスになります．しばらく放置して，炭酸が減少してpH 8くらいになってから分析するとよいでしょう．

　塩素とフッ素を含有する試料を分析する際，調整した試料溶液を3時間程度放置すると，塩素の保持時間が短縮し測定値が上昇することがあります．これは，沪紙中の塩素や有機酸が原因で，吸収液の量および組成，沪紙の大きさが影響します．一夜おくとピークが広がるのですが，3時間程度の保存では保持時間は変わりません．

　また，セレン化合物を酸素フラスコ燃焼法で分解すると亜セレン酸を生成しますが，時間の経過とともに亜セレン酸の一部がセレン酸に変化しますので，正確な定量が難しいことがあります．

　燃焼管分解法でヨウ素を測定した場合，分解直後はヨウ素イオンとして測定できるのですが，時間が経過すると吸収液中の過酸化水素によって，ヨウ素イオン（I^-）が酸化してヨウ素酸イオン（IO_3^-）に変わるため測定値も変わってしまいます．

Question 3.15
無機成分を含む試料を燃焼するときはどのようにすればよいでしょうか？

Answer 3.15
　酸素フラスコ燃焼法では，試料に含まれる金属などの無機成分は燃焼によりハロゲン化物，硫酸塩となり，それが燃焼時の高い温度により熱分解して酸化物や金属が単離するものと，塩のまま安定に存在するものとがあり，これらは混在することが多くあります．

　灰分が白金製かごに残留し，または灰分がこぼれて吸収液に浮かんで残ることがあります．白金網に付着したものは，洗浄液でよく洗って残留物を落として吸収液に溶かします．残留物が溶けないときは適当な酸を加え，必要なら弱く加熱して溶かし，定量用原液とします．ただし，イオンクロマトグラフ法では無機酸

も検出されますので，測定元素に合わせて酸を選択します．

　燃焼管分解法の場合は，硫黄はナトリウムと硫酸ナトリウムを形成し，カルシウムと硫酸カルシウムを形成します．塩素は銀と塩化銀，フッ素はホウ素とフッ化ホウ素を形成し定量を妨害します．これ以外の無機成分も金属塩などを形成しますので，これを防ぐには酸化タングステンや四酸化三コバルト，酸化鉄などの添加剤を加えて燃焼分解します．

2. イオンクロマトグラフ法

Question 3.16
イオンクロマトグラフ法の一般的な始業点検について教えて下さい．

Answer 3.16
　イオンクロマトグラフはその構成により，電気系・溶液系・機械系の点検を行います．電気系の点検では電源が入り，各部のモニターが正常に表示されることを確認します．溶液系は液の調製と流量を，機械的部分についてはバルブの動作と液漏れなどの確認をします．次に，標準液を測定しピーク形状，検出時間が前回と同様に正常に分離することを確認して，検量線の校正を行います．

　データ処理ソフトに，校正プログラムがない場合は検量線作成を行います．

　標準液は，市販の7成分標準液などを用いてクロマトグラムの判定をします．ピーク形状の判定ではテーリング，リーディングなどに注意します．

　分離度の判定には，クロマト処理ソフトを用いるとよいでしょう．このとき，分離度の許容範囲をあまり狭くすると，カラムフィルターやカラム交換が必要という指示が出ることがあります．

　溶解液やサプレッサー用除去液をあらかじめ正確につくっておき，調整時に正確に希釈して使用すれば，有効な管理ができます．

　使用簿には日付，測定者，カラム圧力と流量，バックグラウンド電気伝導度などを記録しておくとよいでしょう．

Question 3.17
ベースラインノイズでは，どのようなことに注意すればよいでしょうか？

Answer 3.17
　ハロゲンおよび硫黄分析には，陽イオン交換膜のサプレッサーを用います．陰イオン分析の溶離液は通常，Na_2CO_3 と $NaHCO_3$ の混合液が用いられますが，この液は数 mmol の濃度でもサプレッサーなしでは 800〜1,000 μS の値を示します．

これをサプレッサーに通すことにより溶離液中の Na が H に交換され，Na_2CO_3，$NaHCO_3$ は H_2CO_3（弱伝導度）に変換され，ベースラインの電気伝導度が 15 μS 程度に下がります．この働きが正常に働かないと，ノイズやベースラインドリフトの原因になります．さらに，サプレッサーの使用モードによりベースラインノイズの大きさが異なります．例えば，リサイクルモードでは 15 nS（0.015 μS）以内に収まる必要があります．もしそれ以上の数値を示すときは，サプレッサーの汚染や乾燥などで不安定な状態になっていることが多く，サプレッサーの洗浄や活性化が必要となります．

サプレッサーの活性化とは，イオン交換膜の状態を活性化する操作で，陰イオン分析用のサプレッサー（陽イオン交換膜）の場合は，通常 0.1 mol/L H_2SO_4 をイオン交換膜に流し，しばらく H_2SO_4 に触れた状態で 30 分以上静置します．

一方，アルカリ金属とアルカリ土類金属などの陽イオン測定には，陰イオン交換膜のサプレッサーを使用し，活性化液は 0.2 mol/L NaOH を用い，陰イオン分析用と同様に 30 分以上静置します．

サプレッサー以外にポンプシールの劣化，逆流防止弁の汚染，液漏れなども原因となりますので，定期的に検査をします．

Question 3.18

イオンクロマトグラフ法の分離が良好かどうかの判断はどのようにすればよいでしょうか？

Answer 3.18

分離カラムの状態が良好であるかどうかを確認するには，ハロゲン・硫黄混合標準液を測定して得たクロマトグラムから，分離状態やピーク形状を確認します．

分離カラムには出荷時に成績表がついていますので，この成績表に指定された標準液濃度と注入量が等しくなるようにして分離状況を比較し，分離が良好に行われていることを確認します．

測定イオン以外の干渉ピークが現れたときは，以下の点について検討します．

①試料量を小さくしてクロマトグラムを描かせる．
②試料量を小さくしても分離しないときは，溶離液濃度を下げる．濃度が低いほど溶出時間が遅くなる傾向があり，全体の溶出時間が延長されて分離する．

ピークの形状は左右対称なものが多いのですが，特徴的に非対称イオンがあり，Br^-，NO_3^- などはテーリング気味に溶出します．これらは，濃度が大きくなると非対称性も大きくなります．また，このときはピークトップの位置が少しずれます．

分離容量を超えたときは，ピークがテーリングして対称性がなくなります．このときは定量値に影響が出ますので，試料量を減らすことにより定量値を得るの

がよいでしょう．

　ピークがリーディングするイオンはほとんどありませんので，ピークがリーディングするときは，そのピークが単一成分のピークかどうかを疑ってみる必要があります．さらに，分離カラムのイオン交換樹脂の充塡状態に異常がないか，不純物による汚染がないかを確認します．この場合は，カラムを洗浄すると回復することがあります．

　いずれにしても，同程度濃度の単一成分の標準液でピーク形状を確かめ，形状が異なるときは分離条件を変えて確認することが，まず必要です．

　分離特性の改善には，分離カラムの種類を変えて分析条件を見直すのもよいでしょう．通常の陰イオン分析カラムの溶出順序は F^-，Cl^-，NO_2^-，Br^-，NO_3^-，PO_4^{3-}，SO_4^{2-}，I^-ですが，タイプの異なるカラムでは F^-，Cl^-，SO_4^{2-}，PO_4^{3-}，Br^-，NO_3^-，I^- に変更することができます．

Question 3.19

カラムの洗浄はどのように行えばよいでしょうか？

Answer 3.19

　カラムの洗浄は汚染物に応じて，それぞれに適した洗浄液を用いるのが基本です．洗浄方法は，分離カラムの後ろにガードカラムを取り付けて，洗浄液をポンプで流して行います．

　1) 多価イオンによる汚染の場合

　通常の溶離液の5〜10倍の濃い溶離液を調製し，ガードカラムを取り付けて流します．

　2) 有機物による汚染の場合

　有機溶媒対応のカラムであれば，メタノールかアセトニトリルを流します．ただし，陽イオン分離カラムおよびそのガードカラムは使用できません．

　3) 金属汚染の場合

　シュウ酸などの有機酸と塩酸の混合液（0.1 mol/L 程度）を，毎分1 mLで1時間流します．

　いずれの場合も，カラムメーカーのマニュアルなどを確認して洗浄を行って下さい．

> 〈知恵袋：分離カラムの保存方法〉
> 　測定間隔が開く場合，ガードカラム，分離カラムは，保存用の液に入れ替え密栓して乾燥を防ぐことが重要です．陽イオンカラムの保存液は，pHをメタンスルホン酸などで低くしておくこと．また，陰イオンカラムの保存液は，水酸化ナトリウムなどでpHを高くするとよいでしょう．

Question 3.20

保持時間の変動の原因は何でしょうか？

Answer 3.20

保持時間の変動原因は，分析装置による場合，カラム特性と試料濃度により起こる場合があります．

・分析装置の不具合では，溶離液の流量変動により保持時間が変動し，このときはベースラインも変動します．この原因は，溶離液を送り出すポンプのヘッド部分に気泡が入り込み圧力が変動して流量が変化する，または，ポンプの逆流防止弁が汚れて正常に作動しないことなどが考えられます．気泡が入り込んだ場合は，シリンジなどを用いて気泡抜きを行い，逆流防止弁の汚れは，防止弁を取りはずしてアルコール中で超音波洗浄を行います．

・イオンクロマトグラフには，溶離液中の空気を脱気するデガッサーが取り付けられる場合が多くありますので，デガッサーの真空度もチェックして下さい．

・イオン交換容量の小さい（保持力が弱い）カラムの場合，高濃度イオンがカラムに保持できず保持時間が短くなり，ピークがテーリングします．

・内標準として添加するリン酸イオン（PO_4^{3-}）はpH依存性が強く，溶離液を長期間放置すると溶出時間が変化します．

・カラムヘッドのフィルター目詰まりやカラム劣化も原因となります．必要に応じて，フィルターの交換やカラム交換を行います．

・溶離液は，古くなった液は廃棄して，必ず新しい液に入れ替えて下さい．

Question 3.21

ピークが出ないときの原因と対策は？

Answer 3.21

ピークが検出されない場合は，以下のような原因が考えられます．

・インジェクションバルブの駆動不良により，試料が注入されていないことを疑います．この場合は試料ピークはもとより，ウォーターディップも出ないので容易にわかります．エアー駆動のインジェクションバルブでは，バルブ供給ガス圧を点検します．電動型のインジェクターでは，バルブ駆動用モーターのトルク不足や，電源基板，モーターの故障などが考えられます．

・インジェクションバルブのラインの詰まりが原因であることも考えられます．特に，サンプルループにつながっているバルブ内部の溝の詰まりや，試料，溶離液が通る穴の詰まり・液漏れなどを点検して下さい．この場合は，インジェクションバルブの分解掃除が必要となります．

・サプレッサーのイオン交換膜が破損しますと，バックグラウンド電導度が上

昇しピークが小さくなったり出現しなくなりますので，この場合はサプレッサーを交換します．

・オートサンプラーを使用しているとき，試料を吸引しないなどのトラブルが起こった場合，試料吸引チューブ，インジェクションバルブの目詰まりを確認し，必要に応じて交換，清掃します．

Question 3.22
イオンクロマトグラフ法の妨害イオンにはどのようなものがありますか？

Answer 3.22

窒素含有率の大きい試料では，燃焼分解により大量の窒素酸化物（NO_x）を生成し，これが吸収液中で亜硝酸イオンや硝酸イオン（NO_3^-）のピークとなり，塩素イオン（Cl^-），臭素イオン（Br^-），リン酸イオン（PO_4^{3-}）のピークと重なり分離を難しくします．

このときは，試料の量を減らして窒素酸化物の生成量を少なくしたり，溶離液のpHをアルカリ側にしてPO_4^{3-}の溶出位置を硫酸イオンSO_4^{2-}側にシフトさせます．改善できない場合は，分離カラムの種類を変えるなどの対策をとります．また，酸素フラスコ燃焼において，濾紙や試料の不完全燃焼などによって生成する有機酸が影響することもあります．このときは，助燃剤を加えたり濾紙の量を変えたりして，完全燃焼するようにします．

吸収液に添加する過酸化水素水の不純物がフッ素や塩素の測定を妨害するので，純度の高い過酸化水素水に取り替え，添加量を少なくするなどの工夫をします．溶離液の純度が低い場合，目的イオンに対する負の干渉が起きることもあります．

Question 3.23
オートサンプラーは必要でしょうか？

Answer 3.23

試料溶液の注入は定量精度に大きく影響するので，測定数が多い場合は，オートサンプラーは必需品となります．オートサンプラーの試料採集精度が高ければ，測定値の再現性が高くなります．

イオンクロマトグラフ法では，一般的にオートサンプラーとカラムでの分離，インテグレーター計測の三つを合わせて，誤差±0.3%を達成しています．

試料溶液を注入する方法には，ループ方式とシリンジ方式の2通りがあります．前者は一定容量のチューブに液を満たし，その全量を注入します．後者はシリンジに任意の量を吸引して注入します．通常，ループ注入法によるとき，オートサ

ンプラーの再現性は 0.1～0.3% で，マニュアルインジェクションでもループ注入法で行えば同様の再現性が得られます．一方，オートサンプラーを用いても，可変注入法はループ方式に比べると，再現性は若干低下します．

オートサンプラー用サンプルチューブは，市販のイオンクロマトグラフィー用ディスポーザブル（ポリスチレン製）チューブの 2 mL を使用します．チューブそのもののブランクはゼロです．これは，洗浄して 100℃で乾燥しても変形せず，繰返し使用に耐えます．一方，パイレックスガラス製サンプルチューブは，ブランクが出やすいという報告もあります．

オートサンプラーに用いるサンプルチューブが開放型の場合，測定にかかるまでの待機時間に水分が蒸発して，分析値を高くする影響があるので注意が必要です．サンプルチューブに栓を取り付ける密封型の場合は，栓の材質や厚さによっては，前回注入した試料の汚染やシリンジ目詰まりなどに注意して下さい．

3. 各元素の定量法

Question 3.24

フッ素含有試料測定のコツを教えて下さい．

Answer 3.24

イオンクロマトグラフ法によるフッ素の定量では，試料溶液中の炭酸の有無によりウォーターディップやピーク形状が変化します．ウォーターディップは，酸素フラスコ燃焼法で生じる多量の二酸化炭素が，吸収液に吸収されていることが原因と考えられます．対策として，吸収液を軽く煮沸してから標準液の温度と同じ温度に調整後，測定すると改善できます．

分離カラムによっては，ウォーターディップのすぐ後にフッ素ピークが出るものがあります．この場合，面積のとり方やブランクを一定にすることなどの注意が必要です．フッ素は感度が高いため，試料中の含有量が多いときは，検量線の測定範囲を越えてしまうことがあるので注意します．

サプレッサー型装置の場合，ウォーターディップを解消するために酸素フラスコの吸収液に溶離液を用いると，燃焼によって生成した二酸化炭素を吸収し pH が 5.4 付近まで下がり，その結果，フッ素ピークの高さが低くなります．この溶存炭酸は時間の経過とともに散逸するので，pH が上がり，それに従って感度も上昇します．これは，溶離液を吸収液にしたときの分析誤差要因の一つです．この対策として，次のような方法があります．

① フラスコ中の吸収液を酸素でバブリングする．
② チューブポンプによる自動注入法を用いる場合は，1% KOH 溶液に浸したゴアチューブを通して脱気する．

アニオンカラムの溶離液は，15 mmol/L 炭酸ナトリウム-10 mmol/L 炭酸水素

ナトリウムを使用しますが，これでウォーターディップの影響が出る場合は，ホウ酸溶離液を使用してリテンションタイムを少し大きくすると妨害しなくなります．また，炭酸除去カラムはウォーターディップの原因になるので，使用には注意が必要です．

テフロン中のフッ素の分析では，テフロンは安定な難燃性気体となって分解しにくいため，助燃剤を用いて分解します．過酸化ナトリウム（Na_2O_2）を助燃剤に用いると，燃焼時の炎が 5 cm 程度と大きくなり，安全面に問題があります．さらに，分解後に黒色灰分が相当量残ること（白金網の劣化）もあり，測定結果は改善されず効果がありませんでした．

シリコーン油中の微量フッ素の分析は，石英管燃焼法（JIS K 2541 参照）により大量の試料を洗浄空気中で燃焼する方法が勧められます．検量線は，燃焼分解後の試料溶液を F：(5～40 ppm) がなるように作成します．この方法では 1 ppm まで測定できます．酸性で吸着を起こすカラムを用いている場合には，フッ素の残留ピークに注意が必要です．

Question 3.25

塩素含有試料測定のコツを教えて下さい．

Answer 3.25

塩素の定量では，酸素フラスコ燃焼法の沪紙のブランクが大きな影響を与えます．5 ppm 以下の試料溶液については，相対標準偏差（RSD）0.2～0.3% の精度で定量可能で，含有率 5～1 ppm まで測定できます．また，ノンサプレッサー方式では定量下限は約 2 ppm 程度です．

・高濃度塩素含有試料には難燃性のものがあります．これらはパラフィルムで試料を包み燃焼分解させると，パラフィルムの燃焼が助燃剤効果になります．

・高濃度フッ素含有共存試料の場合，イオンクロマトグラフ法ではフッ素の濃度が高いとピークがテーリングを起こし塩素ピークと重なることがあります．この場合は溶離液の濃度を下げ，流速を遅くしてフッ素と塩素の溶出時間を長くして測定します．また，高交換容量カラムを用いても，フッ素と塩素の分離が改善できます．

・前処理用の銀カラムに試料溶液を注入し，塩素を塩化銀として捕集します．フッ素は素通りして排出されますので，次に塩素を吸着させた銀カラムにアルカリ溶液を流して塩素を溶出させ，この溶液を測定する方法もあります．

・吸収液に添加した過酸化水素（H_2O_2）は，白金網などと煮沸して分解するとよいでしょう．ただし，H_2O_2 の含有率が 0.5% 以下の場合，分解除去は不要です．

Question 3.26

臭素含有試料測定のコツを教えて下さい.

Answer 3.26

以下のように注意をまとめてみました.

・吸収液にヒドラジンを添加して,臭素を完全に臭素イオン(Br^-)に還元します.ヒドラジン溶液が古い場合,データがばらつきやすくなりますので新しいものを使用します.

［注］ 抱水ヒドラジンは変異原性があるので,取扱いの際は保護具を着用し,ドラフト内で注意して取り扱わなければなりません！

・微量の臭素定量で,亜硝酸イオン(NO_2^-)や硝酸イオン(NO_3^-)のピークと臭素のピークが重なる場合は,分離条件を変更する必要があります.酸素フラスコ燃焼法では,化合物の中の窒素および空気中の窒素(N_2)からNO_2^-,NO_3^-が生成するので試料燃焼の際に空気を混入させないことが必要です.

・酸素フラスコの白金製かごが劣化するとデータがばらつきやすい傾向があるので,白金製かごが劣化している場合は新品に交換するとよいでしょう.

・臭素は他のハロゲンや硫酸のピークに比べて感度が小さく,臭素酸(BrO_3)や臭素(Br_2)として吸収液中に存在する可能性もあるので,還元剤を加えて臭素イオンにするのです.

Question 3.27

ヨウ素含有試料測定のコツを教えて下さい.

Answer 3.27

燃焼分解吸収液にヒドラジンなどの還元剤を加えて,ヨウ素酸(IO_3)やヨウ素(I_2)などの分解生成物をすべてヨウ素イオン(I^-)に還元する必要があります.

イオンクロマトグラフ法では,ヨウ素のピークは通常,最後に検出されるので,保持時間が長く,ピークはブロードになります.そのため,通常の測定条件では分析時間を要し感度も小さいために,得策とはいえません.

酸素フラスコ燃焼–イオンクロマトグラフ法によるヨウ素の定量では,ピーク幅が標準に比べて実試料では大きくなる傾向があります.対策方法として,カラム温度を例えば25℃から40℃にすることで,保持時間を20分から15分に短縮してピークをシャープにすることができます.

ヨウ化物イオンは紫外部に吸収があるので,電気伝導度検出に比べて感度のよい紫外吸光度検出器を用いて定量する方法もあります.これには,以下の方法があります.

〈方法1〉 溶離液の濃度を通常の4倍にして，保持時間を短くします．波長検出器は227nmとします．吸収液はヒドラジンを使用．

〈方法2〉 ヨウ素の溶出時間の早いShodex SI 90-4Eなどの分離カラムを用い，硫酸ピークの影響を回避するため波長を240nmとして測定．

〈方法3〉 ODSカラムを用い，四級アンモニウム塩を加えた溶離液で溶出し，波長を227mmとして測定する逆相イオン対法．

Question 3.28

硫黄含有試料測定のコツを教えて下さい．

Answer 3.28

硫黄含有量の多い（50～80%）試料の測定再現性が悪いのは，以下のような要因があります．すなわち，有機硫黄化合物は燃焼により二酸化硫黄（SO_2）を生成し，過酸化水素の存在下，水に吸収されて，硫酸（H_2SO_4）になります．ただし，過酸化水素の存在量が少ないと硫酸イオン（SO_4^{2-}）の生成が不完全となり，実際よりも小さな測定値になります．また，試料の不完全燃焼や，金属，特にアルカリ土類金属の共存などは，実際よりも小さな測定値となることがあります．

イオンクロマトグラフ法では，硫酸イオンの生成が完全であれば，無機塩により得られた検量線を用いても定量的に測定されます．

・硫黄含有試料はゴム片や石炭など，不完全燃焼を起こしやすいものが多く，燃焼分解条件に注意します．

・金属含有試料，高含有率試料（50～80%），金属錯体，酸化体などの難燃性試料は，試料量を減らして完全燃焼するようにします．

・イオンクロマトグラフ法は，分析条件により，セレン酸，亜セレン酸，リン酸などのピークと硫酸ピークが重なる場合があります．

・ハロゲンが30%以上共存する試料のときは，吸収液中にアルカリとH_2O_2の両方を含むことが必要です．

・硫黄とヨウ素を共存する試料では，H_2O_2とヒドラジンを同時に加え，素早く燃焼させて，同時分析します．

・硫黄とフッ素を共存する試料では，硫黄の値が+0.4～+0.8%と正の誤差が出ることがありますが，吸収液のpH値を上げると解決します（硫黄と塩素共存試料でも同様に解決します）．

・日本薬局方の硫黄定量法は，燃焼分解しやすい化合物を対象としているので容易に定量できます．しかし，燃焼分解しにくい試料の場合はうまくできない場合があるので注意が必要です．

・多量の塩素を含む塩化ビニル中の硫黄（10ppm）の分析では，前処理カラムに硝酸銀を入れて銀カラムを調整しておき，これに試料を通せば塩素が除去され硫酸だけ溶出されるので，この溶液をイオンクロマトグラフ法で測定すると精度

のよい定量が可能となります．

・硫酸と難溶性の塩を形成するバリウム，カルシウム，銀などが共存している場合は，フラスコの底に沈殿ができます．これらが溶けない状態では正しい測定はできません．

> 〈知恵袋：微量硫黄の測定〉
> 石英燃焼管法により，吸収液を変えないで，試料を少量ずつ分解する操作を繰り返し，吸収液中の燃焼生成物の濃度を上げてから測定すると，0.01％の硫黄の定量ができます．

Question 3.29

リン含有試料測定のコツを教えて下さい．

Answer 3.29

リン含有試料の測定において，酸素フラスコ燃焼法では吸収液に過塩素酸を加え，標準試料（例：キシダ化学のトリフェニルホスフィン，P＝11.81％）を測定しても回収率，再現性ともによくない場合があります．このようにリンの分析値が小さくなる原因は，有機リン化合物が燃焼によりリン酸イオン（PO_4^{3-}）のほかに，ピロリン酸イオン（$P_2O_7^{4-}$），トリリン酸（$P_3O_{10}^{5-}$）などを生成することによります．トリフェニルホスフィンの場合は比較的燃焼されやすくPO_4^{3-}の回収率は90～95％ですが，難燃性リン化合物ではPO_4^{3-}の回収率は50～60％となり，トリフェニルホスフィンの回収率とは異なります．このように化合物間で大きく異なるので，この対策は十分な燃焼分解をすることに加えて，吸収液に硫酸（H_2SO_4）や過塩素酸（$HClO_4$）などを添加し十分に加熱処理して$P_2O_7^{4-}$，$P_3O_{10}^{5-}$などをPO_4^{3-}にする必要があります．また，燃焼時に縮合リン酸になって灰分として白金網に残留した場合も，白金網を硫酸や過塩素酸を加えた吸収液に浸し十分に加水分解してPO_4^{3-}にします．

このようにリン分析値が理論値と一致しない原因のほとんどは，試料中のリンが完全にPO_4^{3-}になっていないことによります．トリフェニルホスフィンやトリフェニルホスフェイトなどの燃焼しやすい試料を用いたときも，白金網とフラスコ壁を酸溶液中で加熱洗浄する必要があります．

また，リン酸塩試料の測定では，試料溶液に亜硝酸を加え紫外線を照射すると，オルトリン酸（PO_4^{3-}）となりリンが全量測定可能となります．

Question 3.30

有機塩類試料測定のコツを教えて下さい．

Answer 3.30

　　塩の種類は，試料によって異なりますが，塩酸塩，硫酸塩，ナトリウム塩などの無機塩やメシル酸塩，クエン酸塩などの有機酸がその対象となります．

　　・塩酸塩や硫酸塩などの水に溶けやすい可溶塩は，そのまま溶解して陰イオンカラムで測定すると，塩の定量ができます．

　　・可溶，不溶を問わず，通常試料と同様に燃焼分解して塩と化合物中の全量のハロゲン，硫黄の測定ができます．

　　・ナトリウム塩などの水可溶塩は，そのまま溶解して陽イオンカラムで測定すると，ナトリウムの定量ができます．

　　・アミノ酸輸液中の Na，K，Ca，Mg 測定を陽イオンカラムを用いたノンサプレッサー法で測定すると，Na，K などアルカリ金属以外にアミノ酸も検出されます．陰イオンサプレッサーを用いると，アミノ酸が除かれ金属イオンのみ検出されたクロマトグラムが得られます．このようにサプレッサーを使用するとクロマトグラムが異なる場合があります．

　　・塩酸ベンジルチオ尿素（S-benzylthiouronium chloride）は有機溶媒に溶解するので，塩素イオン標準液の材料として用いることができます．

4. 自動燃焼分解前処理装置付イオンクロマトグラフ法

Question 3.31

どのような装置がありますか？

Answer 3.31

　　装置は次の2社から市販されています（3.3.3 参照）．

　　・ヤナコ機器開発研究所：微量有機ハロゲン・硫黄分析システム HSU シリーズ：HSU-20/HNS-15/HAS-25 型

　　・ダイアインスツルメンツ：有機元素分析システム XS シリーズ：XS-100 型

〈原理と特徴〉

　　どちらの装置も若干の違いはありますが，基本原理は同じです．燃焼分解やガス吸収などの部分にそれぞれの特徴があります．酸素フラスコ燃焼法はフラスコ中で試料を分解するのですが，これらの装置では試料を高温炉を備えた石英製燃焼管中で分解します．電気炉は横型で，試料をボート型の容器にはかり取り，燃焼管に挿入する方式です．燃焼分解ガスを吸収液で捕集しイオンクロマトグラフへ自動的に注入して，定性または定量を行います．キャリヤーガスはヘリウムま

たはアルゴンに酸素を加えた混合ガスに飽和水蒸気を添加して，燃焼管へ導入します．このように，試料前処理燃焼分解部とイオンクロマトグラフ部，装置コントロールおよびデータ処理のPC，オートサンプラーなどの周辺機器を一式のシステムとしています．

〈元素分析用装置の特徴〉

1) 水蒸気添加法

キャリヤーガスを加湿して燃焼生成ガスを多量の水分とともに送り出し，試料成分の回収率を改善できます．加湿雰囲気で試料を燃焼分解することでハロゲンの分解を促進し，さらに凝縮水により目的成分の回収率が向上します．

($X_2 + H_2O \longrightarrow HX$. X：ハロゲン元素)．

2) トラップカラム

有機微量分析の試料は10%オーダーの硫黄を含むものが多くあります．そのため，回収率の改善策として前述の2方式ともトラップカラムを用いています．

Question 3.32

試料量はどのくらい必要ですか？

Answer 3.32

ハロゲンや硫黄の含有率はきわめて小さいものから大きいものまで幅広く分布し，一律に試料量を決めることはできません．目的成分量に合わせて試料の量を変える必要がありますが，数%から20%程度の含有率なら，試料量は通常1〜3 mg使用し，最大10 mgとされています．

精度よい分析をするには，燃焼分解能力およびガス吸収能力の範囲内で，さらにイオンクロマトグラフの検量線範囲に目的成分が入る量を採取します．

燃焼管分解法は，酸素フラスコ燃焼法と異なり大量の試料を燃焼することができ，広い範囲の試料量に適用可能です．

有機標準試料を用いたイオンクロマトグラフの検量線範囲は，各元素のピーク感度によって異なりますが，F, Cl：30〜300 µg, Br：50〜500 µg, I：100〜1,000 µgといわれています．

Question 3.33

検量線の作成方法を教えて下さい．

Answer 3.33

市販の元素分析用標準試料（例えば，フッ素，塩素，硫黄の3元素含有のキシダ化学製SP-58（4-chloro-3-trifluoromethyl）phenylthiourea）または純度の高い標準試料を用いて検量線を作成します（Question 3.10参照）．

1) 絶対検量線法

検量線作成に用いる標準液は，塩化ナトリウムなどの無機標準試料を溶解して作製する方法と，元素分析用有機標準試薬を燃焼分解法による前処理を行って作製する方法があります．後者は，既知量の標準試料を 2〜3 点はかり取り，燃焼分解後分離したイオンクロマトグラムから各イオン成分を定性し，付属のデータ処理ソフトを使ってピーク面積から検量線を作成します．装置や搭載カラム，元素によって多少の違いがありますが，異なる濃度（試料重量）を 2〜3 点測定し，最小二乗法で一次式から三次式などの検量線を作成します．または，試料濃度範囲を狭くして一次または二次式を用いた最小二乗法で，目的濃度（重量）を挟み込むように作成する方法もあります．

2) 内標準法

イオンクロマトグラフ法のリン酸標準液をあらかじめ吸収液に加えておき，内標準物質とする方法があります．未知試料中にリンが含有されている場合には，この方法は適用できません．このようなときには，リン酸以外の標準物質を用います．

3) 燃焼分解法のブランク値

酸素フラスコ燃焼法とは異なり，燃焼分解時に沪紙などを使用しないので，基本的にブランク値はありません．しかし，添加した助燃剤によるブランク，前処理装置やイオンクロマトグラフの汚れなどにより，ブランク値が大きく出る場合があります．これらは必ず確認し，助燃剤などのブランク値は測定値から差し引きます．汚染などが原因でしたら，装置をメンテナンスしてから測定します．

Question 3.34

分析精度はどのくらいでしょうか？

Answer 3.34

分析精度は，試料中の目的元素の含有率の範囲が広いため一律に規定できませんが，Question 3.31 の市販されている装置とも有機微量分析用標準試料を用いた測定結果では，有機元素分析の許容誤差範囲は ±0.3% 以内（σ = 0.15%）です．これらは，イオンクロマトグラフ法の精度に前処理装置の精度が加算されたものです．したがって，装置全体のメンテナンスが精度に影響します．

Question 3.35

測定時の注意点があれば教えて下さい．

Answer 3.35

測定には以下のような注意事項があります．

・測定元素が高含有率試料のときには，まず試料の量を減らします．吸収液量を増やして吸収液の吸収能力を大きくします．

・測定値が理論値よりも小さな値になる場合には，以下を確認します．

① 燃焼管後部から吸収液までの接続部のガス漏れ，流路に低温部があり分解生成物の滞留に注意します．このような場合，燃焼管の後尾の部分を洗浄し，その液をイオンクロマトグラフで分析したときに保留成分があればピークが出現しますので確認できます．

② キャリヤーガスの流量を確認します．装置によってはキャリヤーガスを加湿して使用するものもあり，設置した水の量を点検します．また，冷部にヒーターの追加取付けを行います．

③ 試料が完全燃焼しないときも測定値が小さくなります．燃焼が急激に起きて未分解ガスが生成し，測定対象のイオンまで分解されずに吸収液に到達することがあります．この場合は，燃焼温度，ガス流量，試料量，吸収液量，吸収液組成などを変更して改善します．

・無機成分含有試料の分析では，燃焼後試料容器（ボート）内に灰分が残留する場合があります．残留物中に目的成分が含まれる可能性があるときは，助燃剤を用いて完全に分解し，キャリヤーガスによって検出部まで運ばなくてはなりません．助燃剤の五酸化バナジウム（V_2O_5）やタングステン酸（WO_3）などは，試料ボート中に試料をはかり取った後，試料を覆い隠すように添加します．V_2O_5 は，融点690℃で燃焼時に融解して灰分に溶け込み金属塩を分解しますが，高温では融解した V_2O_5 がボートからはい上がり燃焼管や試料ボートを汚染します．一方，WO_3 は融点1,473℃と安定で燃焼管などの汚染はみられませんが，試料分解時に融解せずに直接炭化して灰を残すような試料では，助燃剤との接触が不確実になります．そこで，少量の V_2O_5 を試料に振りかけその上から WO_3 をかけると，V_2O_5 のはい上がりが起きずに取扱いが容易です．これらの添加剤はアルカリ液中につけておくと，ボートからはがすことができます．

・タングステン酸を添加した場合，次回測定時にタングステン酸ピークが検出されることがあるので注意を要します．

・試料に含まれる金属元素は，燃焼分解の際に試料容器（ボート）に酸化物として残るか，燃焼ガス流路の低温部で析出するときがあります．金属類は吸収液中にはほとんど存在しませんが，燃焼管内部が汚染されるので，測定元素の吸着などを起こす可能性が高くなります．このような場合は燃焼管を交換します．

5. 滴定法

Question 3.36

電位差滴定法にはどのような特徴がありますか？

Answer 3.36

酸素フラスコ燃焼法−電位差滴定法は，第15改正日本薬局方では塩素および臭素の定量法として，0.005 mol/L 硝酸銀液を用いる電位差滴定法を規定しています．

・酸素フラスコ燃焼法の吸収液に添加した過酸化水素が残存する場合，計算値より低めの測定値が得られます．この場合，硫酸ヒドラジン飽和溶液2滴を用いますと妨害がなくなります．

・ハロゲン分析に，0.002 mol/L または 0.005 mol/L $AgNO_3$ 50% イソプロパノール液を用い，指示電極に銀を用いて電位差滴定する硝酸銀滴定法があります．

・金線の表面に水銀膜をつけたアマルガム電極を指示電極に用いますと，滴定曲線の変曲率が大きくなり，滴定終点の判定が容易になります．

・ヨウ素の滴定方法として，0.002 mol/L $AgNO_3$ 滴定，または 0.002 mol/L $AgNO_3$ を加えた後過剰量を 0.002 mol/L NaCl で逆滴定する方法もあります．

・異種ハロゲンが共存する場合は，共沈がありますので正確な分別定量は難しいといえます．

・水銀，リン酸，クロム酸，ヒ素が共存しますと滴定を妨害します．

6. 燃焼管分解による CHNS 分析装置

Question 3.37

CHNS 分析法にはどのような装置がありますか？

Answer 3.37

有機微量分析法は，試料を燃焼分解して生成した CO_2，H_2O，N_2 を分離し，熱伝導度法によって目的成分を定量する CHN 方法が確立しました．その後，この方法の発展として定量成分に SO_2 が加わり，CHNS 同時測定が容易に行われるようになりました．表 3.7 に種々の装置とその特徴を示します．

ここにあげた以外にも旧型を含めて多くの市販品がありますが，CHN 分析装置に硫黄の検出器を備えた CHNS 分析装置となっています．燃焼分解炉の中で CHN と硫黄の酸化を行い，続いて過剰の酸素の除去や窒素酸化物および硫黄酸化物の還元を行い SO_2 として検出します．燃焼管の充填剤は，CHN 分析のみの場合とは異なります．ほとんどの装置が，1本の燃焼管に酸化部と還元部を共存

表 3.7　種々の装置とその特長

社名/装置名	燃焼ガス成分分離法	硫黄定量法	塩素定量法
PerkinElmer/2400 Ⅱ	フロンタルクロマトグラフ法	TCD	—
LECO/TruSpec CHNS (LECO/CHNS-932)	—	NDIR	—
Thermo Fisher Flash/EA 1112 (ファイソン EA 1108)	ガスクロマトグラフ法	TCD	—
Elementar/Vario EL Ⅲ	吸・脱着カラム法	TCD	—
Euro/EA 3000	ガスクロマトグラフ法	TCD	—
Analytik jena/multi EA 2000	—	NDIR	クーロメトリー

させています．還元銅の充填量が少ないため耐用分析数が少なく，CHN 測定に比べて燃焼管充填剤の交換頻度が高いという欠点があります．

Question 3.38

検量線の作成方法を教えて下さい．

Answer 3.38

検量線の作成方法と注意点には次のようなことがあります．

・通常，有機標準試料を 3〜5 点燃焼分解させて得られた数値を用いて検量線を作成します．1 点では偶然誤差による誤差を直接反映し，2 点では 1 点が異常値でも容認します．3 点以上では検量線からのはずれにより 1 点の異常値が含まれることがわかり，検量線の確実性が把握できます．

・CHNS 分析装置では，CHN と同様の K ファクター法（Question2.23 参照）などにより検量線が作成されます．K ファクター法では，数点測定して算出したファクターを平均し，ブランクと結ぶことにより直線の検量線を作成します．含有率の上限が既知であるか，または，わずかしか目的成分を含まない試料に適しています．

・試料と構造が似た標準試料を用いて検量線を作成すると，測定値の正確さが向上します．

・含有率が大きく異なる試料を測定する場合は，4 点以上の標準試料を測定し，多項式近似の最小二乗法により，湾曲した検量線を作成します．ただし，微量の目的元素しか含まれないときには不向きです．

・定量範囲について，定量上限は 100%，定量下限は 0.01%（100 ppm）程度です．

Question 3.39

CHNS測定時の注意点を教えて下さい．

Answer 3.39

硫黄酸化物の生成状態をコントロールするため，還元銅の温度管理が重要です．硫黄酸化物は，燃焼によりSO_2およびSO_3まで酸化されます．

$$S + O_2 \longrightarrow SO_2, \quad SO_2 + O_2 \longrightarrow SO_3 + 23.1 \text{ kcal}$$

SO_3は850℃のCuを通るときSO_2となりますが，Cu温度が低いと定量的にSO_2に変換されないので，S測定値は小さくなります．

酸素（O_2），水（H_2O），三酸化硫黄（SO_3）共存環境下では温度低下により硫酸（SO_4）を形成し，低温部（燃焼管尾の石英ウール）に硫酸として保留してしまいます．熱重量分析データから$CuSO_4$がCuOになる反応は，650℃でCuOとなりますが，反応を定量的に進行させるためには，より高温が必要です．

硫黄酸化物と銅は直接反応しませんが，酸化銅は反応して$CuSO_4$となります．$CuSO_4$を水やハロゲンなどの共存下でSO_2に分解するためには，850℃以上の高温が必要です．ただし，酸化銅は融解温度が低く，加熱使用限界は950℃程度です（CuO：mp 1,026℃，Cu_2O：mp 1,235℃，Cu：mp 1,083℃の混合物状態になっています）．さらに，還元銅が850℃以上になりますと銅表面は著しい焼結状態で還元能力は低下しますが，NO_xの還元能力，H_2O，CO_2の吸着などの影響はないともいわれます．

燃焼分解ガスの温度を下げることなく850℃以上でCu層に送り込むため，多くの装置が1本の燃焼管に酸化銅と還元銅を連続して充填し，850〜950℃に保つ方法がとられています．それ以上の高温に耐える酸化触媒として，WO_3（mp 1,473℃）があります．

酸化銅−還元銅の燃焼系の場合，使用温度は最高950℃で，酸化タングステン−還元銅の燃焼系では，それ以上の温度で使用しています．

Question 3.40

CHNS測定値が理論値と合わないときはどうすればよいでしょうか？

Answer 3.40

以下のようなことを確認して下さい．

・硫黄の値が小さくなる場合は，還元銅の温度管理，および還元銅の失活状態を把握することが重要です．還元銅の温度が低いとSO_3が還元されず，燃焼管出口に詰めた石英ウールに硫酸として保留して酸性を示します．また，青色の硫酸銅液を生成します．

・クロマトグラムでSO_2のピークが分離しない場合，水素含有量が大きいと

ピークがブロードになり，SO_2 ピークに重なることがあります（水素の 4% くらいが硫黄に残ります）．このときには，試料の量を減らすか，1 回おきに空焼きをして装置内に残ったものを除去します．硫黄の定量値がマイナス側にばらつくときは，還元銅の温度を確認します．さらに，燃焼管出口に詰めた石英ウールを熱湯で浸出させ，検出器までの配管を熱湯で洗浄します．この洗浄液をイオンクロマトグラフで分析しますと，SO_4 の存在を確かめることができます．

・ピークがテーリングするときは，不完全燃焼などによるコンタミネーションが考えられます．原因としては酸素の純度不足やパージ流量の不足を疑ってみます．還元銅が劣化すると，窒素や硫黄に現れます．1 本の燃焼管で分析すると，予想より早く還元銅の寿命となります．ほかに，燃焼に用いるスズコンテナーの灰や測定系内の汚れによるもの，ガスクロマトグラフ導管の汚れ，分離カラムの吸湿などが考えられます．しかし，クロマトグラムの形状が悪くても，定量値にはそれほど大きく影響しません．

・ベースラインが変動する場合は，キャリヤーガスの供給，加熱炉，ガスクロマトグラフのオーブン温度を点検します．

・フッ素を含有する試料は測定可能ですが，フッ素による燃焼管の劣化は CHN 分析装置と同様です．

・装置管理として，コンピュータプログラムに従い日常測定の細かい管理を行います．分析数が増しますと測定値が小さく出る傾向がありますが，その場合は配管を清浄すると改善します．

Question 3.41

無機成分を含有する試料の測定はどのようにしたらよいでしょうか？

Answer 3.41

CHNS 分析法の場合も，2.1.2（iv）の妨害元素の除去で説明したように，目的成分が無機成分と塩をつくらないように添加剤を使用します．

CHN 分析装置は試料をスズ箔で包んで燃焼分解させるため，例えばナトリウムを含有する試料の場合，Na_2SO_4 をつくり硫黄の定量値に影響が出ます．これを防ぐには，添加剤として WO_3 をあらかじめ試料に加え，スズ箔で包まなければなりません．

実際の分析時には，試料はスズ箔の燃焼により 1,800℃（理論推定値）まで加熱されますので，ほとんどの金属塩は熱分解します．添加剤は燃焼温度を下げる可能性がありますので，スズ箔を 2 枚用いて発熱時間，発熱量を増す方が有効です．

スズ箔を 2 枚用いる代わりに，スズ粉末を添加する方法もあります．

含有元素により，温度効果または酸化金属の添加のどちらが有効かを調べてみる必要があります．いずれの方法でも，必ずブランク値を確認する必要があります．

Question 3.42

CHNS 分析における硫黄酸化反応を詳しく教えて下さい．

Answer 3.42

CHNS 分析における硫黄酸化物については，E. Pella，B. Colombo による報告があり以下に要約します．

[E. Pella, B. Colombo, *Mikorchim. Acta*, **1978**, 271-286]

SO_2 への定量的な変換は，温度，酸素濃度，酸化触媒の因子の平衡条件によるもので，1,300℃ またはそれ以上の高温で SO_2 変換を行い，また酸素分圧を低く保ち，酸化触媒の存在を避けて無触媒の空燃焼管での分解が試みられたが，100% の変換は達成されなかった．

100% の変換を行うためには，燃焼生成物の SO_3 が H_2O と反応して H_2SO_4 を形成することを避けなければならない．試料の燃焼によって生じた SO_3 と H_2O の混合物を，燃焼部（WO_3：1,050℃）から直接，還元部に接続して全系列を十分高温に保てば，H_2SO_4 の形成反応を避けることができる．燃焼生成ガスは高温の酸化部から還元部へ流入し，加熱した還元銅に接触して還元される．

① 金属銅（Cu）は，300～850℃ の範囲では，SO_2，SO_3 と反応しない．
② 酸化銅（CuO）とは SO_2，SO_3 の両方に反応する．

$$SO_2 + 3\,CuO \longrightarrow Cu_2O + CuSO_4 \qquad (Q1)$$
$$2\,SO_3 + 2\,CuO \longrightarrow 2\,CuSO_4 \qquad (Q2)$$

式（Q1）の反応は 600℃ で最大になる．SO_2 変換・定量性が還元銅の温度依存性を示すが，840℃ 以上では変換が進まないようにみえる．これは，840℃ 以上では $CuSO_4$ は次のように完全に分解することによる．

$$CuSO_4 \longrightarrow CuO + SO_2 + 1/2\,O_2 \qquad (Q3)$$

熱重量分析では，$CuSO_4$ は 830℃ で 50.0% の重量減少を生じる（減量理論値：50.1%）．この熱分析の結果と分析実験から，還元銅が 850℃ の場合，硫黄を SO_2 に化学量論的に定量変換するのに必要な温度であることがわかる．

このようにして Cu 充塡部により酸素除去され，窒素・硫黄酸化物が定量的に還元されて He 中に N_2，CO_2，H_2O，SO_2 のみが存在し，生成ガスは分離カラム，検出器へと送り込まれます．

7. 重量法，加熱銀吸収法

Question 3.43
重量法測定時のコツはありますか？

Answer 3.43
〈加熱銀吸収漏斗法で測定値が小さく出るときの注意点と対策〉

・燃焼管のキャリヤーガスの酸素は7～10 mL/min，燃焼管尾から流れ込む空気は7～10 mL/minまたはそれ以上であることが必要です．燃焼管尾から流れ込む空気は，マリオット瓶による吸引水量で確認またはエアポンプやしごきポンプで流量を制御します（ローターメーター使用）．

・吸収漏斗の大きさは，表3.8に示すように三井形式のものより長く大きくした方が，正しい測定値を得やすい．

・吸収漏斗の加熱温度：銀の温度が高いとハロゲン化銀，硫酸銀が半融状態になり燃焼管内壁に付着し，あるいは気化して測定値が負の値をとることがあります．可及的に低い方がよい結果を与えます．ハロゲン化銀の融点はAgCl：mp 455℃，AgBr：mp 434℃，AgI：mp 552℃，Ag_2SO_4：mp 652℃で混在によりもっと低下します．最適吸収漏斗温度はCl：425～475℃，Br：350℃，I：250℃，SO_4：450～500℃です．

・水分の保留：燃焼終了後，吸収漏斗脚部に試料由来の水分保留があるとき，誤差の原因となります．冷却と帯電防止を兼ねて5分以上，室温で空気を流します．

・燃焼管の充填剤：白金コンタクトの活性が低下したときは，20% HNO_3 20 mLに1% HCl数滴を加えた液で30～60分煮沸して活性化します．銀粒も長期間放置しますと定量値が0.5～1%ほど小さくなります．同様に希HNO_3（希硝酸）で5～10分煮沸，水洗，乾燥するとよいでしょう．不完全燃焼によるガスの通過を防ぐため，石英ウールを充填します．

・妨害元素：アルカリ，アルカリ土類金属およびハロゲン化物や硫酸塩を形成する金属を含む試料は，WO_3，V_2O_5を添加すると改善できます．燃焼により飛散する金属には，妨害するものがあります．含リン化合物の硫黄定量は，WO_3添加により測定が可能です．

表 3.8 重量法における吸収漏斗

	脚		胴	
	長さ	太さ	長さ	太さ
三井形式の漏斗	90 mm	3.5 mm	30 mm	8 mm
大型の吸収漏斗	70 mm	5 mm	60 mm	8 mm

付　録
妨害元素の化合物表

　分解温度は，その温度で分解が始まる場合と，その温度でほとんど全部分解する二通りのあいまいな表現がされております．

　分解温度は，加熱するスピードや，ガスの流れがある場合とない場合でも変わりますので，記載の分解温度や揮発温度よりずっと低くくても，分解や揮発が始まるということがあります．

　　　　［注］融点［　　℃］，沸点（　　℃）

	O	C	N	F
Li	Li$_2$O：白色［＞1700］ 水に徐々に溶解する．	Li$_2$CO$_3$：［618］ 732℃で分解する．	LiNO$_3$：無色［261］ 600℃で分解を始める．	LiF：無色［842］（1676）
Na	Na$_2$O：白色 400℃以上に加熱するとNa$_2$O$_2$とNaに分解．吸湿性，皮膚に触れないように注意． Na$_2$O$_2$：淡黄色［460］ 有機物と混合すると発火または爆発する．融解したものは白金を侵す．	Na$_2$CO$_3$：白色［851］ 吸湿性．864℃で分解する．	NaNO$_3$：無色［308］ 加熱すればNaNO$_2$となり，750℃以上で過酸化ナトリウム，次いで酸化ナトリウムになる．	NaF：無色［992］（1705） 水，アルコールに少し溶ける 毒性があり，粉末は粘膜を刺激し，神経系統を侵す．
K	K$_2$O：白色 吸湿性． 水と激しく反応してKOHになる．	K$_2$CO$_3$：白色［891］（分解） 潮解性	KNO$_3$：無色［333］ 融点以上でKNO$_2$白色または微黄色［297］350℃以上で分解する．	KF：無色［859.9］（1505） 水に溶ける．有毒．
Rb	Rb$_2$O：淡黄色．400℃以上でRb$_2$O$_2$とRbに分解する． 金属Rb：銀白色［38.5］（700）	Rb$_2$CO$_3$：白色［837］ 740℃で分解し始める． 水に溶ける．	RbNO$_3$：無色［316］ 加熱でRbNO$_2$を経て分解する．	RbF：無色［760］（1410） 吸湿性が強い．
Cs	Cs$_2$O：橙赤色［490］ 350〜400℃で過酸化物と金属に分解し始める．150℃で徐々に酸素を吸って超酸化物CsO$_2$になる．	Cs$_2$CO$_3$：白色 600℃より分解し始める． 潮解性，水に溶ける．	CsNO$_3$：無色［414］ 加熱でCsNO$_2$になり，分解する． 解離圧760 mm/584℃	CsF：無色［684］（1250） 吸湿性が強い．
Fr	トレーサースケールのものについて知られているのみである．アルカリ金属に属し，特にCsに類似した性質も示す．原子価は正1価が安定で，水溶液中では，F$^+$イオンとして存在するものと思われる．定量はすべて放射能測定によって行われる．			
Cu	Cu$_2$O：暗赤色または橙黄色［1232］高温でCuOより安定． CuO：黒色［1026］一部分解してCu$_2$O$_2$を生じる．H$_2$またはCO中で加熱すれば250℃以下で容易にCuに還元される．酸に可溶．水酸化アルカリ浴液に溶けて濃青色液になる．	Cu$_2$CO$_3$：黄色 加熱すれば，分解する． 酸，アンモニア水に溶ける．	Cu$_3$N：暗緑色 300℃以上に加熱すれば成分元素に分解し，酸素中400℃で強い光を出して燃焼する． Cu(NO$_3$)$_2$：帯緑白色，昇華性	CuF：赤色［908］ 1100℃で昇華する．湿気中でCuF$_2$に変わり青色を呈する． CuF$_2$：無水塩は白色［950］CuOに400℃でHFを作用させるとできる．
Ag	Ag$_2$O：暗褐色ないし黒褐色［300］ 160℃より分解が認められ185〜190℃で酸素分圧1気圧	Ag$_2$CO$_3$：淡黄色［218］ 分解．アンモニア水，希硝酸，硫酸，シアン化カリに溶ける．	AgNO$_3$：無色 444℃になると分解してAgとなる．	AgF：白色または黄色［435］ 潮解性が強い．光に当たると暗化する．水に溶ける．
Au	Au$_2$O$_3$：褐黒色 160℃で酸素を出してAu$_2$O$_2$になり250℃に熱するとAuになる．			高温では揮発性で成分に分解する． 組成未詳
Be	BeO：白色［2570］（3900） 濃硫酸，濃塩酸には加熱で溶ける．	BeCO$_3$：種々のオキシ炭酸ベリリウムの混合物．200℃でCO$_2$の1/2を失う．酸に溶ける．	Be(NO$_3$)$_2$：無色［60］	BeF$_2$：ガラス状 潮解性固体．800℃で昇華し始める．高温で分解する．
Mg	MgO：白色［2800］（3600） 空気中では，水および二酸化炭素を吸収して徐々にヒドロオキシ炭酸マグネシウムになる．	MgCO$_3$：白色 350℃で分解が始まり900℃で完全に脱炭酸．	Mg(NO$_3$)$_2$：無色［95］ 400℃以上でMgOとなる．	MgF：無色［1260］（2260） 硫酸に可溶．

Cl	Br	I	S	備考
LiCl：白色 [606] (1382) 強い潮解性.	LiBr：無色 [547] (1265) 強い吸湿性.	LiI：無色 [446] (1190) 溶融物はガラス，石英を侵す.	Li$_2$SO$_4$：無色 [860] 強い吸湿性.	アルカリ金属は分析温度で炭酸塩が完全に分解せずC%がマイナスになる場合もあるので，試料はできるだけ粉末にしてWO$_3$等で，はさんで分析するのが望ましい．また，燃焼管や挿入棒の汚染防止にも役立つ．
NaCl：白色 [800.4] (1413) 融点よりはるかに低い温度でも揮発性があり，融点以上では揮発性が強い.	NaBr：無色 [755] (1390) 水に良く溶ける.	NaI：無色 [651] (1300) 潮解性．水メタノール，アセトンに易溶．水溶液から65℃以上で無水塩が，65℃以下で2水塩が析出する.	Na$_2$SO$_4$：無色 884℃で分解．無水塩は徐々に水分を吸って10水塩になるため中性の弱い乾燥剤となる. Na$_2$S：白色，ピンク [950] 水に少し溶ける.	
KCl：白，帯青，帯赤色 [776] (1500) 純粋なものは潮解性はない.	KBr：無色 [730] (1380) 水に良く溶ける.	KI：無色 [723] (1330) 水に易溶．水溶液はヨウ素を良く溶かす.	K$_2$SO$_4$：無色 [1069] 水に溶ける. K$_2$S：無色 [471] 水，その他に溶ける.	分析装置によっては相当高温で分解可能なのでWO$_3$を添加しなくても分析値には影響ない場合もあるが燃焼管の汚染損傷は免れない．かつて，硫黄を含有する試料は，炭酸塩にならず，WO$_3$等の添加剤は，必要ないといわれていた．しかし最近の様に，燃焼炉の温度が高いと，一旦できた硫酸塩が分解して，金属元素や酸化物となって，燃焼管（SiO$_2$）を汚染損傷することが考えられる.
RbCl：白色 [717] (1383)	RbBr：無色 [682] (1340) 水に溶ける.	RbI：無色 [642] (1300) 水に易溶．種々のポリハロゲン化物をつくる.	Rb$_2$SO$_4$：無色 [1060] 水に溶ける.	
CsCl：白色 [626] (1303)	CsBr：無色 [636] (1300) 水に溶ける.	CsI：無色 [621] (1280) 水に溶ける. CsI・3SO$_2$やポリハロゲン化物をつくる.	Cs$_2$SO$_4$：無色 [1010] 水に溶ける. Cs$_2$S：白色 潮解性．真空中510〜520で分解する．他に，ポリ硫化物がある.	
CuCl：無色 [422] (1366) CuCl$_2$：黄褐色 [498] 赤熱すると塩素を放つ. CuCl$_2$・2H$_2$O：緑色，110℃で2H$_2$Oを放つ.	CuBr：無色 [504] (1345) 熱水で分解する. CuBr$_2$：黒色 [498] 潮解性．赤熱するとCuBrになる．水に易溶.	CuI：白色 [605] (1336) 水にほとんど不溶．酸およびアンモニア水，ヨウ化カリ，シアン化カリ溶液にも可溶.	Cu$_2$SO$_4$：白色，灰色 200℃でCuOとCuSO$_4$になる. CuSO$_4$：白色 600〜700℃で分解してCuOになる．水に溶ける. CuS：黒色，青黒色 220℃で分解が始まりCu$_2$Sを生じる.	灰分がボート内に，綺麗に残る場合と，飛び出して，挿入棒や燃焼管を汚染する場合とがある.
AgCl：白色 [455] (1550) アンモニア，濃塩酸，KCN，Na$_2$S$_2$O$_3$などと錯イオンをつくって溶ける.	AgBr：淡黄色 [434] KCN，Na$_2$S$_2$O$_3$に可溶．感光性大.	AgI 黄色 [552] (1506) KCN，Na$_2$S$_2$O$_3$，濃HNO$_3$などに可溶.	Ag$_2$SO$_4$：[652] 1000℃以上で分解する．水に可溶. AgS：黒色，灰黒色 [845]	白金ボートに残留した銀はまず硝酸で洗うこと．いきなりKHSO$_4$で溶融処理すると汚れが取れない.
AuCl：淡黄色 約190℃で分解する. AuCl$_3$：紅または暗赤色，加熱または太陽光で分解する.	AuBr：黄色ないし灰色．分解しやすい. AuBr$_2$：暗褐色．加熱でAuBrになる.	AuI：帯緑黄白色 120℃で分解. AuI$_3$：暗緑色 常温でAuI.	Au$_2$(SO$_4$)$_3$：赤紫色 潮解性．加熱または水で分解してAuを遊離しやすい.	灰分はAuとして残る.
BeCl$_2$：白色 [440] (547) 水に良く溶けて発熱する.	BeBr$_2$：無色 [490] 450℃以上で昇華．水に良く溶ける.	BeI$_2$：無色 [510] (580) 昇華性，熱するとBeOとI$_2$になる.	BeSO$_4$：白色．550℃以上でBeOになる. BeS：灰白色，空気中で熱するとBeOとSO$_2$になる.	アルカリ金属と同様にWO$_3$などではさんで分析するのが望ましい.
MgCl$_2$：無色 [712] (1412) 潮解性がある.	MgBr$_2$：白色 [711] 吸湿性．水に良く溶ける.	MgI$_2$：白色．吸湿性．空気中で褐色になる．加熱するとI$_2$とMgOになる.	MgSO$_4$：白色 [1185] 融点付近で分解しMgOを残す．水に溶ける.	

	O	C	N	F
Ca	CaO：白色 [2572] (2850) 水とは発熱反応でCa(OH)$_2$になる．	CaCO$_3$：無色 825℃で分解する．酸，塩化アンモン，水に溶ける．	Ca(NO$_3$)$_2$：無色 [561]	CaF$_2$：紫，黄，緑，赤，無色 [1360] (2500)
Sr	SrO：無色 [2430] 水に作用して水酸化ストロンチウムになる．	SrCO$_3$：無色 900℃から分解を始め，1340℃でCO$_2$を放出する．	Sr(NO$_3$)$_2$：無色 [570] 融点以上で分解する．	SrF$_2$：無色 [1190] (2460) 空気中で1000℃まで安定．それ以上でSrOになる．
Ba	BaO：白色 [1923] (2000) 熱するとBaO$_2$となり800℃以上で再びBaOとなる．HCl, HNO$_3$, 無水エタノールに可溶．	BaCO$_3$ β型：[1740] 1450℃で分解する．α型は811℃で分解，α型からβ型へは982℃．	Ba(NO$_3$)$_2$：無色 [592] 高温で分解する．	BaF$_2$：無色 [1280] (2260) 空気中1000℃付近から分解を始める．
Ra				
Zn	ZnO：白色．1300℃から昇華が始まる．昇華点約1725℃ [約2000] (加圧下) 水にほとんど不溶．	ZnCO$_3$：白色 140℃で分解を始め300℃で脱炭酸．酸で分解する．	Zn(NO$_3$)$_2$·6H$_2$O：無色 [36.4] 105℃以上で無水塩となる．	ZnF$_2$：無色 [872] (1500) 空気中で高熱すればZnOとなる．
Cd	CdO：褐色 加熱で溶けずに700℃で昇華し，さらに高温で酸素を放ってCd$_2$Oとなる（緑色）．	CdCO$_3$：白色 357℃に加熱すれば分解する．希酸に易溶．	Cd(NO$_3$)$_2$：白色 [305]	CdF$_2$：白色 [1100] (1758) 空気中または水蒸気中，赤熱でCdOになる．
Hg	HgO：黄色ないし橙黄色と赤色ないし橙赤色とある．500℃以上で水銀と酸素に分解する．	Hg$_2$CO$_3$：淡黄色 光で黒変して130℃で分解．熱水でも分解する．	Hg$_2$(NO$_3$)$_2$：高熱すれば爆発．Hg(NO$_3$)$_2$：高熱で分解する．	Hg$_2$F$_2$：黄色 [570] HgF$_2$：白色 [645] (650) 分解する．
B	B$_2$O$_3$：ガラス状無色 [577] (1500) 空気中より水分を吸収しやすい．酸，アルカリに可溶．フッ素とは，常温で光を発し激しく作用してBF$_3$とO$_2$になる．		BN：白色 [3000] (高圧) この温度では昇華する．水蒸気と加熱すると分解する．アルカリ融解で容易に分解する．元素分析では窒素の定量は非常に困難．	BF$_3$：無色 [-127] (-101) 刺激性の気体．
Al	Al$_2$O$_3$：白色，α [1999～2032] β 1500℃以上で安定な形といわれる．γは三水和物またはα水化アルミナを加熱脱水し，さらに900℃に保つと得られ1000℃以上になるとαに転移する．		Al(NO$_3$)$_2$：無色 200℃で完全にAl$_2$O$_3$となる．	AlF$_3$：無色 [1040] 1260℃で昇華する．300～400℃で水蒸気にあうと一部分解してHFとAl$_2$O$_3$を生じる．
Ga	Ga$_2$O$_3$：[1740±25] あまり高温に加熱しないものは希酸に溶ける．		Ga(NO$_3$)$_3$：200℃に加熱すれば，容易に硝酸を放ってGa$_2$O$_3$になる．	GaF$_2$：950℃以上で分解することなく昇華する．
In	In$_2$O$_3$：黄色 [2000] 融点以上きわめて化学的に安定で，酸には徐々に侵されるが，アルカリには侵されない．他にIn$_2$Oもある．	In$_2$(CO$_3$)$_3$に相当するものはない．インジウム塩の水溶液に炭酸アルカリ水溶液を加えると無色の沈殿を生じ，これを炭酸インジウムとよぶ．水酸化インジウムを含む．	In(NO$_3$)$_3$：高温で硝酸を放ってIn$_2$O$_3$になる．	InF$_3$：[1170] 水素中で加熱すればインジウムを与える．酸に可溶．

付　録

Cl	Br	I	S	備　考
$CaCl_2$：白色 [772] (1600) 強い吸湿性.	$CaBr_2$：無色 [760] (810) 水に溶けやすい.	CaI_2：無色 [575] (718) 潮解性.	$CaSO_4$：無色 [1450] 1000℃以上でSO_3とCaOになる.	アルカリ金属と同様にWO_3などではさんで分析するのが望ましい.
$SrCl_2$：無色 [873] 潮解性がある.	$SrBr_2$：白色 [643] 643℃以上で分解を始める. 水に溶ける.	SrI_2：無色 [402] さらに高温で分解する. 水に易溶.	$SrSO_4$：白色乳状または青色, 無色 [1580] 1130℃付近から分解を始める.	
$BaCl_2$：[962] (1560)	$BaBr_2$：無色 [847] 水に溶ける.	BaI_2：無色 [740] 吸湿性. 水に溶ける.	$BaSO_4$：無色 [1580] 1200℃以上で分解を始める. 水にきわめて難溶.	
$RaCl_2$：無色 [約900] $BaCl_2$よりも水に溶けにくい.	$RaBr_2$：無色 [728] 900℃で揮発放置すればBrがはずれ黒色になる.			
$ZnCl_2$：白色 [313] (732) 赤熱で蒸気となり針状に昇華結晶する. 潮解性がある.	$ZnBr_2$：無色 [394] (650) 潮解性あり. 昇華する.	ZnI_2：白色 [446] (625) (分解を伴う) きわめて潮解性.	$ZnSO_4$：白色 740℃以上に熱すれば, ZnOとなる. 水に溶ける.	灰分が白く残る場合と燃焼管充填剤を汚染する場合とある.
$CdCl_2$：無色 [568] (960)	$CdBr_2$：無色 [586] (963) 潮解性.	CdI_2：無色 [385] (713) 水に溶ける.	$CdSO$：白色 700℃以上で分解しながら昇華. 水に溶ける.	燃焼管充填剤汚染
Hg_2Cl_2：白色 400〜500℃で溶けずに昇華する. $HgCl_2$：白色 [277] (304)	Hg_2Br_2：白色 345℃で昇華する. $HgBr_2$：銀白色 [238] (320) 昇華する.	Hg_2I_2：緑色 [290] (310) (分解) 140℃で昇華する. HgI_2：赤と黄の二種類	Hg_2SO_4：白色, 黄白色 加熱により分解. $HgSO_4$：無色, 白色 赤熱でSO_2, O_2, Hgに分解する.	燃焼管出口の低温部に金線や金箔を入れて, 水銀を止める. ヘリウムを逆流させて, 金アマルガムになった部分を炉内へ押し込むと, 燃焼管入口付近に水銀がでてくるので拭き取ると, 燃焼管は, 再度使用可能.
BCl_3：無色の液体または気体 [-107] (12.5) 空気中で湿気によって発煙する. 水と作用すると塩素とメタホウ酸やホウ酸になる.	BBr_3：無色の液体 [-46] (96) 1300℃以上で分解する. 水に不溶. B_2Br_4の化合物もある.	BI_3：無色 [49.6] (209.5) B_2I_4：黄色 80℃から分解, 250℃で完全に分解.	B_2S_3：無色. 310℃で融解し始める. 空気中で燃えやすく, 水により直ちに加水分解してホウ酸と硫化水素を生じる.	ボート内に残った炭化物をガラス状のB_2O_3が覆ってC%がマイナスになることがあるので, WO_3, CuO, Co_3O_4のいずれかで挟んで燃焼さす.
Al_2Cl_6：無色. 1000℃以上で分解する. HClに易溶. 空気中の水分を吸って加水分解して盛んにHClの白煙を発し, また蒸発しやすい. 水と爆発的に反応して多量の熱を放出する.	$AlBr_3$：無色の潮解性固体 [97.5] (225) 空気中で湿気により加水分解を受けて白煙を発し表面に$Al(OH)_3$の白粉を生じる.	AlI_3：[191] (382) 空気中で発煙し, 極めて吸湿性. 空気中で加熱すればI_2を放ってAl_2O_3を残す.	$Al_2(SO_4)_3$：無色. 770℃でSO_3やSO_2を出す. Al_2S_3：黄色, 黄褐色, 1300℃以上で昇華する. 空気中で加熱すれば発火して, H_2Sを発生する.	燃焼管充填剤汚染
$GaCl_3$：揮発性 [72.9] (201.3) 空気中の湿気で加水分解して発煙する.	$GaBr_2$：無色 [124.5] (284) 極めて吸湿性強い.	GaI：黄色, 純粋は無色 [210] (346) 空気中で発煙し, 加水分解しやすい.	$Ga_2(SO_4)_3$：無色. 吸湿性. 加熱するとGa_2O_3とSO_3に解離する.	燃焼管充填剤汚染
$InCl$：赤色 [225] 水で分解して$InCl_3$とInになる. $InCl_2$：無色 [235] (570) 水に合うと$InCl_3$とInになる. $InCl_3$：無色 [586] 500℃以上でよく昇華.	$InBr$：赤色 [225] (662) $InBr_3$：無色 [436±2] 370℃以上で昇華する. 水に溶ける.	InI：赤褐色 [351] (700) O_2と加熱でIn_2O_3になる. InI_3：黄色 [210±2] 加熱でI_2とInIになる.	$In_2(SO_4)_3$：無色. 高温で分解してIn_2O_3になる. 水に易溶. In_2S_3：赤褐色, 黄色, オレンジ色 [1050] 加熱でIn_2O_3になる.	燃焼管充填剤汚染

	O	C	N	F
Tl	Tl$_2$O$_3$：黒褐色 [717]（O$_2$中）加熱すれば Tl$_2$O と O$_2$ になる．	Tl$_2$(CO$_3$)$_3$：[273] 300℃から分解して CO$_2$ を出す．水に溶ける．	TlNO$_3$：[206.5] 260℃に加熱すると分解する．	TlF：無色 327℃で溶けて揮発する． TlF$_3$：無色 [550] 加熱すると分解する．
Sc	Sc$_2$O$_3$：白色 熱硝酸，熱塩酸に溶ける．	Sc$_2$(CO$_3$)$_3$：白色．100℃に加熱すると一部 CO$_2$ を放出して，組織不定の塩基性炭酸塩に変化する．	Sc(NO$_3$)$_3$：[150] 潮解性．直火で熱すると N$_2$O$_5$ を放出して，透明ガラス状の固まりとなる．	ScF$_3$：白色 炭酸アルカリに溶ける．アルカリ融解で完全に分解する．
Y	Y$_2$O$_3$：白色 [2410]（4300）	Y$_2$(CO$_3$)$_3$：白色 水に易溶，酸に溶ける．	Y$_2$(NO$_3$)$_3$：水，エタノールに易溶．	YF$_3$：白色 硫酸に可溶．
Si	SiO$_2$：[1710]（2230）フッ素と反応して常温で SiF$_4$ になる．他に SiO, Si$_3$O$_2$ もある．			SiF$_4$：無色 刺激臭の気体 [-95.7]（-65/1810 mm）水と激しく反応して SiO$_2$ とヘキサフルオロケイ酸となる．
Ge	GeO$_2$：無色 [1116±4]（可溶性のもの）			GeF$_2$：無色の固体 Ge$_2$F$_4$：無色の液体
Sn	SnO$_2$：白色 [1127] 濃硫酸，塩酸に溶ける．濃塩酸には徐々に溶ける．空気中で加熱しても不変． SnO：黒色．空気中で加熱すると SnO$_2$ に酸化される．	金属 Sn：[231.9]（2270）強酸，強アルカリの両方と作用する	Sn(NO$_3$)$_2$：加熱すると SnO$_2$ となる．	SnF$_4$：白色 [705] 潮解性． SnF$_2$：白色 [210～215] 空気中で加熱すると SnOF$_2$ になる．
Pb	PbO$_2$：黄褐色．290℃で Pb$_2$O$_3$ 黄赤色，360℃で Pb$_3$O$_4$．さらに 500℃付近から PbO となる．	Pb$_2$CO$_3$：白色 315℃で分解する．酸，アルカリに溶ける．	Pb(NO$_3$)$_2$：無色 470℃で NO$_2$ を放つ．	PbF$_2$：白色 [855]（1290） PbF$_4$：無色
Ti	TiO$_2$：無色から黒色まで種々ある．純粋は無色 [1640] 3000℃以上で分解する．硫酸，アルカリに溶ける．		Ti(NO$_3$)$_4$：高温で TiO$_2$ と O$_2$ と NO$_2$ に分解する．	TiF$_3$：紫赤色ないし紫色 TiF$_4$：白色（284）粉末状金属．チタンに直接フッ素を作用させると得られる．
Zr	ZrO$_2$：帯黄白色ないし褐色 [2700]（4300）	炭酸ジルコニウムの正塩は得られてなく，ZrCO$_3$・ZrO$_2$・8H$_2$O のみが知られている．	Zr(NO$_3$)$_4$・5H$_2$O：乾燥空気で徐々に硝酸を放つ	ZrF$_4$：白色 850℃で昇華する．AlF$_3$ よりも昇華する．
Hf	HfO$_2$：白色 [2812] 性質は酸化ジルコニウムに同じ．			HfF$_4$ が得られている．

Cl	Br	I	S	備考
TlCl：無色 [430] (806) TlCl$_3$：[250] さらに加熱で分解する．水で加水分解してTl$_2$O$_3$となる．	TlBr：淡黄色 [459] (819) 融点以下で昇華するが分解しない． TlBr$_3$：無水物なし．	TlI：黄色 [440] (824) 融点以下で昇華する． TlI$_3$：黒色．加熱で分解する．	Tl$_2$SO$_4$：無色 [632] 比較的昇華しやすいが融点を越えるとSO$_2$とTl$_2$O$_3$を与える． Tl$_2$(SO$_4$)$_3$：無色．湿気を吸って加水分解する．	燃焼管充填剤汚染． WO$_3$を添加．
ScCl$_3$：白色 [939] 吸湿性が強い．水に入れると激しく発熱して溶ける．	ScBr$_3$：白色 [960] 吸湿性		Sc$_2$(SO$_4$)$_3$：白色 熱水に易溶．赤熱状態でSO$_3$を放出して分解する．	燃焼管充填剤汚染． WO$_3$を添加．
YCl$_3$：白色 [<686] 吸湿性が強い．	YBr$_3$：無色 潮解性．	YI$_3$：白色 120℃でI$_2$を放出	Y$_2$(SO$_4$)$_3$：無色 700℃で分解する．	燃焼管充填剤汚染． WO$_3$を添加．
SiCl$_4$：[-70] (57.6) Si$_2$Cl$_6$：[-1] (147) Si$_3$Cl$_8$：(216) Si$_4$Cl$_{10}$：(150/15 mm) Si$_5$Cl$_{12}$：(190/15 mm)	Si$_m$Br$_{2n+2}$の総称． SiBr$_4$：無色の重い液体，他のものは固体である．	Si$_m$I$_{2n+2}$がある．無色またはやや黄味を帯びた昇華性結晶．水と反応してSiO$_2$とHIに分解する．	SiS：黄色 空気中の水分で分解． SiS$_2$：白色または灰色 [1090] いずれも空気中で加熱するとSiO$_2$とSO$_2$になる．	灰分が綺麗にボートに残る場合と，充填剤まで行って，燃焼してSiO$_2$ができ，CuOなどを汚染する場合とある．また特殊構造のものは，やや低温（850℃位）で酸化するか，相当高温で（1100℃以上位）で完全燃焼さす必要がある．
GeCl$_4$：無色の液体 [-49.5] (84.0)	GeBr$_4$：無色 [186]	GeI$_4$：橙赤色 440℃で分解する．	GeS$_2$：無色 空気中で加熱するとGeO$_2$になる．	燃焼管充填剤汚染． WO$_3$を添加．
SnCl$_2$：無色 [246] (623) 空気中加熱で，一部昇率，SnCl$_4$が輝発する酸素中で加熱するとSnCl$_4$が揮発し去りSnO$_2$が残る． SnCl$_4$：[-30.2] (114)	SnBr$_2$：黄色 [215.5] (620) 水に溶ける． SnBr$_4$：白色 [31] (202) 加熱で分解しにくい．	SnI$_2$：赤色 [320] (720) 希塩酸，アルカリに可溶． SnI$_4$：赤色 [143.5] (340) 加水分解	SnSO$_4$：白色 360℃付近でSnO$_2$となる．水に少し溶ける． Sn(SO$_4$)$_2$・2H$_2$O：無色 潮解性．水溶液を加熱すると加水分解する．	燃焼管充填剤汚染． 特に塩素を含む場合に，汚染がひどい．
PbCl$_2$：白色 [510] (950) 濃塩酸には，水よりも易溶．	PbBr$_2$：無色 [373] (918) 酸に溶ける．光でPbとBrになる	PbI$_2$：橙黄色または黄金色 [402] (957) 太陽光で分解する．	PbSO$_4$：白色 [1150〜1200] 1000℃から分解． Pb(SO$_4$)$_2$：黄色 水で加水分解しPbO$_2$になる．	燃焼管充填剤汚染． WO$_3$を添加．
TiCl$_2$：黒褐色，空気中ないし水により分解する． TiCl$_3$：暗紫色 潮解性．440℃で分解して，TiCl$_2$とTiCl$_4$になる．常温でも分解する． TiCl$_4$：無色の液体 [-30] (136.4) 空気にふれて，白煙を生じる．	TiBr$_2$：黒色．500℃以上で分解する． TiBr$_3$：黒青色．空気中400℃で分解する． TiBr$_4$：橙黄色 [39] (230) 潮解性で水により分解する．	TiI$_2$：黒色 吸湿性大．酸化されてHIが発生． TiI$_3$：紫黒色 350℃でTiI$_2$ + TiI$_4$となる． TiI$_4$：コガネ虫色 [150] (377.2) 加熱でI$_2$ + TiO$_2$	Ti$_2$(SO$_4$)$_3$：緑色 空気中で熱するとSO$_2$とSO$_3$を発生して，TiO$_2$になる．希硫酸，塩酸に溶ける． Ti(SO$_4$)$_2$：無色．きわめて吸湿性．150℃に熱するとSO$_3$を発生．硫化チタンは各種ある．	
ZrCl$_2$：黒色 350℃以上で分解する． ZrCl$_4$：無色 300℃以上で昇華する．	ZrBr$_4$：[450±1] 357℃昇華する．吸湿性著しい．	ZrI$_4$：白色，黄色 湿った空気で発煙．[499] 431℃で昇華する．	Zr(SO$_4$)$_2$：無色 水に可溶．高温でSO$_3$を放って分解する．ZrOSO$_4$ができると揮発して妨害する．	灰分は，ボートから飛び出して，挿入棒を汚染することが多い．燃えた後ZrO$_2$になると白く残る．
HfCl$_4$：250℃辺で揮発性となる．	HfBr$_4$：白色 [420] この温度で蒸発する．	HfI$_4$：白淡黄色 水に溶けて分解する．	Hf(SO$_4$)$_2$：無色 500℃で分解する．	

	O	C	N	F
P	P_2O_5：無色または白色 [563] 加圧．350℃で昇華．強い吸湿性，水に溶けるとメタリン酸からさらにオルトリン酸になる． H_3PO_4：普通リン酸とは オルトリン酸をさす．加熱すると213℃でピロリン酸（$H_4P_2O_7$），さらに赤熱でメタリン酸（HPO_3）無色硬いガラス状．熱すれば融けて糸を引く．赤熱すれば気化する．水には音を発して溶ける．			PF_3：無色の気体 水により徐々に加水分解．高温でガラスを侵す． PF_5：気体 湿った空気中で発煙する．過剰の水でリン酸を生じる．ガラスを侵さない．
As	As_2O_3（亜ヒ酸）：無色 135℃以上で昇華する．等軸晶 [275]（465）単斜晶 [315]（465） As_2O_5：白色 強熱すると As_2O_3 となる．			AsF_3：無色の液体 [-8.5]（63）水により分解され，HF と As_2O_3 となる． AsF_5：無色気体 [-79.8]（-52.9）水で分解する．
Sb	Sb_2O_3：白色 [656]（1425） Sb_2O_5：黄色 加熱で Sb_2O_4 となり900℃以上で Sb_2O_3 となる．			SbF_3：無色 [292]（376）潮解性． SbF_5：無色の液体
Bi	Bi_2O_3：斜方晶 [820]（1900），正方晶 [860] 等軸晶：黄色，転移 [794] いずれも酸に可溶．	塩基性塩が知られており，これを炭酸ビスマスと呼ぶことがある（オキシ炭酸ビスマス）．	$Bi(NO_3)_3$ 加熱すると，オキシ硝酸ビスマスをへて，260℃で分解する．	BiF_3：白色（725～730）高温で分解せず昇華する． BiF_5：白色 吸湿性．
V	V_2O_5：熱いと赤黄色 冷えるとレンガ状赤色 [690] 1750℃で分解する．酸，アルカリに溶ける．			VF_3：空気中で熱すると V_2O_5 となる． VF_5：ガラス壁を侵す．
Nb	Nb_2O_5：白色 [1520] HF，アルカリに溶ける．酸に不溶．			NbF_5：[75.5]（229）
Ta	TaO_2：暗灰色 酸化されやすい．EtOHに溶ける．水で分解する． Ta_2O_5：白色．1470℃で分解．			TaF_5：[96.8]（229.5）冷水には音をたてて溶ける．
Se	SeO_2：白色．吸湿性の結晶．液体は橙青色，気体は黄緑色 [340] 317℃で昇華する．水，エタノール，酢酸に易溶．還元されやすく，空気中のほこりで分解されて赤色セレンになる． SeO_3：淡黄色．120℃で SeO_2 と O_2 に分解する．			SeF_4：無色の液体 [-80]（100）冷水で分解する． SeF_6：無色の気体 [-34.8] -46.6℃で昇華する．水により徐々に分解する．

Cl	Br	I	S	備考
PCl$_5$：白または淡黄色［148］加圧．160℃で昇華する．300℃以上で完全に解離しCl$_2$とPCl$_3$になる．過剰の水でリン酸になる．PCl$_3$：湿った空気中で発煙する無色の液体［-93.6］（74.7）水により加水分解する．	PBr$_5$：黄赤色 100℃以下で分解する．PBr$_3$：無色液体［-40］（175.3）刺激臭，腐食性．空気中で発煙する．水により加水分解して亜リン酸と臭化水素酸になる．	P$_2$I$_4$：赤色［110］二硫化炭素に可溶．水で分解する．PI$_3$：赤色［61］（120/15 mm）二硫化炭素に可溶．水により加水分解する．PI$_5$に相当する化合物の存在は確立していない．	P$_4$S$_2$：黄色［172.5］（407）水に不溶．酸素があれば高温度で容易に酸化．P$_4$S$_5$：黄色 170～220℃で融けて同時に分解．P$_4$S$_7$：淡黄色［316］（523）熱水で分解する．P$_2$S$_5$（P$_4$S$_{10}$）：淡黄色［290］（514）空気中で熱するとP$_2$O$_5$とSO$_2$	リン含有試料は，加熱でほとんどのものが，ボートから飛び出すので試料ボートにWO$_3$も添加するだけでは，リン酸は除去できない．燃焼管内にMgO・Ag$_2$WO$_4$かMgO・WO$_3$またはWO$_3$粒を充填するとリン酸を捕捉することができる．さらに試料ボート中に少量残ったリン酸によって不完全燃焼物が覆われてC%がマイナスになる場合があるのでWO$_3$，CuO，Co$_3$O$_4$などを添加するのが望ましい．
AsCl$_3$：無色油状．空気中で発煙する．［-16.2］（130.4）過剰の水とは最終生成物の塩酸と亜ヒ酸となる．	AsBr$_3$：無色［32.8］（221）AsCl$_3$と類似の性質をもつ．	AsI$_3$：赤色［146］（403）空気中で徐々に分解する．AsI$_5$：褐色［70］分解しやすい．	As$_4$S$_4$：α赤色，β黒色．空気中で酸化される．As$_2$S$_3$：黄色．空気で酸化されて，As$_2$O$_3$となる．As$_2$S$_5$：レモン黄色．500℃で昇華分解する．	MgO・Ag$_2$WO$_4$かMgO・WO$_3$を充填した燃焼管を使用すれば，昇華したAs$_2$O$_3$を，捕捉することができる．
SbCl$_3$：無色［73.4］（223）潮解性．SbCl$_5$：無色または淡黄色［2～4］	SbBr$_3$：無色［96］（288）水により加水分解してオキシ臭化アンチモン	SbI$_3$：三種の結晶系がある．いずれも水により分解する．	Sb$_2$(SO$_4$)$_3$：無色．熱すると分解する．潮解性，硫酸に溶ける．多量の水で加水分解する．	同上の充填剤が良いと思われる．さらに，WO$_3$も添加する．
BiCl$_3$：雪白色 時には黄色または灰色［230］（447）強い潮解性．水で加水分解してオキシ塩化ビスマス．	BiBr$_3$：鮮黄色［218］（453）昇華性あり．吸湿性．	BiI$_3$：黒褐色［739］（500）潮解性でない．	Bi$_2$(SO$_4$)$_3$：白色 400℃以上に加熱するとSO$_2$を生じ，遂に酸化物となる．	同上の充填剤が良いと思われる．さらに，WO$_3$も添加する．
VCl$_2$：緑色．冷水に溶け熱水で分解．潮解性．VCl$_3$：ピンク色．加熱すると融解前に分解する．VCl$_4$：赤褐色の液体［-109］（148.5）蒸気は加熱によりVCl$_3$とCl$_2$に解離．	VBr$_2$：淡褐色ないし赤色 VBr$_3$：暗灰色．空気中常温で臭素を発して分解しV$_2$O$_3$とV$_2$O$_5$を形成．	VI$_2$：赤色．800℃で昇華し，1000℃で分解．VI$_3$：黒褐色．吸湿性．水に微溶，エタノールに易溶．280℃でVI$_2$とI$_2$．	VSO$_4$・7H$_2$O：紫色 V$_2$(SO$_4$)$_3$：黄色 HClに溶けて，黄褐色を呈す．	V$_2$O$_5$は，ボートをはいあがり，燃焼管や挿入棒を汚染するので，WO$_3$を添加すれば，汚染を防げる．あと酸やアルカリ溶液で洗浄すると良い．
NbCl$_5$：黄色［194］（240.5）水で分解する．	NbBr$_5$：紫赤色［150］（270）水，アルコールで分解する．	NbI$_5$：褐色 水で加水分解する．	Nb$_2$(SO$_4$)$_5$：固体としては，取り出されていない．	ハロゲン含有物は，揮発して，燃焼管を汚染する．
TaCl$_5$：淡黄色［308］（242）冷水に音をたてて溶ける．水により分解する．	TaBr$_5$：黄色［240］（320）強吸湿性．水で分解される．	TaI$_5$：褐紫色．水でゆっくり分解する．	TaS$_2$：黒色 1000℃以上で安定．TaS$_3$：黒色	ハロゲン含有物は，揮発して，燃焼管を汚染する．
SeCl$_4$：微黄色［308］196℃で昇華する．気体は高温でSeCl$_2$とCl$_2$に解離する．	Se$_2$Br$_2$：暗赤色の不快臭の液体［-46］225℃で分解してBr$_2$，SeBr$_4$，Seになる．SeBr$_4$：オレンジ色．吸湿性．75℃で分解する．	Se$_2$I$_2$：銅灰色［70］常温でもI$_2$を出して分解する．水によっても分解する．SeI$_4$：暗灰色［80］100℃で全部のヨウ素が取れる．冷水で分解する．	SeS：橙黄色 水，エタノールに不溶．二硫化炭素に可溶．熱すると初めは硫黄，次いで硫黄とセレンの混合蒸気を発生して分解する．	セレン酸化物は，昇華して装置の内部に侵入し分析値を狂わす原因となる．そこで燃焼管出口付近の低温部と還元管出口付近の低温部に銀粒を詰めて大部分を捕捉することができる．分析後はHeを逆流させて，銀粒部分を燃焼炉内に突っ込んで，燃焼管入口付近に付いてくる白色のセレン酸化物を拭い取り去ることができる．燃焼管は，再度使用可能．この処理は多少面倒である．

	O	C	N	F
Te	TeO：黒色 TeO$_2$：白色［733］暗黄色の液体． TeO$_3$：400℃でTeO$_2$とO$_2$に分解する．			TeF$_6$：無色 悪臭ある気体．
Po	Po：金属光沢を有するやわらかい銀色の金属［254］(962), Cl, Br, Iとは加熱すると（約200～300℃）反応ニウム化合物をつくる．濃硝酸にはすみやかに溶けて酸化窒素を出す．			
Cr	Cr$_2$O$_3$：緑色［1990］(3000) きわめて安定．赤熱して，水素を通じても変化しない．	CrCO$_3$：緑色 熱すれば 分解して Cr$_2$O$_3$ となる．	Cr(NO$_3$)$_3$・5 H$_2$O：紫色［100］ 乾燥した空気中で灰色のCr(NO$_3$)$_3$・4.5H$_2$Oに．	CrF$_2$：空気中加熱でCr$_2$O$_3$となる． CrF$_3$：同 上 CrF$_4$：石英を侵す．
Mo	MoO$_3$：無色［795］ 酸化物中最も安定．金属あるいは酸化物を空気中で熱するときは，常にこのものが最終生成物となる．アルカリに溶ける． MoO$_2$：褐色ないし黒色 塩素と反応してMoO$_2$Cl$_2$となる． MoO：紫色 MoOCl(OH$_2$)$_4$：褐色または緑色 MoO$_3$・2 HCl（淡黄色針状）昇華する．			MoF$_3$：赤色 空気中で熱するとMoO$_3$となる． MoF$_4$：黒色 MoF$_6$：雪白色［17.5］(35) 湿気にきわめて敏感で青色酸化モリブデンになる大量の水で分解する．室温でも多くの金属を侵す．
W	WO$_3$：レモン黄色結晶粉末［1473］(1750) 塩素と熱するとオキシ塩化物をつくる． 臭素とヨウ素とは反応しない．水にわずかに溶けて黄色を呈す．アンモニア水，アルカリ水溶液に可溶．			WF$_4$：赤褐色 吸湿性． WF$_6$：無色の気体 (19.5) きわめて反応性が強く，ほとんどすべての金属を侵す．
F	HF：［−83］(19.9) 水によく溶ける．反応性に富み，アルカリ金属，アルカリ土類金属，銀，鉛，亜鉛，水銀ムと徐々，または高温でなければ反応しない．ハロゲン化物とは，激しく反応してフッ化物およびハロゲン化ン，ウランおよび硫黄などの酸化物とはオキシフッ化物またはフルオロ酸を生ずる．酸素が存在すると銅と容			
Mn	MnO：灰緑色，灰黒色，緑黄色［1650］O$_2$中で加熱するとMn$_2$O$_3$となる． Mn$_2$O$_3$：暗褐色または鋼灰色．空気中940℃以上かO$_2$中で1090℃以上に加熱すると酸素の一部を失ってMn$_3$O$_4$となる． Mn$_3$O$_4$：鉄黒色［1705］金属マンガンやすべてのマンガン塩を空気中で940℃以上に加熱すると得られる．O$_2$中で加熱するとMnO$_2$となる． MnO$_2$：灰色ないし灰黒色，純粋なら530℃でO$_2$を発生しないが他のものは，300℃あるいは200℃でも分解する．	MnCO$_3$：淡赤色 100℃以下でCO$_2$を発生してMnOとなる．希酸に溶ける．	Mn(NO$_3$)$_2$：淡紅色 200℃でNO$_2$を発生しMnO$_2$となる．水に溶け，著しく発熱する．	MnF$_2$：バラ色［856］ 赤熱しても分解しない．O$_2$と1000℃に加熱すると，Mn$_2$O$_3$となる． MnF$_3$：赤色 加熱すると，MnF$_2$とF$_2$になる．

Cl	Br	I	S	備　考
$TeCl_2$：黒色 [175] (324) 水，酸，アルカリで分解する． $TeCl_4$：黄白色 [224] (414) 水によって塩酸とTeO_2に加水分解．	$TeBr_2$：緑黒色 [280] (339) 湿気で分解する． $TeBr_4$：黄橙色 [380+6] 加熱で (427) Brを出す．	TeI_2：黒色 水に不溶． TeI_4：灰白色 [280] (封管中) 熱すれば分解する．	TeS：非常に不安定．0℃ですでに分解する．	WO_3を添加

してPoX_4をつくるが，Fとの反応は起こりにくい．Be，Na，Ca，Ni，Zn，Pt，Hg，Pb などとは比較的簡単にポロ

Cl	Br	I	S	備　考
$CrCl_3$：赤紫色．塩素気流中で熱すると 900℃で昇華する [1150] (1200〜1500) 分解．	$CrBr_3$：赤紫色 空気中で熱すると Cr_2O_3となる．	CrI_3：黒色 [600] 以上．200℃以上でCrI_2とI_2に分解し始める．	$CrSO_4$：無水塩なし，空気中で酸化されやすい． $Cr(SO_4)_3$：青赤色，桃色．高温で分解する．	緑色の灰分がボートに残る (Cr_2O_3)
$MoCl_2$：黄色 熱すると溶けて昇華せず分解する． $MoCl_3$：褐赤色 熱すると溶けて昇華せず分解する． $MoCl_4$：褐色 たやすく昇華して黄色蒸気となる．潮解性．水とは激しく反応． $MoCl_5$：暗緑色ほとんど黒色 [194] (268) 1300℃以上で分解する．潮解性．空気中不安定で湿気で塩酸と酸化物に分解する．	$MoBr_2$：黄赤色 熱に安定，融解しにくい． $MoBr_3$：黒緑色ないし黒色 強熱すると$MoBr_2$． $MoBr_4$：黒色 空気中ですみやかに黒い液体となる．褐赤色気体となって蒸発し，Br_2を発生して$MoBr_3$となる．	MoI_2：非結晶性．融解しにくい．空気中で熱すると250℃で分解する． MoI_4：黒色 100℃に熱すると分解する．このものの確実な存在は確かめられていない．	Mo_2S_3：鋼灰色．希酸，希王水に不溶．濃硝酸で酸化される． MoS_2：希ガス中では450℃で昇華し，1185℃で融解する．空気中では，550℃でMoO_3とSO_2となる． Mo_2S_5：きわめて酸化されやすい． MoS_3：褐色．加熱するとMoS_2となる． MoS_4：褐色ないし黒色の粉末．ポリ硫化物 $Mo(S_2)_2$とされている．	WO_3を添加．MoとSを含有する試料の場合は，酸素量を多少多目にして，分析すればMoS_2による昇華移動を防ぐことができるようである．MoO_3も移動して，燃焼管の充填剤を汚染する．
WCl_6：暗紫色 [275] (346.7) 60℃で分解．水中では徐々に分解して，オキシ塩化物となる． $WOCl_4$：深紅色 湿った空気中でWO_3とHClになる． WO_2Cl_2：淡黄色 140℃以上でWO_3と$WOCl_4$に分解．	WBr_2：黒色ないし黒青色 水に溶ける． WBr_5：黒色ないし紫赤色 [276] (333) 常温で分解してBr_2を出す． WBr_6：青黒色 弱く熱しても分解する．	WI_2：褐色 融解せず昇華する．塩素，臭素とは，それぞれ250℃，350℃で反応して塩素化物，臭素化物となる． WI_4：黒色 熱すると分解してWO_3とI_2になる．	WS_2：青味を帯びた灰色．空気中できわめて安定．水に不溶．HCl，HNO_3，H_2SO_4に侵されない，王水でも反応しにくい．酸化剤があれば分解する． WS_3：黒褐色．170℃でWS_2とSに分解する．	灰分はボート内にWO_3として残るが，塩素を含有している場合には，一度できたオキシ塩化物が水で分解してWO_3とHClになり，そのWO_3で燃焼管が黄色く汚れることがある．しかし，WO_3自身は相当高温でも昇華や揮発はしないので分析値には影響はない．

および鉄などの酸化物，水酸化物と反応して，水およびフッ化物を生ずる．酸化アルミニウ水素をあたえる．ケイ酸塩に作用して水および四フッ化ケイ素を生ずる．リン，タングステ易に反応する．

燃焼管内の高温部にMgOまたは$MgO\cdot Ag_2WO_4$を充填すると良い．

Cl	Br	I	S	備　考
$MnCl_2$：バラ赤色 潮解性，空気に触れると高次酸化物になる． $MnCl_3$：緑色および黒色加熱でCl_2を出す． $MnCl_4$：赤褐色 湿った空気中ではすみやかに分解する．	$MnBr_2$：淡バラ赤色 空気中で赤熱するとBr_2を発生してMn_2O_3となる．	MnI_2：白色，空気中で褐色．空気中で加熱するとI_2とMnOを生ずる．著しく潮解性．	$MnSO_4$：白色 [700] 850℃で分解．水，エタノールに可溶． $Mn_2(SO_4)_3$：暗緑色 潮解性．160℃以上に加熱すると$MnSO_4$とH_2SO_4，O_2になる． $Mn(SO_4)_2$：黒色．50〜80%のH_2SO_4に冷時深褐色となって溶ける． MnS_2：緑色 MnS_2：レンガ赤色 加熱すると容易にSを放つ．	

	O	C	N	F
Tc	TcはO_2中で燃えて揮発性の酸化物をつくる.			
Re	Re_2O_7：金属レニウムあるいは，低級酸化物をO_2中で150℃以上で燃やすと最終生成物として生じる．黄色変態：淡黄色［301.5］（封管中）（362.4）150℃で昇華が始まる．きわめて吸湿性．酸素とともに少し加熱すると白色変態になる．塩素，臭素，ヨウ素と加熱すると着色化合物を生じる.			ReF_6：淡黄色［18.8］(47.6)強い吸湿性あり．金属と反応して高温でReになる.
Fe	FeO：黒色［1370］Fe_3O_4：黒色［1538］空気中で白熱するとFe_2O_3になる．過剰の塩酸に溶ける．希硝酸に溶けず，濃硝酸に溶ける．Fe_2O_3：製法により，黄赤，赤褐色，紫，黒色［1550］強熱すると分解して酸素を出す．酸には徐々に溶ける.	$FeCO_3$：白色 200℃で分解し始める．酸に溶ける.	$Fe(NO_3)_3$：赤熱でFe_2O_3になる．水に溶ける.	FeF_2：黄色おびた無色 空気中で強熱するとFe_2O_3となる．Fe_2F_5：緑黄色 FeF_3：緑色 空気中強熱でFe_2O_3，熱水および酸に微溶.
Co	CoO：製法および純度により黄，灰，褐，オリーブ緑，黒，淡赤［1935］空気中で加熱するとCo_3O_4になる．塩素とは250℃で反応始まる．無機酸と加熱すると溶けて赤色．Co_2O_3：黒褐色．吸湿性．加熱するとCo_3O_4となる．Co_3O_4：黒色．強熱するとCoOになる．希酸にはO_2を発生して徐々に溶ける.	市販の炭酸コバルトは2価コバルトの塩基性塩が普通である．$CoCO_3$：紅色．加水分解 $Co_2(CO_3)_3$：緑色．不安定で性質はよく知られていない.	$Co(NO_3)_2$：淡バラ色 100〜105℃で分解しCoOになる．$Co(NO_3)_3$：溶液としてのみ得られ，固体は単離されていない.	CoF_2：バラ色 空気中で加熱すると徐々にCoOになる．CoF_3：淡褐色 湿った空気中で直ちに暗褐色になる．多くの元素とは激しく反応してフッ素化する.
Ni	NiO：灰緑色または灰黒色 強熱すると酸に溶けにくい結晶性のものに変化する．フッ素と白熱して反応する．塩酸に溶ける．硝酸，過塩素酸には温めると溶ける.	$NiCO_3$：淡緑色 空気中で強熱すると酸化物を生じる．他に$NiCO_3 \cdot 2Ni(OH)_2 \cdot 4H_2O$や$Ni_3H_2(CO_3)_4$もある.	$Ni(NO_3)_2$：淡緑黄色 潮解性，105〜110℃で分解する．塩基性硝酸ニッケル($Ni(NO_3)_2 \cdot 2H_2O$) 300〜360℃でNiOとなる.	NiF_2：黄緑色 空気中で加熱するとNiOになる．水にほとんど不溶.
Ru	RuO_2：青黒色．高温で解離（RuとO_2に）解離圧36 mm/930℃ RuO_4：黄金色［25.5］(100.8/183 mm) 常温でも揮発しやすい．蒸気は単分子よりなりかなり安定だが500℃以上でRuO_2とO_2に分解する.		硝酸塩はできない.	RuF_5：暗緑色［101］(270〜275)吸湿性著しい．水と反応してHFとRuO_4および低級酸化物になる.
Rh	Rh_2O_3：灰黒色．1150℃以上でRhOとO_2になる．Rhを空気あるいはO_2中で600〜1000℃に加熱すると得られる.		$Rh(NO_3)_3 \cdot 2H_2O$：加熱するとRh_2O_3になる	RhF_3：赤色 空気中で加熱すると酸化物になる.
Pd	PdO：黒色 強熱するとPdとO_2になる.		$Pd(NO_3)_2$：褐黄色 加熱するとPdOになる.	PdF_2：褐黄色 PdF_3：黒色 吸湿性．空気中で加熱するとPdおよびPdOになる.

Cl	Br	I	S	備考
				燃焼管充填剤汚染.
ReCl$_3$：暗紫赤色 水に易溶. ReCl$_5$：深褐黒色 O$_2$中でReOCl$_4$とReO$_3$Clを生成する. ReCl$_6$：褐色 150℃で昇華.	ReBr$_3$：緑黒色 500℃で分解せず昇華する.	Reをヨウ素気流中加熱すると，暗色揮発性の組成不明の化合物を生じる．これがおそらくReI$_4$と考えられる.	ReS$_2$：黒色 1000℃でいくらか輝発する．1000℃で著しく石英を侵す. Re$_2$S$_7$：黒色 極めて酸化されやすい.	燃焼管充填剤汚染．CHNコーダーでは，Sweeping（逆流）に切り換わった時に，燃焼管口から白煙が出てきて，管口付近に白いものが付着するので拭き取る必要がある.
Fe$_3$Cl$_7$·10H$_2$O：淡黄褐色．空気中では，すみやかに酸化されて潮解性塊となる. Fe$_3$Cl$_8$·10H$_2$O：淡黄色［450］吸湿性．50℃で水を，90℃でHClを失い同時に空気中からO$_2$をとる.	FeBr$_2$：黄色ないし暗褐色［684］空気中ではきわめて早く酸化される，水蒸気と赤熱でHBrを発生する．水に溶ける. Fe$_3$Br$_8$：160〜200℃で分解する．水に溶ける. FeBr$_3$：暗赤色．強潮解性.	FeI$_2$：赤褐色ないし黒色［587］ 著しく潮解性，空気中で加熱するとFe$_2$O$_3$になる. FeI$_3$：固体は単離されていない.	FeSO$_4$：淡緑色 強熱するとSO$_2$を発生してオキシ硫酸鉄（Ⅲ）になる. Fe$_2$(SO$_4$)$_3$：白色ないし黄白色 潮解性．加熱すると約480℃でSO$_3$を出して分解してFeO$_3$になる.	灰分が，ボート内に綺麗に残る場合と，ボートから飛び出して，挿入棒や燃焼管を真っ赤に汚染する場合とがある.
CoCl$_2$：淡青色［735］(1049) 潮解性．500℃で昇華が始まる. CoCl$_3$：純粋には取り出されていない．暗緑色 CoCl$_4$：明らかでない.	CoBr$_2$：緑色 潮解性．空気中で加熱するとBr$_2$を発生して分解水に溶ける．低温希溶液はバラ色高温濃溶液は青色である．塩基性臭化コバルトが4種類ある.	CoI$_2$：α型黒色［515〜520］(真空中) 著しく吸湿性．β型黄色，著しく潮解性 CoI$_2$·3CoO の組成とCoI$_2$·I$_2$の組成のものが知られている.	CoSO$_4$：バラ色 吸湿性，約700℃でCoO, SO$_2$, O$_2$に分解し始める. Co$_2$(SO$_4$)$_3$·18H$_2$O：青緑色 温めると，すぐ分解してCoSO$_4$になる．硫化物はCo$_9$S$_8$, CoS, Co$_2$S$_3$. CoS$_2$, Co$_2$S$_7$などがある.	Co$_3$O$_4$が，黒くボートに残る場合が多いが，時には試料がボートより外で燃え，はじめのうちは燃焼管内壁に黒く付着する．そのうち石英を侵して白く変色し管内壁が剥がれボート内に落ちる．こうなると灰分や残渣測定はできなくなる.
NiCl$_2$：褐黄色［1001］(封管中)(973.4) 空気中で加熱するとNiOになる．水，エタノールに溶ける.	NiBr$_2$：黄褐色［963］高温で昇華する．水に溶ける．エタノール，キノリンにも溶ける.	NiI$_2$：黒色［797］(開管中) 著しく潮解性．空気中で加熱するとNiOとなる.	NiSO$_4$：緑黄色 吸湿性．840℃でSO$_3$を出して分解する．水に溶ける．色々な硫化物がある.	通常，灰分はNiOとしてボートに残る.
RuCl$_3$：製法により黒色，暗褐色．潮解性塊あるいは非潮解性，褐色粉末が得られる．強熱するとRuとCl$_2$に解離する. RuCl$_4$：不安定，容易に分解.	RuBr$_2$：黒色 RuBr$_3$：暗紫色 吸湿性．加熱するとBr$_2$を放つ.	RuI$_3$：黒色 非吸湿性，室温で容易に酸化されてI$_2$を析出する.	Ru(SO$_4$)$_2$のみ，溶液として得られる. RuS$_2$：灰色 空気中で極めて酸化されやすく発火性あり．RuO$_2$, SO$_2$, SO$_3$を生じる.	酸化ルテニウムが揮発して燃焼管充填剤を汚染する.
RhCl$_3$：レンガ赤色 948℃以下でRhにCl$_2$を作用させると得られる．強熱するとRhを生成する.	RhBr$_3$：深黒色 水に溶けないが，2H$_2$Oは100℃で水とHBrを失う.	RhI：黒色 王水に可溶.	Rh$_2$(SO$_4$)$_3$：レンガ赤色 500℃以上で分解する．水に微溶.	
PdCl$_2$：褐黒色 600℃で昇華とともにPdとCl$_2$に解離し始め920℃で1気圧になる．水，エタノールに溶ける.	PdBr$_2$：褐色 310℃まで安定．水に溶けず．NaCl溶液に易溶.	PdI$_2$：褐黒色ないし黒色 105℃ですでにI$_2$を析出し始める.	PdSO$_4$·H$_2$O：オリーブ緑色．潮解性. ·2H$_2$O：赤褐色．潮解性，ともに多量の水で分解して水酸化パラジウム（Ⅱ）と塩基性塩になる.	灰分はボートに残る場合と，飛び散る場合とある.

	O	C	N	F
Os	OsO_2：黒色 $350〜400℃$に加熱すると褐色，空気により$460℃$以上でOsとOsO_4になる． OsO_4：黒色 [40.6〜40.7] (131.2) 水，アルコール，エーテル，四塩化炭素に溶ける．塵や油脂などの有機化合物によって容易に還元されてOsO_2を生成する．			OsF_4：黒色．水に可溶． OsF_6：緑色．水で分解してOsO_2になる． OsF_8：黄色 [34.4] (47.3) $225℃$で分解する．
Ir	IrO_2：黒色 赤熱では安定だが，より高温でIrとO_2に分解する．			IrF_4：強熱すると分解する． IrF_6：$400℃$以上で石英をおかす．
Pt	PtO：灰黒色 $560℃$で分解し始め赤熱で完全に分解する． Pt_3O_4：黒色 赤熱で徐々にO_2を失う．		硝酸塩は単離されていない．	PtF_4：褐黄色 極めて吸湿性．赤熱するとFとPtになる．
La	La_2O_3：白色 [2000] (4200) 無機酸，95%アルコール，塩化アンモンに溶ける．水やCO_2を吸収しやすい．空気中で水酸化物，炭酸塩をつくる．	$La_2(CO_3)_3 \cdot 8H_2O$：絹状光沢のやわらかいウロコ状晶．	$La(NO_3)_3$：$40℃$分解 (126) 潮解性．エタノールに可溶．	LaF_3：無色 水に不溶．$100℃$で変化しない．
Ce	CeO_2：白色または淡黄色 [1950/10〜30 mm] 熱濃硫酸に溶ける．粉末は多量の酸素を吸蔵することができる．種々の触媒作用がある．	$Ce_2(CO_3)_3$：黄灰色 希酸に溶ける．紫外線で黒色．空気中で加熱するとCeO_2を生じる．($100℃$分解)	$Ce(NO_3)_3$：無色 潮解性．水，エタノールに易溶，$200℃$で分解する．	CeF_3：[1324] $CeF_4 \cdot H_2O$ [>650] 褐．水に不溶．加熱するとCeF_3をへてCeO_2に変わる．冷水で徐々に分解．水と熱するとセリウム(III)塩に還元．
Pr	Pr_6O_{11}：黒色 酸に溶けて3価の塩を生じる．	$Pr_2(CO_3)_3 \cdot 8H_2O$：緑色 酸に可溶．	$Pr(NO_3)_3 \cdot 6H_2O$：緑色 金属硝酸塩と複塩をつくる．	PrF_3：製法で黄色と緑色あり．
Nd	Nd_2O_3：青色 [1900] 塩酸に可溶．	$Nd_2(CO_3)_3$：$870℃$でNd_2O_3になる．	$Nd(NO_3)_3 \cdot 6H_2O$：吸湿性大．$67.5℃$で分解．水，エタノールに易溶．	NdF_3：薄紫色
Pm	Ndを陽子，中性子，α粒子で衝撃すると，あるいは，Uが核分裂すると生じる．			
Sm	Sm_2O_3：黄白色．酸に溶ける．水素または酸素で熱時還元も酸化もされない．	$Sm_2(CO_3)_3$：微細な針状晶．	$Sm(NO_3)_3 \cdot 6H_2O$：黄色 [78〜79]〜$78℃$分解する．	SmF_2：ゲル状．水，希酸に溶けない．
Eu	Eu_2O_3：深紅色．製法によって多少異なった色を呈す．			EuF_2（淡黄色）とEuF_3がある．
Gd	Gd_2O_3：白色 吸湿性でかつCO_2を吸収しやすい．酸と激しく反応．		$Gd(NO)_3 \cdot 5H_2O$ [92] $\cdot 6H_2O$．$91℃$で結晶水に溶ける	GdF_3：白色 水に不溶．
Tb	Tb_2O_3：オレンジ色 Tb_4O_7：橙黄色．空気中からCO_2を吸収しやすい．	$Tb_2(CO_3)_3$：白色ゲル状	$Tb(NO_3)_3 \cdot 6H_2O$：無色 $89.3℃$で自己の結晶水に溶ける．水，エタノールに易溶．	
Dy	Dy_2O_3：白色 酸に可溶．	$Dy_2(CO_3)_3 \cdot 4H_2O$：白色または淡黄色 水に溶けない．		
Ho	Ho_2O_3：淡黄色 水酸化物，シュウ酸塩，硝酸塩を強熱して得る．		$Ho(NO_3)_3$：熱湯で分解する．	

Cl	Br	I	S	備考
$OsCl_2$：暗青色か暗褐色 $OsCl_3$：褐黒色 潮解性. $OsCl_4$：赤褐色か黒色. 容易に融解する. 水で分解して OsO_2 と HCl になる.		OsI_4：紫黒色 著しく吸湿性. 水およびエタノールに溶けて赤褐色の溶液となる.	OsS_2：暗青灰色または黒灰色 高温で Os と S になる. 硝酸には冷時溶ける. OsS_4：黒褐色 硝酸には溶ける.	OsO_4 は、高温で揮散し装置の連結管などの低温部に付着する. Os を含有する試料の分析を数回繰り返すと、水を吸・脱着するので CHN コーダーでは、H-Factor がそれまでより大きくなる. また OsO_4 は、有機物を侵し、シリコンゴムは黒変し劣化する.
$IrCl_3$：緑, 黄, 暗褐色. 470℃でかなり揮発性.	$IrBr$：300℃で分解しながら昇華する.	$IrI_{1\sim4}$：いずれも加熱で分解する.	$Ir_2(SO_4)_3$：黄色 $Ir(SO_4)_2$：黄褐色	燃焼管汚染.
$PtCl_3$：暗緑, 緑灰, 灰緑色. 加熱すると Pt と Cl_2 に解離. $PtCl_4$：赤褐色または褐色.	$PtBr_2$：緑褐色 200℃で長時間加熱すると分解する.	PtI_2：黒色 330℃で分解する. PtI_4：黒色	3価および4価白金の硫酸塩といわれるものはすべてスルフィト錯体である.	白金としてボートに残る.
$LaCl_3$：白色 [907] 潮解性. 冷水に易溶. エタノールに易溶.	$LaBr_3$：無色 吸湿性. 水に易溶.	LaI_3：[760]	$La_2(SO_4)_3$：白色 吸湿性. 強熱すれば塩基性塩 $La_2O_3\cdot SO_3$ を生じる.	
$CeCl_3$：白色 [822] 吸湿性が強い. 冷水に音を立てて溶ける. エタノールに易溶.	$CeBr_3$：白色 吸湿性大. 水に易溶. メタノール, アセトンに可溶.	CeI_3：[752] アセトンに可溶. 潮解性.	$Ce_2(SO_4)_3$：潮解性. 空気中で加熱すると CeO_2 になる. $Ce(SO_4)_2$：深黄色 冷水に易溶. 熱水に難溶. 300℃で CeO_2 になる.	市販の CoO_2 の中には加熱によって揮発成分が出るものがあるので、あらかじめ分析温度で加熱処理して充分飛ばしておく必要がある. CeO_2 でフッ素を除去する場合、一度できた CeF_4 が高温で分解して、また CeO_2 にもどるので、充塡剤を過信しないように注意. 大量に充塡すればある程度防ぐことができると思われる.
$PrCl_3$：緑色 [823] 吸湿性強く, 水, エタノール, ピリジンに溶ける.	$PrBr_3$：緑色 [693] 加水分解.	PrI_3：吸湿性	$Pr_2(SO_4)_3$：淡緑色 水に少し溶ける.	
$NdCl_3$：紫色 [784] 吸湿性大. 水, エタノールに溶ける.	$NdBr_3$：赤色 [684]	NdI_3：加熱すると液状	$Nd_2(SO_4)_3$：赤色	
$SmCl_2$：赤褐色 [740] $SmCl_3$：黄緑色 [686]	$SmBr_2$：黒色 $SmBr_3$：黄色 [684]	SmI_2：暗緑色 SmI_3：黄橙色 [816~824]	$SmSO_2$：赤橙色 $Sm_2(SO_4)_3$：帯黄白色	
$EuCl_2$：白色 [~850] $EuCl_3$：緑黄色 [623]	$EuBr_2$：無色 $EuBr_3$：潮解性	EuI_2：褐緑色 EuI_3：[1150]	$EuSO_4$：白色 水に不溶. $Eu_2(SO_4)_3$：淡赤色	
$GdCl_3$：白色 [628] 強い吸湿性. エタノールに可溶.	$GdBr_3$：白色 水に音を出して溶ける.		$Gd_2(SO_4)_3$：水に少し溶ける.	
$TbCl_3$：無色 [588] 融解したものは盛んに気化する. 吸湿性で水に音をたてて溶ける.	$TbBr_3$：白色 水に溶ける.		$Tb_2(SO_4)_3\cdot 8H_2O$：空気中で安定. 水, エタノールに不溶. 無水塩は濃硫酸に溶けない.	
$DyCl_3$：黄白色 [655] 水, メタノール, エタノールに可溶.	$DyBr_3$：白色 [881] 水に溶ける.	DyI_3：淡黄緑色 [955]	$Dy_2(SO_4)_3\cdot 8H_2O$：黄色. 暗赤熱状態でもなお安定である. 水溶液は多少加水分解され弱い酸性.	
$HoCl_3$：淡黄色 [718]	$HoBr_3$：淡黄色 [914±4]	HoI：淡黄色 [1010]	$Ho_2(SO_4)_3$：黄色 水に少し溶ける.	

	O	C	N	F
Er	Er$_2$O$_3$：赤黄色（約3000）熱水に可溶．	Er$_2$(CO$_3$)$_3$：淡赤色 575℃で分解する．	Er(NO)$_3$・5H$_2$O：赤色	ErF$_3$：溶液を加熱すると分解（粉）．
Tm	Tm$_2$O$_3$：緑かかった白色 熱濃酸に可溶．			
Yb	YbO$_3$：白色 熱希酸に可溶．	Yb$_2$(CO$_3$)$_3$・4H$_2$O：無色 ゲル状沈殿	Yb(NO$_3$)$_3$・4H$_2$O：無色 水に溶ける．	
Lu	Lu$_2$O$_3$：無色 水酸化物，シュウ酸塩，硝酸塩を強熱して得る．			
Ac	Ac：Laに似た銀白色の金属［1050±50］（3300）湿った空気中では容易に酸化されて白色の酸化物を生ずるが，			
Th	ThO$_2$：白色［3050］（4400）高温で生成されたものほど，酸に溶けにくい．		Th(NO$_3$)$_4$：空気中500℃に熱すると分解してThになる．	ThF$_4$：白色 含水塩は強熱でThO$_2$になる．
Pa	Pa$_2$O$_5$：白色 PaO$_2$を1100℃で酸素処理．			PaF$_2$：揮発性の固体．
U	U$_3$O$_8$(UO$_2$・2UO$_3$)：製法によって暗緑色ないし黒色 1300℃で昇華する．金属ウランまたは，他のすべての酸化ウランは空気中で強熱すれば，このものに変わる．濃酸に溶ける．UO$_3$製法によって黄色，オレンジ，深赤色．吸湿性強い．	炭酸ウラニルUO$_2$CO$_3$：この組成をもつ鉱物は天然にルサホージンとして存在しているが，実験室内では合成されていない．	硝酸ウラニルUO$_2$(NO$_3$)$_2$・6H$_2$O：黄色 60.2℃で溶けて結晶水に溶ける．高温に加熱すると赤色のUO$_3$になる． ・6H$_2$O：黄色［121.5］ ・2H$_2$O：黄色［179.3］ 無水塩もすべて加熱でUO$_3$になる．	UF$_3$：紫赤色［1140］ 高温分解でUF$_4$になる． UF$_4$：緑色［960］ 高温で分解する． UF$_5$：無色 水で分解してUF$_4$になる． UF$_6$：無色 昇華性．水とはげしく反応する．
Np	NpO$_2$：緑色 濃硝酸，濃硫酸に可溶． Np$_3$O$_8$：褐色 600℃でNpO$_2$になる．硝酸に容易に溶ける．			NpF$_3$：黒色 NpF$_4$：うす緑色 NpF$_6$：オレンジ色（55.2℃）揮発性あり．
Pu	PuO$_2$：黄緑，褐色 酸化物中最も安定，熱濃酸（硝酸）に溶ける．	Pu(NO$_3$)$_2$?：うすい黄褐色 かなり不安定．	Pu(NO$_3$)$_4$・5H$_2$O：黄色 800～1000℃でPuO$_2$になる．	PuF$_3$，PuF$_4$とPuF$_6$がある．
Am	Am$_2$O$_3$：黄褐色と赤褐色 AmO$_2$：黒色 1000℃でも組成変わらない．			AmF$_3$：ピンク色 AmF$_4$：黄茶色
Cm	Cm$_2$O$_3$：黒色 CmO$_2$：黒色			CmF$_3$とCmF$_4$が得られている．
Bk	元素状態のBkについては，ほとんど研究されていない．水溶液中の化学的行動はトレーサー量を用いて研究として予想されるような性質を示す．			
Cf	元素自身の性質は，ほとんど研究されていない．アクチニド元素としての位置はランタニド元素のDyと同じべられていて，元素の分離と精製に用いられている．			
Es	Esの原子価は正3価が普通である．溶液中でも+3価イオンとして存在し，希土類元素のフッ化物や水酸化物			

Cl	Br	I	S	備考
$ErCl_3$：淡赤または淡紫色．多少吸湿性あり．	$ErBr_3$：淡紫紅色 [950]		$Er_2(SO_4)_3$：白色 950℃で分解する．	
$TmCl_3$：白色〜灰黄緑色 [821] 水，エタノールに易溶．			$Tm_2(SO_4)_3 \cdot 8H_2O$：赤熱すると無水塩となる．	
$YbCl_3$：白色 [854] 水，無水エタノールに易溶．	$YbBr_2$：黄緑色 $YbBr_3$：白色 水に溶ける．	YbI_3：黒色 700℃で分解しはじめ，ヨウ素を遊離する．	$Yb_2(SO_4)_2$：白色 吸湿性．	
$LuCl_3$：[892]			$Li_2(SO_4)_3$：加熱によって分解する．	
内部までは侵されない．Laに性質がよく似ているがLaより幾分塩基性が強い．				
$ThCl_4$：無色 [770] (921) O_2中赤熱でThO_2になる．	$ThBr_4$：白色 強熱でThO_2になる．	ThI_4：黄色 [566±2] (837) 高温でThとIに分解する．	$Th(SO_4)_2$：白色 吸湿性．	
$PaCl_4$：黄緑色 $PaCl_2$：[301] 融点以下で昇華．				
UCl_4：暗緑色 [590] (792) 強い吸湿性．水蒸気中強熱でU_3O_8 UCl_5：褐色，暗黒，暗赤色 [327] 強い吸湿性．室温で分解してUCl_4になる． UCl_6：暗緑ないし黒色 179℃で分解する．	UBr_3：暗褐色 強い吸湿性． UBr_4：褐色ないし黒色 湿った空気中で発煙し潮解して暗緑色の液体となる．この時酸化されてUO_2Br_2とHBrを生成する．水に音をたてて溶解．	UI_3：黒色 (680) 水と激しく反応して，ヨウ素を遊離する． UI_4：黒色 [506] (762) 潮解性．乾燥した空気中で熱すれば火を発してU_3O_8になる．	$U(SO_4)_2$：二水塩は灰色，四水塩は緑色．空気中で強熱するとU_3O_8に変わる．八水塩は暗緑色． US_2：黒色 [1850±100] 空気中で熱すればU_3O_8を生成する．	
$NpCl_3$：白色 [80] $NpCl_4$：黄色 水に可溶．	$NpBr_3$：緑色 800℃で揮発する． $NpBr_4$：赤褐色 真空500℃で揮発．	NpI_3：褐色 $NpBr_3$と同形．	$Np(SO_4)_2 \cdot xH_2O$：鮮緑色．	
$PuCl_3$：緑色 (760) 水や希酸に易溶．	$PuBr_3$：緑色 [681]	PuI_3：緑色 [777]	$Pu_2(SO_4)_3$：ピンク色 うすい無機酸に溶ける．	
$AmCl_3$：AmO_2にCCl_4とHClを作用させて作る．	$AmBr_3$：白色 真空揮発 (850〜900)	AmI_3：黄色 PuI_3と同形．		

され，正3価と正4価の酸化状態が知られている．その他多くの点でアクチニド系列の一員

く+3の酸化数のみが安定である．化学的性質としては，イオン交換樹脂に対する行動が調

とともに共沈する．

	O	C	N	F
Fm	トレーサースケールの研究のみで，元素の物理的および化学的性質はほとんど知られていない．水溶液中では，			
Md	現在のところ元素の性質などは，ほとんど調べられていないが，典型的なアクチニド元素として正3価の原子			
No	この元素は，現在のところ非常にわずかな原子数しか得られてないので，その性質は，ほとんど不明である．			

Cl	Br	I	S	備考
典型的なアクチニド元素として正3価のイオンとなる.				
価をとるようである.				

索　　引

ABA 法　*25*
^{13}C 含有化合物　*104*
CalroErva　*52*
CHNS 分析　*31, 162, 166*
Dionex　*132*
EA1000　*79*
EA6000　*80*
Elementar　*51, 54, 55, 74*
EuroVector　*51, 53, 80*
EXETER　*53, 54, 82*
Fisons　*51, 52*
FT-IR 法　*42, 43*
GLP　*47*
GMP　*47*
ICP 発光分析法　*120*
IUPAC　*105*
JIS K 0101　*118*
JIS K 0127　*115, 144*
JIS K 2541　*114, 154*
K ファクター法　*163*
LECO　*51, 53, 54, 81*
O リング　*52, 53*
PerkinElmer　*51, 52, 79*
pH 指示薬　*117*
pH 調整試薬　*124*
QC 試料　*67*
RoHS　*109*
SO_2 カラム　*74*
Thermo　*51, 52*
Thremo Finnigan　*76*
TruSpec　*82*
vario EL III　*76*
WEEE　*109*

あ　行

亜酸化窒素　*30*
アゾトメーター　*39*
圧力調整器　*48*
アナリティクイエナ　*134*
アルミニウム製試料容器　*56*
アルミ箔カプセル　*87*
アルミパン　*87, 88*

安定同位体比　*77, 81*
安定同位体比測定　*40, 69*
アンヒドロン　*53, 94*

硫黄含有試料　*156*
硫黄酸化物　*31, 166*
硫黄の酸化　*31*
硫黄の除去　*31*
硫黄分析　*125*
イオン化法　*40*
イオンクロマトグラフ　*132*
イオンクロマトグラフ分析通則　*115*
イオンクロマトグラフ法　*115, 125, 128*
イオン交換膜型サプレッサー　*116*
一酸化炭素　*30*
一酸化窒素　*30*
一点検量線　*129*
インジェクションバルブ　*151*

ウィックボルド法　*114*
ウォーターディップ　*153*
液体試料　*61, 142*

エージング　*101*
エネルギー分散型　*121*
エレクトロフェログラム　*117*
塩化バリウム　*111*
塩化バリウム二水和物　*102*
塩素　*138*
　　──の除去　*31*
塩素含有試料　*154*
塩素の定量　*154*

汚染対策　*99*
オートサンプラー　*72, 152*
オートボートコントローラー　*134*
オルトリン酸　*157*
音叉振動式　*6*
音叉振動式電子てんびん　*6*
温度と湿度　*14*
温度不安定物質　*84*

か 行

外吸収法　37
開栓・洗浄方法　139
過塩素酸イオン　100
過塩素酸バリウム　125
過塩素酸マグネシウム　36, 53
拡張不確かさ　7, 17, 19
過酸化水素　113
過酸化ナトリウム　154
ガスクロマトグラフ法　40
ガスクロマトグラフ方式　33
ガス精製管　53
ガス捕集　71
ガスボンベ　48
ガス流量計　70
偏り誤差　12
偏りの検定　46
活性化　58
カップ型　56
カップ型試料容器　58
加熱銀吸収法　112, 118
加熱銀吸収漏斗法　167
カプセル型　56
カラーカーブ　53
空試験値　67, 141
ガラスキャピラリー　63, 88
ガラス製試料容器　56
カラム除去型サプレッサー　116
カラムの洗浄　150
カリウス法　111
カルボキシアルセナゾ　125
環境条件　22
還元炎　58
還元管　49, 93
還元剤　138
還元銅　33, 50, 93, 164
感度係数　67, 90, 91, 108
感度係数値　97
感度校正　13
管理図　46

気圧変動　86
機械式てんびん　2
棄却限界値　46
基準信号値　92
揮発性　61, 62
揮発性試料　137
帰無仮説　47
キャピラリー型　56

キャピラリーゾーン電気泳動法　116
キャピラリー電気泳動　116
キャリヤーガス　41
吸光光度法　118
吸光度検出法　116
吸収液　138, 161
吸収管　53, 54
吸収管重量法　36
吸収管除去法　36
吸収漏斗中　119
吸・脱着カラム　35, 75
吸・脱着カラム分離方法　35
吸着特性　35
吸着平衡　33
協定質量　25
許容誤差　106
銀　95
銀カラム　154
金属酸化物　30

空気に不安定な試料　65
空気の浮力　12, 17
空気の密度　12
空気浮力補正の不確かさ　19
繰返し性　9, 10, 16
クリープ　13
クリープ特性　9
グレーティング　42
グローブバッグ　89
グローブボックス　65
クーロメトリー　118

蛍光X線分析法　120
軽水素　102
ケイ素　68
ケイ素含有化合物　100
嫌気性試料　89
検出下限　130
検出感度　8, 44
検出限界　146
原子量　104
原子量表　105
元素分析技術研究会　107
元素分析装置　75
検量線　44, 67, 159, 163
　　──の作成　144

高周波誘導プラズマ　120
校正事業者登録制度　16
合成標準不確かさ　7, 17

索　引

合成標準不確かさの計算　19
校正方法　24
校正用の分銅　13
光度滴定　118
高分子化合物　137
国際勧告　26
国際純正・応用化学連合（IUPAC）　105
国際度量衡委員会　12
国際標準化機構　26
国際文書　26
国際文書 GUM　26
国際法定計量機関　26
五酸化バナジウム　161
コレステロール　92
コロナ放電　64
混合ガス　34, 38

さ　行

再現性　9, 10, 130
最小計量値　27
最小ひょう量値　27
最適使用温度　50
差動熱伝導度計　38
差動熱伝導度法　38, 82
サプレッサー　115, 132, 148, 153
　　――の活性化　149
サルフィックス　31, 95
酸塩基滴定　117
酸化カルシウム　32
酸化剤　138
酸化セリウム　32
酸化タングステン　99
酸化銅　50, 99, 164, 166
酸化マグネシウム　32, 101
三酸化硫黄　31, 112, 119, 164
三酸化タングステン　32
参照値　17
参照電極　118
酸水素炎法　114
酸素充填　137
酸素フラスコ燃焼　122
酸素フラスコ燃焼法　112, 136
残存酸素　33
サンプルシーラー　62
残留水分　96

ジェイ・サイエンス・ラボ　51, 52, 53, 54, 77
シェニガー　112
シカペント　54

磁気　24
磁気分極　24
始業点検　148
自己積分　77
四酸化三コバルト　31, 99
指示電極　132
磁性のある試料　65
室内風　14
質量分析計　40
自動燃焼型装置　133
自動燃焼分解前処理装置　158
磁場　14
ジフェニルカルバゾン　124
島津　132
重水素　69, 102
重水素化合物　102
臭素　138
　　――の除去　31
臭素含有試料　155
終点検出法　127
充填試薬　51
　　――の詰め方　50
重量希釈法　145
重量法　167
重力加速度　8, 13
手動てんびん　2
シュレンク管　65
循環ポンプ　78
硝酸銀　111, 117
硝酸第二水銀　124
消磁　24
使用前点検　15
蒸留水　17
助燃効果　142
助燃剤　99, 137
ショルダーピーク　72
シリカゲル　33
シリコンゴム管　52
試料燃焼部　111
試料保存　84
試料容器　55
試料容器スタンド　66
試料量　159
振動　14, 86
振動対策　21
信頼限界　106

水吸収管　37
水吸収剤　94
水酸化ナトリウム　36, 53

水蒸気添加法　159
水平型の燃焼分解管　77, 79, 82
スズカプセル　88
スズ製試料容器　57
スズ箔　165
捨て焼き　67
ストレーンゲージ　5
スパーテル　67
住化分析センター　78

静電気　85
静電気除去器具　64, 65, 85
静電気除去ピストル　85
静電気センサー感知式除電器　86

石英製試料容器　56
石英沪紙　61
赤外分光法　42
絶対検量線法　160
説明責任　15
セラミック製試料容器　56
セレン化合物　147
ゼロ点の安定性　16
ゼロトラッキング機能　25
センサー感知式除電器　65
洗浄液　139
洗浄空気　133
洗浄方法　58, 99

相対検出方法　67
相対湿度　14
装置安定化　91
装置保守　70
測定過程における不確かさ　18
ソーダタルク　53, 94
ソルビット　61

た　行

ダイアインスツルメンツ　158
帯電性　64
対流　40
多点検量線　144
多点検量線法　129
ダブルファーネス型燃焼炉　134
タングステン酸　161
炭酸水素ナトリウム　115, 130
炭酸ナトリウム　59, 115, 130
炭素酸化物　30

遅延コイル　38
窒素ガス容量法　39
窒素含有率　152
窒素酸化物　33, 49
窒素シグナル　92
チャネリング　51
中和滴定　117
直示てんびん　3
沈殿滴定　117

テア　23
テア測定法　24
定圧容器　79, 82
定圧容器混合法　39
定温真空検体乾燥器　64
定期点検　15, 16, 22
デイリーファクター法　44
定量下限　130, 146
定量計算　116
定量限界　93
定量範囲　146
定量ポンプ　77, 78, 80
定量ポンプ混合法　38
定量用無灰沪紙　140
滴定装置　131
滴定法　124, 127
テトラフルオロエチレン　102
テトラフルオロメタン　102
テフロン　154
テーリング　72
電位差滴定　118
電位差滴定曲線　127
電位差滴定法　117, 162
添加剤　69, 99, 165
電気衝撃イオン化法　40
電気浸透流　117
電気抵抗線式　5
電子てんびん　4
電磁弁　72, 73
電磁力補償式　4
伝導　40
てんびん　84
　――の器差　3
　――の校正　17
　――の表示値の不確かさ　18
　――の不確かさ　18
電量滴定　118

東亜ディーケーケー　132
同位体存在度委員会　105

索　引

東ソー　132
独立行政法人製品評価技術基盤機構　16
トラップカラム　159
トリフェニルホスフィン　157
ドリフト　23
トリリン酸　157
トリン　127

な 行

内吸収法　37
内蔵分銅　12
内標準法　160
難燃性試料　142

二酸化硫黄　31, 112, 119
二酸化ケイ素　101
二酸化炭素　30
二酸化炭素吸収管　37
二酸化炭素吸収剤　94
二酸化窒素　30
二酸化鉛　37
日常点検表　73, 74
日本分析化学会　107

熱伝導度　40, 41
熱伝導度検出器　34
熱伝導度測定法　40
熱分析用試料容器　63
熱放散　40
燃焼ガスの吸収方法　139
燃焼管　49
燃焼管分解法　111
燃焼フラスコ　123
燃焼分解　29, 123
燃焼分解法のブランク値　160

は 行

配管　71
　　──の汚染　91
　　──の洗浄方法　71
配管洗浄　97
配管内圧　38
バイブレーター　51
はかり取り操作　29, 55, 60, 61, 122
爆発性のある試料　100
パージ操作　62
波長分散型　121
白金コンタクト　167

白金製かご　143, 155
白金性試料容器　55
白金網　123, 143
バックグラウンド　115
パラフィルム　142
判定基準　105
反復測定　10

ピーク　151
　　──の形状　149
ピーク高さ法　126
ピーク分離法　34
非GLP　48
ヒステリシス　13
ピストンのストローク距離　38
ボート作製用成型金具　57
ヒドラジン　155
ヒドロキシ炭酸マグネシウム　101
非分散型赤外分光法　43
非分散型の赤外分光検出器　81
標準液の調製　126
標準試料　45, 90, 143
標準試料検定小委員会（報告）　45
標準走査手順　9
標準不確かさ　17
標準不確かさ推定　18
標準偏差 R_i　12
ひょう量用試料台　66
ひょう量用容器　123
ピロリン酸イオン　157
品質管理　15
品質保証書　47
ピンセット　67
ファラデー（Faraday）の法則　118
ファンダメンタルパラメーター法　121
不安定試料　86
フィラメント　41

封管法　111
封管密閉分解　111
フォースコイル　4
輻射　40
不確かさ　7, 17
フッ化ケイ素　110
フッ化水素酸　58
フッ化ホウ素　110
フッ化マグネシウム　101
フッ素含有試料　153
フッ素樹脂　102
フッ素　138

　　　　──の除去　32
ブランク測定　144
ブランク値　67
浮力　8
フレクシャー　6
プレーグル　28
フレミングの左手の法則　4
フロンタルクロマトグラフ法　34, 71
フロンタルクロマトグラム　79
分解ガス吸収部　112
分析誤差　105
分析精度　160
分銅　16, 22, 24, 25
粉末試料　60
分離カラム　33, 71, 149

米国薬局方　27
ヘキサフルオロケイ酸　102
ベース値　97
ベースラインノイズ　148
ヘリウム　41
偏差　10
偏置荷重誤差　16

ホイートストンブリッジ　42
妨害イオン　152
妨害元素　68, 127, 167
　　　　──の除去　31, 33
妨害する元素　98
防振台　14
防振対策　14, 21
抱水ヒドラジン　138
ホウ素　68
保護具　106
保持時間　130, 151
補正計算　70
保存期間　145, 147
ボート型　56
ボート型試料容器　57
ポリエチレン製無菌パック　89
ボールジョイント　55
ポンプ法　114

ま　行

マイクロキャピラリー　56
マスコット除電器　64, 85

ミキシングボリューム　79
ミクロ・デューマ法　39

三菱化学　134
密閉試料容器　62
みなしの質量　26

無機検量線　129
無機成分　165
無機成分含有試料　161
無機成分を含む試料　147
無機標準試料　143
無灰分沪紙　122

メジャーチャンバー　43
メチレンブルー　127
メトローム　132
面積法　126

モール法　117

や　行

焼きなまし　58
ヤナコ機器開発研究所　133, 158
ヤナコ分析工業　51, 52, 53, 54, 80
ヤング率　6

有機塩類試料　158
有機元素分析用標準試料　90
有機検量線　129
有機標準試料　143
有機微量分析研究懇談会　45, 107
有機微量分析ミニサロン　107
有機微量分析用標準試料　45
遊離ハロゲン　112

溶解法　114
ヨウ化物イオン　155
溶出の遅い成分の分離　128
溶出の早い成分の分離　128
ヨウ素　110, 138, 147
　　　　──の除去　31
ヨウ素含有試料　155
ヨウ素酸　110, 155
溶離液　115, 130
　　　　──の調製　126

ら　行

ラミネート加工　122, 140
ランベルト−ベール　44

離けい紙　122
リニアフィット法　163
硫酸銅　31
硫酸バリウム　111
理論値　164
リン　68
リン含有試料　157

ループ注入法　152
沪紙試料容器　122
沪紙の包み方　140
沪紙のブランク　141
ロードセル　5

役に立つ有機微量元素分析

定価はカバーに表示

2008年12月10日　初版第1刷発行

監　修　　内山一美
　　　　　前橋良夫

編　集　　(社)日本分析化学会
　　　　　有機微量分析研究懇談会

発　行　　株式会社　みみずく舎
　　　　　〒169-0073
　　　　　東京都新宿区百人町1-22-23　新宿ノモスビル2F
　　　　　TEL：03-5330-2585　　　　FAX：03-5330-2587

発　売　　株式会社　医学評論社
　　　　　〒169-0073
　　　　　東京都新宿区百人町1-22-23　新宿ノモスビル4F
　　　　　TEL：03-5330-2441(代)　　FAX：03-5389-6452
　　　　　http://www.igakuhyoronsha.co.jp/

組版・印刷・製本：悠朋舎　／　装丁：安孫子正浩

ISBN 978-4-87211-905-3　C3047

[既刊書]

百瀬弥寿徳・橋本敬太郎 編集

疾病薬学

　　B5判　378p　定価5,670円（本体価格5,400円）

（社）日本分析化学会・液体クロマトグラフィー研究懇談会 編集　中村　洋 企画・監修

液クロ実験　How toマニュアル

　　B5判　242p　定価3,360円（本体価格3,200円）

加藤碩一・須田郡司

日本石紀行

　　A5判　250p　定価2,310円（本体価格2,200円）

北浜昭夫

よみがえれ医療　アメリカの経験から学ぶもの

　　四六判　290p　定価1,890円（本体価格1,800円）

田村昌三・若倉正英・熊崎美枝子 編集

Q&Aと事故例でなっとく！　実験室の安全［化学編］

　　A5判　224p　定価2,625円（本体価格2,500円）

バイオメディカルサイエンス研究会 編集

バイオセーフティの事典 ―病原微生物とハザード対策の実際―

　　B5判　370p　定価12,600円（本体価格12,000円）

基礎から理解する化学（各巻B5判　150～200p）

　　1巻　物理化学　（久下謙一・森山広思・一國伸之・島津省吾・北村彰英）
　　　　　　　　　B5判　152p　定価2,310円（本体価格2,200円）
　　2巻　結晶化学　（掛川一幸・熊田伸弘・伊熊泰郎・山村　博・田中　功）
　　3巻　分析化学　（藤浪真紀・加納健司・岡田哲男・久本秀明・豊田太郎）
　［続刊］
　　　　　有機構造解析学
　　　　　有機化学
　　　　　無機化学
　　　　　量子化学
　　　　　高分子化学

2008.10.　　　　　　　　　　　　　　　　発行　みみずく舎・発売　医学評論社

4桁の原子量表（2008）

（元素の原子量は，質量数12の炭素（^{12}C）を12とし，これに対する相対値とする。）

本表は，実用上の便宜を考えて，国際純正・応用化学連合（IUPAC）で承認された最新の原子量をもとに，日本化学会原子量小委員会が作成したものである。本来，同位体存在度の不確定さは，自然に，あるいは人為的に起こりうる変動や実験誤差のために，元素ごとに異なる。従って，個々の原子量の値は，正確度が保証された有効数字の桁数が大きく異なる。本表の原子量を引用する際には，このことに注意を喚起することが望ましい。

なお，本表の原子量の信頼性は有効数字の4桁目で±1以内であるが，例外として，*を付したものは±2，†を付したものは±3である。また，安定同位体がなく，天然で特定の同位体組成を示さない元素については，その元素の放射性同位体の質量数の一例を（ ）内に示した。従って，その値を原子量として扱うことは出来ない。

原子番号	元素名	元素記号	原子量	原子番号	元素名	元素記号	原子量
1	水素	H	1.008	56	バリウム	Ba	137.3
2	ヘリウム	He	4.003	57	ランタン	La	138.9
3	リチウム	Li	[6.941*]‡	58	セリウム	Ce	140.1
4	ベリリウム	Be	9.012	59	プラセオジム	Pr	140.9
5	ホウ素	B	10.81	60	ネオジム	Nd	144.2
6	炭素	C	12.01	61	プロメチウム	Pm	(145)
7	窒素	N	14.01	62	サマリウム	Sm	150.4
8	酸素	O	16.00	63	ユウロピウム	Eu	152.0
9	フッ素	F	19.00	64	ガドリニウム	Gd	157.3
10	ネオン	Ne	20.18	65	テルビウム	Tb	158.9
11	ナトリウム	Na	22.99	66	ジスプロシウム	Dy	162.5
12	マグネシウム	Mg	24.31	67	ホルミウム	Ho	164.9
13	アルミニウム	Al	26.98	68	エルビウム	Er	167.3
14	ケイ素	Si	28.09	69	ツリウム	Tm	168.9
15	リン	P	30.97	70	イッテルビウム	Yb	173.1
16	硫黄	S	32.07	71	ルテチウム	Lu	175.0
17	塩素	Cl	35.45	72	ハフニウム	Hf	178.5
18	アルゴン	Ar	39.95	73	タンタル	Ta	180.9
19	カリウム	K	39.10	74	タングステン	W	183.8
20	カルシウム	Ca	40.08	75	レニウム	Re	186.2
21	スカンジウム	Sc	44.96	76	オスミウム	Os	190.2
22	チタン	Ti	47.87	77	イリジウム	Ir	192.2
23	バナジウム	V	50.94	78	白金	Pt	195.1
24	クロム	Cr	52.00	79	金	Au	197.0
25	マンガン	Mn	54.94	80	水銀	Hg	200.6
26	鉄	Fe	55.85	81	タリウム	Tl	204.4
27	コバルト	Co	58.93	82	鉛	Pb	207.2
28	ニッケル	Ni	58.69	83	ビスマス	Bi	209.0
29	銅	Cu	63.55	84	ポロニウム	Po	(210)
30	亜鉛	Zn	65.38*	85	アスタチン	At	(210)
31	ガリウム	Ga	69.72	86	ラドン	Rn	(222)
32	ゲルマニウム	Ge	72.64	87	フランシウム	Fr	(223)
33	ヒ素	As	74.92	88	ラジウム	Ra	(226)
34	セレン	Se	78.96†	89	アクチニウム	Ac	(227)
35	臭素	Br	79.90	90	トリウム	Th	232.0
36	クリプトン	Kr	83.80	91	プロトアクチニウム	Pa	231.0
37	ルビジウム	Rb	85.47	92	ウラン	U	238.0
38	ストロンチウム	Sr	87.62	93	ネプツニウム	Np	(237)
39	イットリウム	Y	88.91	94	プルトニウム	Pu	(239)
40	ジルコニウム	Zr	91.22	95	アメリシウム	Am	(243)
41	ニオブ	Nb	92.91	96	キュリウム	Cm	(247)
42	モリブデン	Mo	95.96*	97	バークリウム	Bk	(247)
43	テクネチウム	Tc	(99)	98	カリホルニウム	Cf	(252)
44	ルテニウム	Ru	101.1	99	アインスタイニウム	Es	(252)
45	ロジウム	Rh	102.9	100	フェルミウム	Fm	(257)
46	パラジウム	Pd	106.4	101	メンデレビウム	Md	(258)
47	銀	Ag	107.9	102	ノーベリウム	No	(259)
48	カドミウム	Cd	112.4	103	ローレンシウム	Lr	(262)
49	インジウム	In	114.8	104	ラザホージウム	Rf	(267)
50	スズ	Sn	118.7	105	ドブニウム	Db	(268)
51	アンチモン	Sb	121.8	106	シーボーギウム	Sg	(271)
52	テルル	Te	127.6	107	ボーリウム	Bh	(272)
53	ヨウ素	I	126.9	108	ハッシウム	Hs	(277)
54	キセノン	Xe	131.3	109	マイトネリウム	Mt	(276)
55	セシウム	Cs	132.9	110	ダームスタチウム	Ds	(281)
				111	レントゲニウム	Rg	(280)

‡：市販品中のリチウム化合物のリチウムの原子量は6.939から6.996の幅をもつ。